Berichte des German Chapter of the ACM

Band 4: **Schneider, Portable Software**
Tagung I/1980 am 18. 1. 1980 in Erlangen. 176 Seiten, DM 36,–/ÖS 281,–/SFr. 36,–

Band 6: **Hauer/Seeger, Hardware für Software**
Tagung III/1980 am 10./11. 10.1980 in Konstanz. 303 Seiten, DM 54,–/ÖS 421,–/SFr. 54,–

Band 7: **Nehmer, Implementierungssprachen für nichtsequentielle Programmsysteme**
Tagung I/1981 am 20. 2. 1981 in Kaiserslautern. 208 Seiten, DM 38,–/ÖS 217,–/SFr. 38,–

Band 8: **Schlier, Personal Computing**
Tagung II/1981 am 12. 10. 1981 in Freiburg i. Br. 195 Seiten, DM 40,–/ÖS 312,–/SFr. 40,–

Band 10: **Kulisch/Ullrich, Wissenschaftliches Rechnen und Programmiersprachen**
Fachseminar am 2./3. 4. 1982 in Karlsruhe. 231 Seiten, DM 52,–/ÖS 406,–/SFr. 52,–

Band 11: **Langmaack/Schlender/Schmidt, Implementierung PASCAL-artiger Programmiersprachen**
Tagung II/1982 am 12. 7. 1982 in Kiel. 221 Seiten, DM 46,–/ÖS 359,–/SFr. 46,–

Band 13: **Schneider, Proceedings of the International Computing Symposium 1983 on Application Systems Development**
March 22 – 24, 1983 Nürnberg. 528 Seiten, DM 90,–/ÖS 702,–/SFr. 90,–

Band 14: **Balzert, Software-Ergonomie**
Tagung I/1983 am 28./29. 4. 1983 in Nürnberg. 422 Seiten, DM 72,–/ÖS 562,–/SFr. 72,–

Band 18: **Morgenbrod/Sammer, Programmierumgebungen und Compiler**
Tagung I/1984 vom 2. bis 4. 4. 1984 in München. 293 Seiten, DM 56,–/ÖS 437,–/SFr. 56,–

Band 20: **Gorny/Kilian, Computer-Software und Sachmängelhaftung**
Workshop am 29./30. 11. 1984 in Hannover. 208 Seiten, DM 48,–/ÖS 375,–/SFr. 48,–

Band 21: **Kölsch/Schmidt/Schweiggert, Wirtschaftsgut Software**
Tagung I/1985 am 26./27. 3. 1985 in Ulm. 318 Seiten, DM 58,–/ÖS 453,–/SFr. 58,–

Band 22: **Molzberger/Zemanek, Software-Entwicklung: Kreativer Prozeß oder formales Problem?**
Seminar am 20. 3. 1985 in Neubiberg. 176 Seiten, DM 42,–/ÖS 328,–/SFr. 42,–

Band 23: **Klopcic/Marty/Rothauser, Arbeitsplatzrechner in der Unternehmung**
Tagung II/1985 am 12./13. 9. 1985 in Zürich. 355 Seiten, DM 66,–/ÖS 515,–/SFr. 66,–

Band 24: **Bullinger, Software-Ergonomie '85 Mensch-Computer-Interaktion**
Tagung III/1985 am 24./25. 9. 1985 in Stuttgart. 482 Seiten, DM 78,–/ÖS 609,– SFr. 78,–

Band 25: **Wedekind/Kratzer, Büroautomation '85**
Tagung IV/1985 vom 2. bis 4. 10. 1985 in Erlangen. 280 Seiten, DM 56,–/ÖS 437,–/SFr. 56,–

Band 27: **Remmele/Sommer, Arbeitsplätze morgen**
Tagung II/1986 vom 11. bis 14. 3. 1986 in Marburg. 431 Seiten, DM 78,–/ÖS 609,–/SFr. 78,–

Band 28: **Balzert/Heyer/Lutze, Expertensysteme '87**
Tagung I/1987 am 7./8. 4. 1987 in Nürnberg. 493 Seiten, DM 82,–/ÖS 640,–/SFr. 82,–

Band 29: **Schönpflug/Wittstock, Software-Ergonomie '87**
Tagung II/1987 vom 27. bis 29. 4. 1987 in Berlin. 512 Seiten, DM 82,–/ÖS 640,–/SFr. 82,–

Band 30: **Winkler, Proceedings of the International Workshop on Software Version and Configuration Control**
January 27 – 29, 1988 Grassau. 478 Seiten, DM 78,–/ÖS 609,–/SFr. 78,–

Band 31: **Dillmann/Swiderski, WIMPEL '88**
Tagung I/1988 vom 28. bis 30. 6. 1988 in München. 479 Seiten, DM 78,–/ÖS 609,–/SFr. 78,–

Fortsetzung 3. Umschlagseite

Berichte des German Chapter of the ACM 47

F. Schweiggert/E. Stickel (Hrsg.)
Informationstechnik und Organisation

Berichte des German Chapter of the ACM

Im Auftrag des German Chapter
of the ACM herausgegeben durch den Vorstand

Band 47

Die Reihe dient der schnellen und weiten Verbreitung neuer, für die Praxis relevanter Entwicklungen in der Informatik. Hierbei sollen alle Gebiete der Informatik sowie ihre Anwendungen angemessen berücksichtigt werden.

Bevorzugt werden in dieser Reihe die Tagungsberichte der vom German Chapter allein oder gemeinsam mit anderen Gesellschaften veranstalteten Tagungen veröffentlicht. Darüber hinaus sollen wichtige Forschungs- und Übersichtsberichte in dieser Reihe aufgenommen werden.

Aktualität und Qualität sind entscheidend für die Veröffentlichung. Die Herausgeber nehmen Manuskripte in deutscher und englischer Sprache entgegen.

Informationstechnik und Organisation

Planung, Wirtschaftlichkeit und Qualität

Herausgegeben von

Prof. Dr. Franz Schweiggert
Universität Ulm und
Prof. Dr. Eberhard Stickel
Europa-Universität Viadrina, Frankfurt/Oder

Springer Fachmedien Wiesbaden GmbH 1995

Die Deutsche Bibliothek – CIP-Einheitsaufnahme

Informationstechnik und Organisation :
Planung, Wirtschaftlichkeit und Qualität ; [gemeinsame Fachtagung d. Gesellschaft f. Informatik (GI) und des German Chapter of the ACM am 28. und 29. September 1995 in Ulm] / Franz Schweiggert ; Eberhard Stickel (Hrsg.) – Stuttgart : Teubner, 1995
(Berichte des German Chapter of the ACM ; Bd. 47)
ISBN 978-3-519-02688-4 ISBN 978-3-322-86781-0 (eBook)
DOI 10.1007/978-3-322-86781-0
ISSN 0724-9764
NE: Schweiggert, Franz [Hrsg.] ; Association for Computing Machinery / German Chapter : Berichte des German ...

Ursprünglich erschienen bei B.G. Teubner Stuttgart 1995

Vorwort

Die Organisation und der Einsatz der Informationstechnik in Unternehmen stehen in einem wechselseitigen Abhängigkeitsverhältnis. Die gewählte Organisationsform ist die Grundlage für die Architektur der eingesetzten Informationssysteme. Andererseits verändern diese das organisatorische Umfeld der Unternehmen.

Wir verzeichnen wachsende Komplexität der Systeme, steigende Entwicklungs- und Pflegekosten sowie ständig kürzer werdende Innovationszyklen. Entscheidungen über den Einsatz von Informationstechnik sind heute in starkem Maße langfristig zu planen und oft mit hohen Risiken verbunden.

Die Tagung "Informationstechnik und Organisation - Planung, Wirtschaftlichkeit und Qualität", die vom 28. - 29.09.1995 an der Universität Ulm stattfand, wollte zum Austausch von theoretischen Konzepten und positiven bzw. negativen Erfahrungen aus der Praxis beitragen. Veranstalter waren die Universität Ulm, die Europa-Universität Viadrina Frankfurt (Oder), die Gesellschaft für Informatik e. V. und das German Chapter of the ACM.
Dabei wurden folgende Themenschwerpunkte vorgegeben:

- Methoden und Vorgehensstrategien zur Planung und Rechtfertigung des IT-Einsatzes;
- Methoden und Vorgehensstrategien zur Steigerung von Produktivität und Qualität;
- organisatorische Auswirkungen des Einsatzes von Informations- und Kommunikationstechnik; Antizipation organisatorischer Veränderungen; Organisationsplanung.

Für das zweitägige Programm wurden 15 Beiträge ausgewählt, die gemeinsam mit dem eingeladenen Hauptvortrag in diesem Tagungsband zusammengestellt sind.

Thomas Fischer, Mitglied des Vorstandes der Landesgirokasse Stuttgart, beschreibt in seinem eingeladenen Beitrag, welche Chancen sich durch rigides Qualitätsmanagement in bezug auf die Neugestaltung von Geschäftsprozessen eines großen Kreditinstitutes ergeben.

Die daran anschließende Sektion "Informationsmanagement" ist wichtigen Grundproblemen gewidmet. Heinrich et al. gehen in ihrem ersten Beitrag auf die Beschreibung des Ist-Zustandes des IT-Einsatzes und die daran anschließende Entwicklung eines tragfähigen Soll-Konzeptes ein. Der zweite Beitrag beschreibt Instrumente zur Messung der Benutzerzufriedenheit und berichtet über erste Anwendungserfahrungen beim Einsatz dieser Techniken.

Die Bewertung des IT-Einsatzes ist von herausragender Bedeutung im Rahmen des strategischen IS-Planungsprozesses. Walterscheid et al. präsentieren einen Bezugsrahmen zur Bewertung managementunterstützender Informationssysteme. Buxmann stellt ein Entscheidungsunterstützungssystem zur Bewertung des Einsatzes von Standards vor.

Auch die dritte Sektion "Qualitätsmanagement und Wirtschaftlichkeitsfragen" beschäftigte sich mit ähnlich gelagerten Problemen. Die Bedeutung eines Qualitätsmanagements innerhalb der Informationsverarbeitung wird von Wallmüller diskutiert. Linß und Schumann beschreiben ein Vorgehensmodell zur Betrachtung von Nutzeffekten integrierter IV-Systeme. Krebs diskutiert das Kriterium der "Verläßlichkeit" im Zusammenhang mit der Aktzeptanz von Informationssystemen.

Ein weiterer Schwerpunkt der Tagung war Modellierungsfragen gewidmet. Altus und Thalheim präsentieren ein prototypisches Werkzeug zur Unterstützung diverser Entwurfsstrategien innerhalb des Datenbankdesignprozesses. Die Frage eines "Qualitätsmanagements innerhalb der Datenmodellierung" wurde in der Literatur bisher nur rudimentär analysiert. In diesem Zusammenhang widmen sich Maier und Lehner der Frage, wie sich die Organisation der Datenmodellierung auf die Qualitätssicherung auswirkt. Unterstein zeigt, wie eine vergleichende Organisationsanalyse als erster Schritt auf dem langen Weg zu einem unternehmensübergreifenden Datenmodell verwendet werden kann. Jaeschke stellt ein kommerziell verfügbares Werkzeug zur Modellierung und Realisierung effizienter Geschäftsprozesse vor.

Im Rahmen der Auflösung der stark tayloristisch geprägten Arbeitsteilung durch vorgangsorientierte Verarbeitungsformen kommt dem Workflow-Management eine wichtige Funktion zu. Neben technischen Problemen ist insbesondere die solide betriebswirtschaftlich-organisatorische Fundierung bedeutsam. Hasenkamp stellt in seinem Beitrag einige interessante Thesen zu diesem Problemkreis vor. Küng präsentiert ein Vorgehensmodell zur Einführung von Workflow-Systemen.

Die Sektion "Organisation" war erneut grundlegenden Problemkreisen gewidmet. Deiters und Striemer studieren die Wechselwirkung zwischen Informationstechnologie und Organisation. Botschen et al. stellen eine empirische Untersuchung zu diesem Thema vor.

Insgesamt vermitteln die im Tagungsband zusammengestellten Arbeiten ein Bild von der Vielschichtigkeit des Zusammenwirkens von Informationstechnik und Organisation. Lösungsvorschläge werden präsentiert, zugleich werden aber auch methodische Defizite in einzelnen Bereichen aufgezeigt.

Die Herausgeber bedanken sich bei den Autoren für die angenehme Zusammenarbeit. Dank gilt auch den Mitgliedern des Programmkommitees, die die eingereichten Beiträge einer gründlichen Prüfung unterzogen haben. Frau Dipl.-Volkswirtin Sabine Behrens hat die organisatorische Betreuung der Herausgabe dieses Bandes übernommen, Frau Astrid Jugelt hat die druckfertige Fassung erstellt. Beiden Damen sei für Ihren unermüdlichen Einsatz herzlich gedankt.

Ulm, Frankfurt (Oder) im September 1995

Prof. Dr. Franz Schweiggert, Prof. Dr. Eberhard Stickel

Inhaltsverzeichnis

Vorwort des Herausgebers ....

Hauptvortrag

Thomas Fischer
Qualität als Paradigma für die Neugestaltung der Geschäftsprozesse in der Bank 9

Informationsmanagement

Lutz J. Heinrich, G. Pomberger
Diagnose der Informationsverarbeitung 23

Lutz J. Heinrich, Irene Häntschel
Messen der Benutzerzufriedenheit - Instrument und Anwendungserfahrungen 39

Entscheidungsunterstützende Systeme

Heinz Walterscheid, Rudolf Vetschera
Die Entwicklung und Bewertung von managementunterstützenden Informationssystemen 55

Peter Buxmann
Investitionstheoretische Betrachtung der Wirtschaftlichkeit betrieblicher Informationssysteme: Ein Entscheidungsunterstützungssystem zum Einsatz von Standards 71

Qualitätsmanagement und Wirtschaftlichkeitsfragen

Ernest Wallmüller
Qualitätsmanagement in der Informationsverarbeitung 87

Heinz Linß, Matthias Schumann
Ein Vorgehensmodell zur integrationsabhängigen Nutzeffektbetrachtung von IV-Systemen 111

Irene Krebs, Thomas Engler
Verläßlichkeit als ein Kriterium für gesellschaftliche Akzeptanz von Informationssystemen 127

Modellierung I

Margita Altus, Bernhard Thalheim
Strategieunterstützung in RADD 137

Peter Jaeschke
Realisierung von effizienten Geschäftsprozessen 153

Workflow-Management

Ulrich Hasenkamp
Betriebswirtschaftlich-organisatorische Fundierung von Vorgangssteuerungs-systemen 171

Peter Küng
Ein Vorgehensmodell zur Einführung von Workflow-Systemen 185

Organisation

Wolfgang Deiters, Rüdiger Striemer
Ein Paradigmenwechsel in Informationstechnologie und Organisation 205

Martina Botschen, Gerhard A. Kainz, Gerhard Walpoth
IS-Einsatz und Organisation 219

Modellierung II

Ronald Maier, Franz Lehner
Die Organisation der Datenmodellierung und ihre Bedeutung für die Qualitätssicherung 235

Michael Unterstein
Schritte zum unternehmensübergreifenden Datenmodell: Vergleichende Organisationsanalyse 253

Adressen 271

Qualität als Paradigma für die Neugestaltung der Geschäftsprozesse in der Bank

Thomas Fischer

Zusammenfassung

Die Finanzdienstleistungsbranche ist Mitte der 90er Jahre durch Deregulierung, neue Technologien, veränderte Kundenbedürfnisse und aggressiveres Verhalten der Wettbewerber gekennzeichnet. Das einzelne Unternehmen kann sich im Wettbewerb um den Kunden nur durch adäquate Geschäftssysteme sowie die Qualität der Dienstleistungen und des Verhaltens der Mitarbeiter von ihren Konkurrenten differenzieren. Dazu ist es notwendig, die traditionell an der funktionalen Spezialisierung orientierten Organisationsstrukturen zu transformieren. Für diese Transformation orientiert sich die Landesgirokasse Stuttgart konsequent an den Wünschen und Bedürfnissen ihrer Kunden. Dafür hat sie eine Qualitätsstrategie entwickelt, deren Ausgangspunkt die Neugestaltung der Geschäftsprozesse der Bank darstellt. Eine Grundlage dieser Neugestaltung ist der Einsatz moderner Informations- und Kommunikationstechnologie.

1 Ausgangslage

1.1 Finanzdienstleistungen im Wandel

Vor dem Hintergrund eines nachhaltigen Strukturwandels an den Finanzmärkten sehen sich die Kreditinstitute vor die Notwendigkeit tiefgreifender Veränderungen gestellt. Wettbewerb hat es zwar immer schon gegeben. Neu ist aber die Dynamik und die Intensität der wettbewerblichen Auseinandersetzung am Markt. Ein sich beschleunigender Margenverfall und sich aufbauende Überkapazitäten zehren dabei zusätzlich an der Ertragskraft der Banken und Sparkassen.

Neue Wettbewerber - Direktbanken, Discount Broker, Kartengesellschaften oder Automobilhersteller - drängen auf den Markt und prägen neue Vertriebsformen. Nischenanbieter und "Rosinenpicker" versuchen mit eingeschränkter Produktpalette und Discountangeboten in die lukrativen Kundenverbindungen der Filialbanken einzudringen. Ein massiver Verdrängungswettbewerb ist die Folge. Der Marktplatz der Geldinstitute hat sich längst vom Verkäufer- zum Käufermarkt gewandelt. [Leicht95]

Die Kunden reagieren darauf mit geändertem Nachfrageverhalten. Die Banken erleben ihre Kunden heute selbstbewußt, kritisch, informiert, preisbewußt und weniger loyal. Standen in der Vergangenheit die Leistungen rund um das Girokonto und den Zahlungsverkehr noch im Vordergrund der Verbindung zum Privatkunden, gewinnt das "Asset Management" aufgrund der zahlreichen Erbgänge und der damit verbundenen Konzentration des Geldvermögens zunehmend an Bedeutung. Dies führt zu einer erheblichen Differenzierung der Kundenbedürfnisse.

Auch die Fortschreibung der rechtlichen Rahmenbedingungen stellt die Banken vor immer neue Herausforderungen. Die Auswirkungen der Deregulierungs- und Liberalisierungsmaßnahmen im europäischen Binnenmarkt, die Umsetzung des Geldwäschegesetzes, der Finanzmarktförderungsgesetze oder der Compliancevorschriften wie auch die Zinsabschlagsteuer oder neue Meldevorschriften erfordern große Anstrengungen und erzeugen ständig neue Overhead-Kosten.

Insbesondere die Dynamik der technologischen Entwicklung zwingt die Banken, ihre Produkte und Geschäftssysteme wie auch die Form der Leistungserbringung ständig auf ihre Aktualität und Wettbewerbsfähigkeit zu überprüfen. Hier seien nur exemplarisch der technische Fortschritt in der Kundenselbstbedienung, chipkartenbasierte Zahlungsverkehrsprodukte, Home Banking via PC und Netzwerk, der Einsatz von Spracherkennung und Schriftenlesung oder das Data Base Marketing genannt. Der Einsatz multimedialer Techniken wird das Monopol des stationären Filialvertriebs zu Fall bringen. Der elektronische Vertrieb wird dramatisch an Bedeutung gewinnen.

1.2 Die Landesgirokasse - Regionalbank und Großsparkasse

Die Landesgirokasse (LG) - als öffentliche Bank und Landessparkasse zweitgrößtes Institut der Sparkassenorganisation - stellt sich diesem Wettbewerb. Mit einer Bilanzsumme von 34 Mrd. DM ist die LG mit 5.000 Mitarbeitern und 240 Geschäftsstellen in Stuttgart, der Region Mittlerer Neckar und in ganz Württemberg als Universalbank in allen Bankgeschäften tätig.

Insgesamt zählt die Landesgirokasse mehr als eine Million Menschen in ihrem Geschäftsgebiet zu ihren Kunden. Neben dem breiten Privatkundengeschäft stellt die Betreuung vermögender Privatkunden einen Schwerpunkt des Geschäfts dar. Diese Kundengruppe erwartet eine individuelle und kompetente Betreuung bei der Vermögensanlage. Börsenbüros in Frankfurt und Stuttgart ermöglichen den unmittelbaren Zugang zu den Wertpapiermärkten. Im Unternehmens- und Gewerbegeschäft hat die LG in ihrem Geschäftsgebiet einen bedeutenden Marktanteil erreicht. Mit Repräsentanzen in New York und Singapur begleitet die LG ihre exportorientierten mittelständischen Kunden auf ihren wichtigsten Exportmärkten. Konsequenter Technikeinsatz und hohe Innovationsbereitschaft sind neben der Vertriebsstärke und der hohen Leistungsbereitschaft der Mitarbeiter die Antriebskräfte für Wachstum und Ertragskraft.

1.3 Die Erfolgsfaktoren der neunziger Jahre

Produkte und Dienstleistungen von Banken sind in hohem Maße austauschbar. Differenzierungsmöglichkeiten im Wettbewerb ergeben sich vor allem in

- den Geschäftssystemen,
- der Qualität der Leistungserbringung oder
- der Kompetenz und dem Verhalten der Mitarbeiter.

Während Produktmerkmale und Preise "über Nacht" vom Wettbewerb kopiert werden können, ist der Aufbau von Mitarbeiterfähigkeiten, die Bündelung von Kompetenzen in spezialisierten Vertriebsschienen und die am Kundennutzen orientierte Gestaltung von Geschäftsprozessen ein langwieriger Vorgang. Hier erzielte Wettbewerbsvorteile sind nachhaltig und begründen strategische Erfolgspositionen.

"Lean Banking" als Leitbild der modernen Bank hilft, die Anpassungs- und Veränderungsfähigkeit der Bank zu stärken, um in der wettbewerblichen Dynamik des Marktes bestehen zu können. Der Kunde steht dabei mit seinen Bedürfnissen, Wünschen und Präferenzen im Mittelpunkt der Neuausrichtung von Geschäftssystemen und Prozessen. "Strategische Fitneß" als Fähigkeit, auf Marktveränderungen schnell und flexibel zu reagieren und dabei Innovationschancen zum Ausbau von Wettbewerbsvorteilen zu nutzen, bilden in Verbindung mit einem ausgeprägten Wirtschaftlichkeitsdenken im Kampf gegen Kostenremanenzen und gegen jede Art von Verschwendung die komplementären Ziele der schlanken Bank (Abbildung 1).

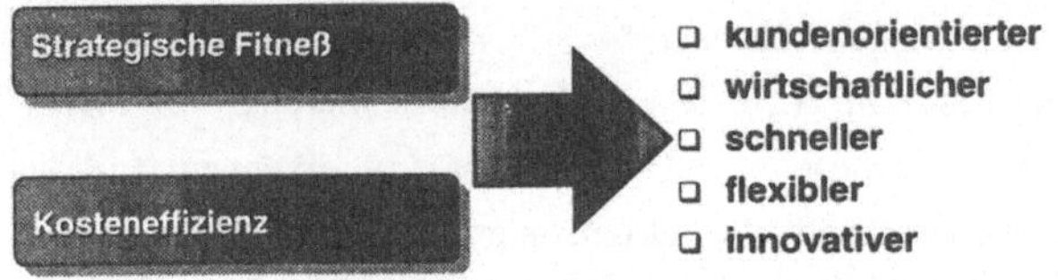

Abb.1: Ziele zur Erhöhung der Wettbewerbsfähigkeit

Im folgenden soll das Bekenntnis der LG zu Kundenorientierung und Qualität anhand von Leitbildaussagen konkretisiert werden. Die Einordnung der Qualität in die langfristige Unternehmensstrategie und der systematische Ansatz des Qualitätsmanagements bilden das Bezugssystem für die Neugestaltung der Geschäftsprozesse. Qualität als Konkretisierung und Detaillierung der Ausrichtung auf den Kunden soll an ausgewählten Fallbeispielen verdeutlicht werden. Es gilt ferner, die Aufgabe und den Erfolgsbeitrag der Informatik bei dem Reengineering der Geschäftsprozesse zu untersuchen sowie Architekturfragen zu beantworten. Den Abschluß bilden einige Thesen zur Informatik in der Bank von morgen.

2 Qualität als strategischer Erfolgsfaktor

Kundenorientierung und Qualität bedingen einander und ergänzen sich. In dem Bewußtsein, daß der Kunde die einzige Legitimation für das Wirken eines Unternehmens darstellt, ist die Verpflichtung zur Qualität umfassend. Entsprechend gilt sie für alle Mitarbeiter der LG, sei es, daß sie in den Filialen unmittelbar oder in den Bereichen der Zentrale mittelbar für den Kunden tätig sind.

2.1 Bankphilosophie, Leitbild und Qualitätsziele der LG

Im Leitbild der Landesgirokasse sind die langfristigen Ziele, welche die LG anstrebt und die Grundwerte, die in der LG gelebt werden sollen, formuliert. Das Leitbild bildet sowohl die Grundlage für die Geschäftstätigkeit der gesamten LG als auch den Orientierungsrahmen für die Arbeit jedes Teams und jedes einzelnen Mitarbeiters. Die zentrale Botschaft des Leitbilds lautet: "Im Mittelpunkt der Geschäftstätigkeit der LG steht der Mensch." Das heißt, jede Arbeit orientiert sich zuallererst an den Bedürfnissen der Kunden und der Mitarbeiter.
Einige zentrale Leitbildaussagen, soweit sie das Thema Kundenorientierung und Qualität berühren, seien im folgenden wiedergegeben.

- "Kundennähe, Transparenz, Vernetzung, Veränderung und Wirtschaftlichkeit sind die Gestaltungsprinzipien unserer Organisation."
- "Wir erwarten von unseren Mitarbeitern hohes Verantwortungs- und Qualitätsbewußtsein, Leistungsfähigkeit und persönlichen Einsatz, Beziehungsfähigkeit und Kontaktfreudigkeit, Lern- und Veränderungsbereitschaft."
- "Unsere Führungskräfte (...) leben Kundenorientierung vor und sensibilisieren die Mitarbeiter, Kundenwünsche und -bedürfnisse zu erkennen. (...) vereinbaren mit den Mitarbeitern Qualitätsstandards und Leistungsziele."
- "Unsere Ziele sind (...), gegenwärtige und zukünftige Bedürfnisse unserer Kunden zu erkennen und in Finanzdienstleistungen hoher Qualität umzusetzen; (...) eine Führungsrolle bei der Integration neuer Informations- und Kommunikationstechnik zu übernehmen, soweit sie zum Nutzen unserer Kunden und unserer Bank eingesetzt werden können."

"Leben mit dem Leitbild" heißt für die Führungskräfte und die Mitarbeiter der LG die ständige Auseinandersetzung mit den Zielen des Leitbilds. Um den langfristigen Zielen des Leitbilds schrittweise gerecht zu werden, gilt es, Philosophie, Ziele und Arbeitsweise zu konkretisieren und sie in faktisches Handeln und Arbeiten umzusetzen. Die LG hat 1993 einen umfassenden, bankweiten Qualitätsprozeß gestartet, der sichtbare und erlebbare Erfolge zeigt.

2.2 Qualität als Teil der Unternehmensstrategie

Wenn Qualität - wie in elementaren Leitbildaussagen postuliert - als Teil der Unternehmensstrategie einen entscheidenden Beitrag zum Unternehmenserfolg leisten soll, dann ist es notwendig, entsprechende Qualitätsstandards in die Geschäftsprozesse der Bank wie auch in die Verhaltensnormen zu integrieren.
ISO bietet die folgende Definition an: "Qualität ist die Gesamtheit von Eigenschaften und Merkmalen eines Produkts oder einer Dienstleistung, die sich auf deren Eignung zur Erfüllung festgelegter oder vorausgesetzter Bedürfnisse bezieht."
Bei der LG ist Qualität als das definiert, was vom Kunden wahrgenommen wird. Die Wahrnehmung manifestiert sich in verschiedenen Nutzenfeldern wie Sicherheit, Bequemlichkeit, Schnelligkeit, Freundlichkeit, Technik, Preis. Sie hat in der Regel in den verschiedenen Produkten und Dienstleistungen eine unterschiedliche Ausprägung, Bewertung, Gewichtung und Intensität der Wahrnehmung.
Die mit der Unternehmensstrategie korrespondierenden Qualitätsziele sollen in das Erreichen von Wettbewerbsvorteilen münden, die in Qualitätsverbesserungen ihren Ursprung haben, die vom Kunden als solche wahrgenommen werden. Durch Kundenumfragen erforscht die LG regelmäßig die Wirkung ihrer Leistungen und ihres Verhaltens auf die Kunden. Um ihre marktführende Position bei Privatkunden und mittelständischen Unternehmen in Stuttgart und den angrenzenden Landkreisen zu behaupten, nimmt die LG die mit dem Qualitätsanspruch verbundenen Herausforderungen an. Die kundengruppenspezifische, persönliche Betreuung und das kundennahe Beraternetz ermöglichen es, Bedürfnisse der Kunden früher als der Wettbewerb zu erkennen. Leistungen und Prozesse werden kundengerecht und effizient gestaltet. Um neue Ertragspotentiale zu erschließen und bestehende zu sichern, investiert die LG langfristig in qualitätssteigernde Maßnahmen. Die Verlagerung vom Preiswettbewerb zum Qualitätswettbewerb verspricht eine nachhaltige Verbesserung der Erlöse.
Abbildung 2 zeigt die Einbindung der Qualitätsstrategie in das "Lean Banking" als Gesamtkonzept. Ausgehend vom Unternehmensleitbild werden für die Wachstums- und Ertragsziele Vertriebsstrategien für die definierten strategischen Geschäftsfelder entwickelt. Die Qualitätsstrategie formuliert gesamthaft und im einzelnen das "Wie". Die Innovationsstrategie beinhaltet die Neugestaltung von Produkten, Prozessen und Geschäftssystemen, die Nutzung technologischer Neuerungen (als "leader" oder als "follower") und das strategische Projektportfolio. Die wirtschaftliche Klammer bildet ein durch Methoden, Planungs- und Controllingsysteme unterstütztes Kostenmanagement. In den Rahmenbedingungen erhält das Managementkonzept der schlanken Bank seine Fundierung durch die Verschlankung der Aufbauorganisation, die Neugestaltung der internen Informations- und Kommunikationsprozesse, die Entwicklung zu leistungsorientierter, partnerschaftlicher, teamorientierter Führung und zur persönlichen und fachlichen Weiterentwicklung der Mitarbeiter. "Leben mit dem Leitbild" heißt auch, die Werte und

Normen des Leitbilds im betrieblichen Alltag Wirklichkeit werden zu lassen. Dies geschieht in einem iterativen bottom-up-Prozeß, in dem Geschäftsprozesse ständig auf ihre qualitativen Anforderungen hin überprüft und am Kundennutzen normiert neu gestaltet werden. Strategische Fitneß ist erforderlich, um die notwendigen Veränderungen rasch und effizient bewerkstelligen zu können.

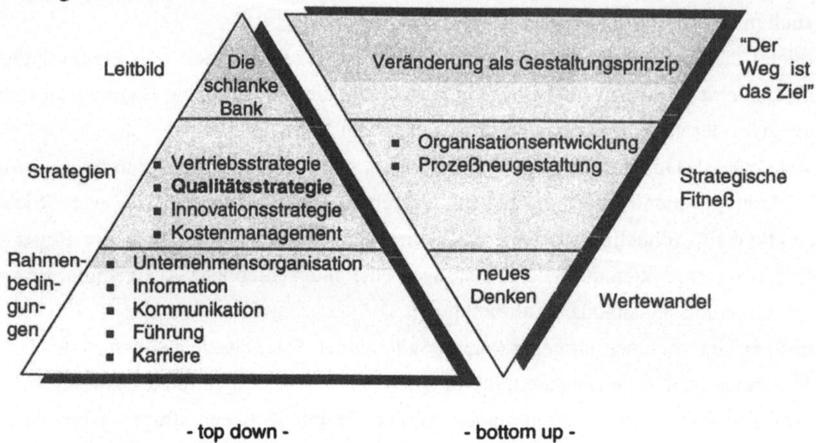

Abb.2: Positionierung der Qualitätsstrategie bei der Landesgirokasse Stuttgart

2.3 Qualität als integrierter Prozeß der Unternehmensentwicklung

Die anspruchvollste Aufgabe bei der Implementierung einer an das Total Quality Management (TQM) angelehnten Qualitätsstrategie besteht in der Entwicklung von Qualitätsstandards, dem Management der Umsetzung und der Qualitätssicherung (vgl. auch [Haist91]). Als hilfreich hat es sich erwiesen, die Bankdienstleistungen als Wertschöpfungskette zu verstehen und sie für die einzelnen Geschäftsprozesse in ihre Prozeßelemente aufzulösen. Diese Systematik erlaubt eine einheitliche und ganzheitliche Sicht auf die Bankleistung jeweils aus

- Qualitätssicht,
- Organisationssicht,
- Rentabilitätssicht und
- Mitarbeitersicht.

Abbildung 3 zeigt die Integration von Qualitätsstandards, Prozeßgestaltung, Rentabilitätsforderungen und Umsetzung durch die Mitarbeiter auf. Die Wertschöpfungskette der Bankleistung wird zur Qualitätskette. Die von der LG entwickelte Systematik erleichtert die Implementierung eines bankspezifischen Total Quality Management.

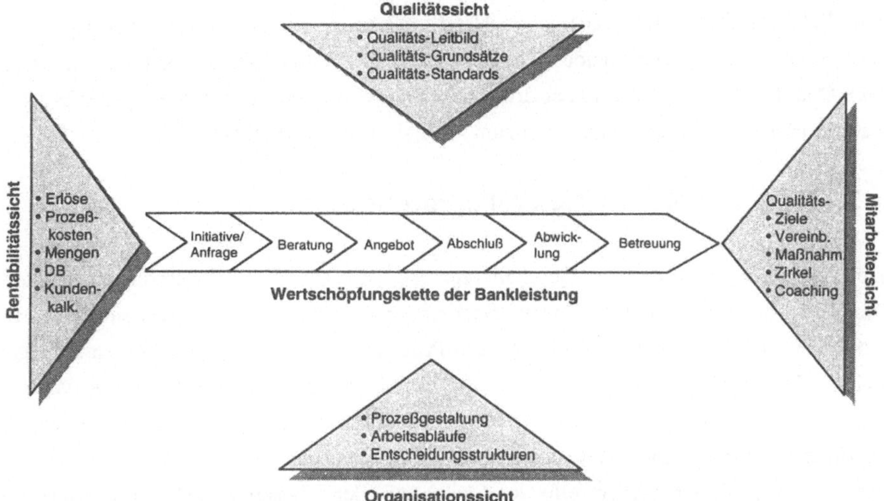

Abb.3: Qualität als integrierter Prozeß der Unternehmensentwicklung

3 Neugestaltung von Geschäftsprozessen

3.1 Grenzen funktional spezialisierter Organisationsstrukturen

Die Bank von heute ist stark funktional und hierarchisch organisiert. Der einzelne Arbeitsplatz ist in der Regel hoch spezialisiert und funktional sehr abgegrenzt. Diese tayloristischen Arbeitsstrukturen führen zu einer ganzen Reihe von Nachteilen, die im Wettbewerb um den anspruchsvollen Kunden evident werden:

- geringe Ausrichtung am Kundennutzen, Revisionsaspekte stehen häufig im Vordergrund
- zu wenig qualitätsorientiert
- geringe Flexibilität aufgrund hoher Arbeitsteilung
- lange Durchlaufzeiten
- zu viele Verantwortliche
- zahlreiche Arbeits- und Entscheidungsschnittstellen
- hoher Koordinationsbedarf und Doppelarbeiten
- fehlende Identifikation mit dem Arbeitsergebnis durch mangelnde Transparenz des Gesamtzusammenhangs

Mit den so organisierten Arbeitsabläufen, die häufig einer Regelungs- und Kontrollkultur entspringen und eher die Handschrift der Revision als die des Marketing tragen, läßt sich der wachsende Anspruch der Kunden nach Qualität - wie z.B. "one face to the customer", abschließende Bearbeitung aus einer Hand, rasche Erledigung seiner Aufträge - nicht verwirklichen. Ein grundlegendes Umdenken und die Neugestaltung der Geschäftsprozesse nach Qualitätskriterien wird immer dringender und wird in den Kernprozessen der Bank zum wettbewerbsbestimmenden und damit zum strategischen Erfordernis.

3.2 Neugestaltung von Geschäftsprozessen

Ziel der Reorganisation der Geschäftsprozesse ist eine vom "Idealprozeß" abgeleitete Gestaltung der Arbeitsabläufe. Für die Suche nach dem Idealprozeß eignen sich Workshops mit Organisatoren, Marketingfachleuten und Praktikern, denen hohe Denkhürden aufgegeben werden. Das Denken in Alternativen und die abschließende Qualitätssicherung gewährleisten das bestmögliche Ergebnis. Nicht wertschöpfende Tätigkeiten sollten - wo immer möglich - eliminiert werden. Die Meßlatte bilden Kundennutzen und Wirtschaftlichkeit. Die ganzheitliche, funktionsübergreifende Sicht auf den Gesamtprozeß hilft, funktionale Trennungen und Brüche zu überwinden. Die Aufbauorganisation ist gegebenenfalls dem neuen Prozeß anzupassen (vgl. dazu auch [Österl95]).

Die Informationstechnik mit ihren umfassenden Möglichkeiten der Unterstützung am Arbeitsplatz verspricht dabei neue Chancen der Wettbewerbsdifferenzierung. Wie später nachgewiesen werden soll, ist das "cooperative computing" in Client/Server-Strukturen als technische Plattform für die prozeßorientierte Arbeitsablaufgestaltung unverzichtbar (vgl. Abbildung 4).

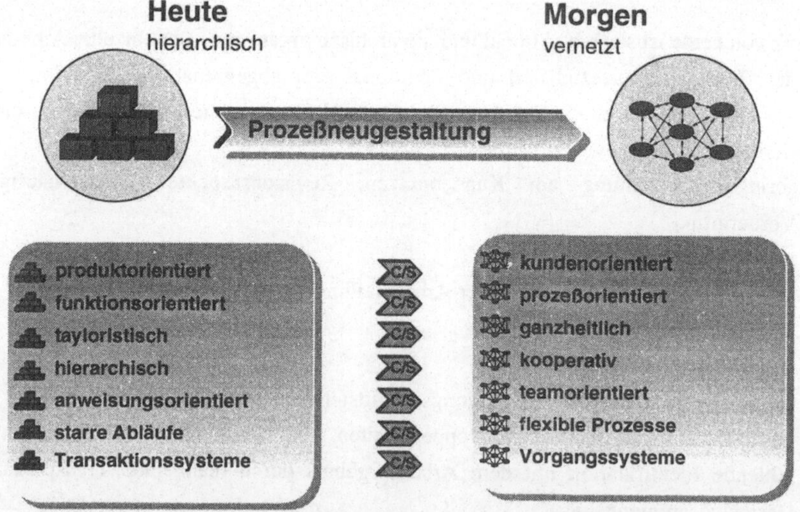

Abb.4: Client/Server-Computing als Paradigma der IT in der schlanken Bank

3.3 Fallbeispiel: Kontoeröffnung

Abbildung 5 zeigt die bisherige formulargestützte Kontoeröffnung, mit der die LG aufgrund des hohen Aufwands, der Fehleranfälligkeit, die nur durch zahlreiche Kontrolltätigkeiten erträglich gehalten werden konnte, und der wenig kundenfreundlichen Durchlaufzeit nicht mehr zufrieden war. Die Kontoeröffnung - insbesondere die Ersteröffnung - prägt gleichzeitig den Eindruck des Kunden von seiner Bank. Ziel der neuen Kontoeröffnung war es, den Vorgang am Beraterplatz der Geschäftsstelle ohne Formular abzuschließen. Der Kontovertrag wird am Arbeitsplatzdrucker ausgedruckt und dem Kunden zur Überprüfung und zur Unterschrift vorgelegt und direkt ausgehändigt. Lediglich die Unterschriftskarte wird zur Digitalisierung in die Zentrale weitergegeben.

Kontoeröffnung bisher:
Stellen
Aufgaben
GS
Kontostelle
Kontoführer
DSS
KIS
Kis-Kontrolle
DSS-Kontrolle
Akten-verwaltung
DV-Unterstützung
• Kundenberatung
• Eröffnungsantrag ausfüllen
• Legitimationsprüfung
• Schufa
• Techn. Kontoeröffnung
• Unterlagenversand an Kontostelle
• Postverteilung
• Kontendatenerfassung
• Kontrolle
• Personendatenerfassung
• Kontrolle
• Digitalisierung
• Ablage
Codes: 204,292,351...
Codes: 190,211,241...
3270
Nicht Verknüpft
==
• Fehlerquelle
• keine direkte Kundenkontrolle
• Durchlaufzeit

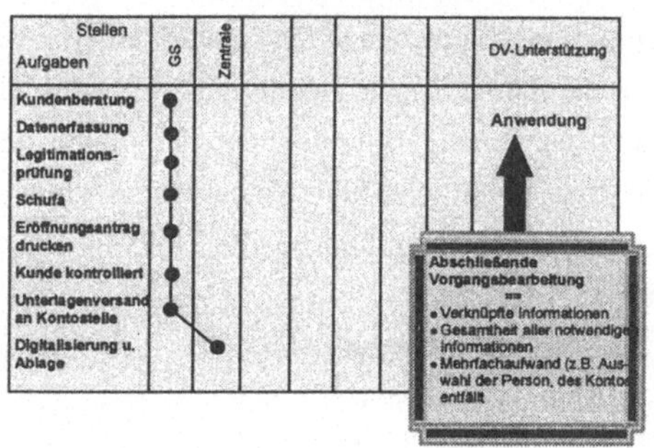

Abb.5: Geschäftsprozeß Kontoeröffnung bisher/neu

4 Systemarchitekturen der schlanken Bank

In Zeiten aufnahmefähiger, nicht verteilter Märkte wurde der Bankinformatik als Hauptaufgabe die Automatisierung und rationelle Abwicklung des Bankbetriebs zugewiesen. Aus diesem Auftrag heraus wurden die Spartensysteme für den Giro- und Zahlungsverkehr, den Sparverkehr, das Wertpapiergeschäft, die Darlehensverwaltung, das Controlling usw. entwickelt. Erst als Forderungen nach besserer Unterstützung der Berater gestellt wurden, als der Wunsch nach rechnergestützten Systemen für die Sachbearbeitung artikuliert wurde, als von den Systemen Impulse zur Nutzung von Cross-Selling-Chancen erwartet wurden und als man den Anwendungen ein hohes Maß an Flexibilität in der Nutzung anstelle von starren, schematischen Abläufen abverlangte, da begann für die Informatik in der Bank eine neue Zeitrechnung. "Welchen Beitrag leistet die Informatik zur Umsetzung der Bankstrategie?". An dieser Kardinalfrage muß sich die Informationstechnik in der Bank mit der von ihr beanspruchten Mittel- und Ressourcenbindung heute und in Zukunft messen lassen.

In der schlanken Bank ist das tradierte Verständnis der Bankinformatik weiterzuentwickeln. Das Leitbild der schlanken Bank definiert die Kunde-Bank-Beziehung neu. Entsprechend sind die Geschäftssysteme neu zu gestalten. Hierfür ist ein ganzheitlicher, prozeßorientierter Ansatz zu wählen.

Als herausragendes Wesensmerkmal der schlanken Bank ist die Prozeßorientierung in flachen (horizontalen) Organisationsstrukturen unter ganzheitlicher Verantwortung durch die Mitarbeiter zu sehen. Die Umorientierung in der Mitarbeitertätigkeit von hierarchisch geprägten Befehlsstrukturen zu kooperativen Teamstrukturen führt dabei zwingend auf die Forderung nach einer neuen Basis für eine verteilte DV-Infrastruktur, welche die Lean-Strategien unterstützt.

Client/Server-Computing als Paradigma der Informationsverarbeitung in der schlanken Bank verspricht dem Anwender eine neue Qualität der Unterstützung in der Organisation seines Arbeitsplatzes. Die Abkehr von den rein hierarchisch gegliederten spartenbezogenen Transaktionssystemen und die Neuordnung der Anwendungen in prozeßorientierten, flexiblen, vernetzten Umgebungen befreit die Anwender von starren, tayloristischen und bürokratischen Ablaufschablonen. Dadurch können Freiräume geschaffen werden, die im Sinne der schlanken Bank mit Kreativität und Eigenverantwortung des einzelnen Mitarbeiters kunden- und erfolgswirksam ausgefüllt werden sollen. Die Anwendungsarchitektur der LG mit ihren Ebenen

- Geschäftsstrategie,
- Unternehmensmodell und
- DV-Technische Architektur

geht aus Abbildung 6 hervor.

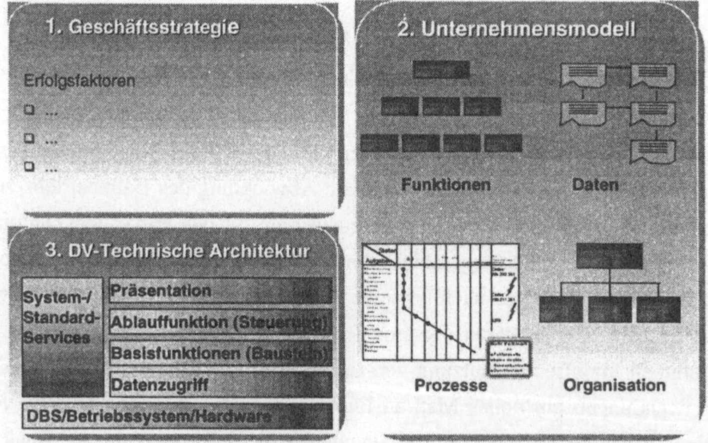

Abb.6: Ebenen der Anwendungsarchitektur

Das Client/Server-Modell ist primär ein Software-Architekturmodell. Es beschreibt das Zusammenspiel verteilter Softwarekomponenten in der Interaktion zwischen Dienstenachfrager (Client) und Diensteanbieter (Server). Besondere Chancen bietet die Client/Server-Architektur für das Reengineering von Geschäftsprozessen.

Die LG betreibt ein integriertes Bank- und Bürokommunikationssystem (BBK-System) als Client/Server-Netz auf der Basis IBM PS/2 unter OS/2. Zur Zeit sind mehr als 2.000 BBK-Arbeitsplätze in etwa 400 lokalen Netzen installiert. 165 Geldautomaten und 300 Kontoauszugsdrucker bilden die Basis für die Kundenselbstbedienung, die mit der Installation von Kontoservice- und Marketingterminals konsequent weiterentwickelt wird. Das Schichtenmodell des BBK-Systems zeigt Abbildung 7.

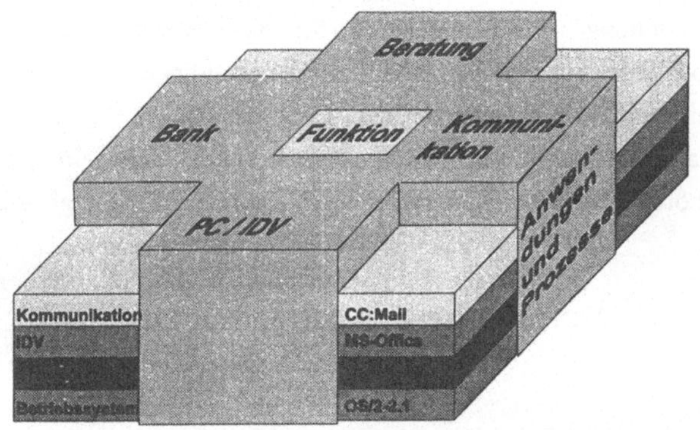

Abb.7: Das “BBK-Schichtenmodell”, die IT-Plattform der LG

Im BBK-System werden folgende Funktionalitäten zur Verfügung gestellt:

- Bankfunktionen,
- Beratungsfunktionen,
- IDV-Funktionen und
- Kommunikationsfunktionen.

Ein neues Kundeninformationssystem bildet die Basis für alle vorgangsgesteuerten Systeme. Als Datenbankserver stellt der Host die für den jeweiligen Vorgang benötigten, nach dem Unternehmensdatenmodell strukturierten Daten zur Verfügung. Prozeß- und Vorgangsmodellierung komplettieren die Unternehmensmodellierung und führen in der Softwareentwicklung zu wiederverwendbaren Vorgangsbausteinen. Durch die integrierte Vorgangsbearbeitung wird die Wertschöpfungskette der Bankdienstleistung dezentralisiert, intensiviert und verkürzt. Der Kunde erlebt die Vorteile unmittelbar. Die Vorteile in der Qualität der Beratung, des Service und der Abwicklung können sich als wettbewerbsbestimmend erweisen. Gleichzeitig sind die mit dem Abbau der Arbeitsteiligkeit verbundenen Kostensenkungspotentiale erheblich. Das "cooperative processing" in Client/Server-Architekturen leistet damit einen existentiellen Beitrag, die Tätigkeit der

Mitarbeiter wieder auf das zu fokussieren, was ihr den eigentlichen Sinn gibt: auf den Kunden. Das BBK-System stellt für die LG die strategische Informations- und Innovationsplattform dar, von deren konsequentem Ausbau sie einen nachhaltigen Vorsprung auf dem Weg zur schlanken Bank erwartet.

5 Schlußfolgerungen und Ausblick

Wenn sich aus der Neugestaltung von Geschäftsprozessen Wettbewerbsvorteile für das Kreditinstitut erzielen lassen, ist die Frage, welche Prozesse die größtmögliche Wettbewerbsdifferenzierung versprechen, von besonderer Bedeutung. Abbildung 8 zeigt in einer Portfoliodarstellung, wie der Beitrag für das Erreichen der Geschäftsziele in Abhängigkeit von dem Grad der Veränderung einzuordnen ist. Diese Klassifizierung verdeutlicht gleichzeitig, welchen Beitrag die Informatik für die Umsetzung der Unternehmensstrategie leisten kann. Die Harmonisierung zwischen Informatikstrategie und Bankstrategie gehört zu den herausfordernden Managementaufgaben (vgl. auch [Venkat94]).

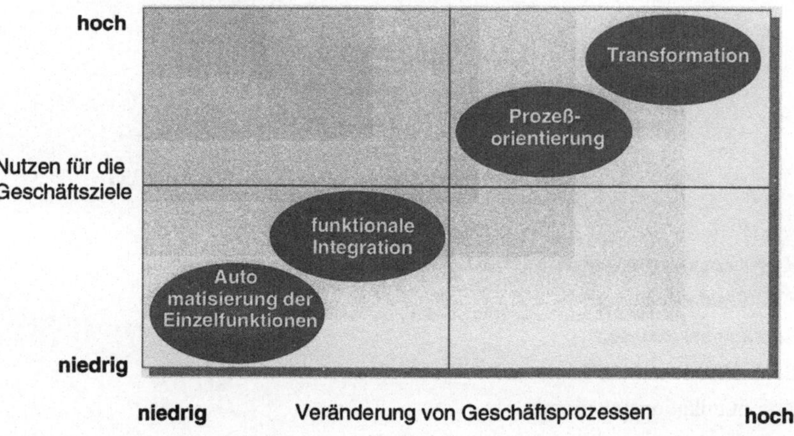

Abb.8: Bedeutung der IT bei der Neugestaltung von Geschäftsprozessen

Die Automatisierung von Einzelfunktionen war die typische Aufgabe der Datenverarbeitung der 60er und 70er Jahre. Sie führte zu den Buchungssystemen, die mittels Schalter- und Kassenanwendungen onlinefähig gemacht wurden.

In den 80er Jahren wurden komplette Spartensysteme für Kontokorrent, Spar, Wertpapiere, Ausland usw. entwickelt, in denen die Gesamtfunktionalität der Sparte integriert und in teilweise mächtigen Anwendungen abgebildet wurden. Die funktionale Integration rationalisierte und automatisierte die Arbeitsabläufe und lieferte damit einen substantiellen

Beitrag zur Rentabilität des Bankbetriebs. Ablaufschemata blieben im wesentlichen erhalten, für eine Änderung der Aufbauorganisation gab es in der Regel wenig Anlaß. Die transaktionsorientierten Abwicklungssysteme waren dominiert von der Banksicht. Die ganzheitliche Sicht auf den Kunden, die Karriere seiner Verbindung zur Bank und seine Bedürfnisse fehlten.

Dies verspricht man sich von einer konsequenten Prozeßorientierung, in deren Mitte der Kunde in ganzheitlicher Betrachtung steht. Der Arbeitsplatz des Bankmitarbeiters wird zur integrierten Informations-, Beratungs- und Abwicklungsplattform mit hohem Wertschöpfungsbeitrag. Auch die nachgeschalteten Marktfolgeprozesse werden unter Kundennutzen- und Qualitätsansprüchen neu gestaltet. Entsprechend hoch ist einerseits der Grad der Veränderung der Arbeitsabläufe, andererseits der Beitrag zu den strategischen Geschäftszielen.

Die Transformation von Bankleistungen in neue Formen der Leistungserbringung oder gar in neue Geschäftssysteme ermöglicht Innovationen, die Bankstrategien revolutionieren können. Als Beispiel seien hier das Electronic Banking genannt. Die Kundenselbstbedienung verändert die Leistungserbringung am Schalter und in der Kasse, indem der Kunde einen nahezu vollständigen Service an SB-Geräten erhält. Telefonbanking, Homebanking und Smart Phones erlauben einen 24-Stunden Bankservice an sieben Tagen in der Woche vom Wohnzimmer aus. Die klassische Filiale als einziger Vertriebsweg bekommt Konkurrenz durch elektronische Vertriebswege. Mit zunehmender Akzeptanz im Einsatz neuer Medien für das Bankgeschäft verändern Kunden ihr Verhalten, entstehen neue Marktchancen. Wer als Bank diese "enabling technologies" am besten beherrscht und sie frühzeitig in marktfähige Dienstleistungsangebote umsetzen kann, dem winken strategische Wettbewerbsvorteile und Marktanteilsgewinne.

Abschließend lassen sich die Erfolgsfaktoren für das Bankgeschäft der Zukunft wie folgt zusammenfassen:

- Kompromißlose Neuausrichtung der Geschäftsprozesse am Kundennutzen.
- Systematische Erfassung der Kundenzufriedenheit und kritische Auseinandersetzung mit identifizierten Schwächen.
- Institutionalisierter "noch besser"-Prozeß.
- Konsequenter Einsatz von Bank- und Informationstechnik.
- Ausbau des heutigen Informationsmanagements zu einer Hochleistungsinformatik.

6 Literatur

[Haist91] Haist, F., Fromm, H.: Qualität im Unternehmen: Prinzipien - Methoden - Techniken, Carl Hanser Verlag, München, 1991.

[Leicht95] Leichtfuss, R., Mattern, F.: Can retail banks learn from each other?, in: The

McKinsey Quaterly, No. 1, 1995.

[Österl95] Österle, H.: Business Engineering, Prozeß- und Systementwicklung, Springer, Berlin, 1995.

[Venkat94] Venkatraman, N.: IT-Enabled Business Transformation: From Automation to Business Scope Redefinition, in: Sloan Management Review, Winter 1994.

Diagnose der Informationsverarbeitung

Lutz J. Heinrich, Gustav Pomberger

Zusammenfassung

Es wird die "Diagnose der Informationsverarbeitung" (kurz: IV-Diagnose) als erste und grundlegende Phase eines umfassenden Modells zur Überprüfung und Neuausrichtung der Informationsverarbeitung an den strategischen Zielen Wirksamkeit und Wirtschaftlichkeit erläutert. Auf die an die IV-Diagnose anschließenden Phasen "Konzeptentwicklung" und "Reengineering" wird nicht eingegangen. Es wird von der These ausgegangen, daß eine gründliche Diagnose, mit der der Istzustand der Informationsverarbeitung bezüglich Wirksamkeit und Wirtschaftlichkeit sichtbar gemacht wird, unabdingbare Voraussetzung für Veränderungen ist, mit denen vorhandene Verbesserungspotentiale erkannt und ausgeschöpft werden können. Einleitend werden die theoretischen Grundlagen referiert, an denen sich die Methodik der IV-Diagnose orientiert; diese wird anschließend dargestellt. Ausgehend von der Methodik wird das Vorgehensmodell für die IV-Diagnose entwickelt. Als für das Vorgehensmodell typische Aktivität wird die Entwicklung des Untersuchungsdesigns näher erläutert. Schließlich werden Thesen für die wissenschaftlichen Begleituntersuchung formuliert, und es wird über Erfahrungen dazu berichtet.

Den Autoren sind - außer einer 20 Jahre alten Publikation eines der Autoren - keine Quellen bekannt, in denen explizit Methodik, Vorgehensmodell und/oder Untersuchungsdesign zur IV-Diagnose angeboten werden. In vielen Quellen finden sich Hinweise zur Thematik sowie kleinere Beiträge zu den Aufgaben, mehr noch zu den Methoden. Diese hier darzustellen, hätte keinen Raum für das eigentliche Anliegen dieses Beitrags gelassen, eine geschlossene Methodik der IV-Diagnose zu präsentieren. Quellenhinweise im Text sind daher nicht erforderlich.

1 Theoretische Grundlagen

Die Entwicklung der Informationsverarbeitung in der Praxis ist ein evolutionärer Prozeß, der sich in Abhängigkeit von den situativen Bedingungen (z.B. strategische Bedeutung der Informationsverarbeitung, Personalqualifikation, Emanzipation der Benutzer, verfügbare Budgets und Technologien) unterschiedlich rasch vollzieht. Ein Veränderungspotential wird meist durch einzelne *Schwachstellen* (z.B. im Anwendungssoftware-Bestand) oder durch technologische Entwicklungen verursacht, die zum Entstehen von Technologielücken führen. Die üblicherweise verwendeten Controlling-Instrumente reichen nicht aus, um das Veränderungspotential ganzheitlich zu ermitteln und offenzulegen. Eine periodische Erfassung, Beschreibung und Analyse der Informationsverarbeitung ist daher erforderlich; sie wird hier als *Diagnose der Informationsverarbeitung* (kurz: IV-Diagnose) bezeichnet.

Der *theoretische Bezugsrahmen* für die IV-Diagnose ist wie folgt gegeben:

- Das Veränderungspotential der Informationsverarbeitung ist durch den Abstand zwischen ihrer *strategischen Schlagkraft*, bewertet nach dem Stand der Technik und ihrer strategischen Schlagkraft im Istzustand, gegeben.
- Die strategische Schlagkraft der Informationsverarbeitung ist durch ihre Positionierung im Portfolio *Wirksamkeit/Wirtschaftlichkeit* operationalisiert.
- Wirksamkeit und Wirtschaftlichkeit der Informationsverarbeitung sind durch ein System von *Erfolgsfaktoren* präzisiert.
- Die Erfolgsfaktoren sind durch ein System von *Merkmalen* und daraus abgeleiteten *Meßgrößen* operationalisiert.
- Zu allen Merkmalen liegen Aussagen vor, die den *Stand der Technik* beschreiben.
- Für die Erfassung und Beschreibung des Istzustands der Merkmale und Meßgrößen stehen geeignete *Methoden* zur Verfügung.
- Aus den Aussagen, die den Stand der Technik beschreiben, und den Aussagen, die den Istzustand abbilden, kann für jedes Merkmal das *Verbesserungspotential* der Informationsverarbeitung abgeleitet werden.
- Die für jedes Merkmal gewonnenen Aussagen können zu Aussagen über die *Wirksamkeit* und die *Wirtschaftlichkeit* der Informationsverarbeitung aggregiert werden.

Abbildung 1 zeigt das Portfolio *Strategische Schlagkraft der Informationsverarbeitung* mit einer beispielhaften Positionierung im Istzustand, Sollzustand ("best practice") und Idealzustand ("Stand der Technik"). Die Unterscheidung zwischen Sollzustand und Idealzustand resultiert aus der Erfahrung, daß das dem Stand der Technik entsprechende Maximum an Wirksamkeit und Wirtschaftlichkeit auf Grund der gegebenen Rahmenbedingungen (z.B. Personalqualifikation, verfügbare Budgets) nicht voll ausgeschöpft werden kann. Die Bezeichnung "Stand der Technik" wird auch dann verwendet, wenn es sich um nicht-technische (wie personale, organisatorische und soziale) Eigenschaften der Informationsverarbeitung handelt.

Die beiden Formalziele "Wirksamkeit" und "Wirtschaftlichkeit" sind dabei wie folgt definiert:

- Wirksamkeit (auch: Effektivität) ist die Verfügbarkeit von Funktionen und Leistungen der Informationsverarbeitung zur Unterstützung der Geschäftsprozesse, unabhängig vom dafür erforderlichen Mitteleinsatz und seinen Kosten und dem erzielten Nutzen.

- Wirtschaftlichkeit (auch: Effizienz) ist das Verhältnis der Kosten zu einer Bezugsgröße (z.B. der günstigsten Kostensituation) oder des Nutzens zu einer Bezugsröße (z.B. den Kosten).

Abb. 1: Strategische Schlagkraft der Informationsverarbeitung

Wirksamkeit meint auch, in welchem Ausmaß die Informationsverarbeitung zur erfolgreichen Abwicklung der Geschäftsprozesse beiträgt, mit anderen Worten: ihr Erfolgspotential. Für die Abwicklung der Geschäftsprozesse erforderliche Funktionen und Leistungen, die nicht vorhanden sind, reduzieren die Wirksamkeit. Im Mittelpunkt der Beurteilung der Wirksamkeit steht daher das *Bedarfspotential* der Geschäftsprozesse an IV-Unterstützung. Anzustreben ist die volle übereinstimmung zwischen dem Erfolgspotential der Informationsverarbeitung einerseits und dem Bedarfspotential der Geschäftsprozesse andererseits. Wirtschaftlichkeit setzt das Vorhandensein eines Mindestmaßes an Wirksamkeit voraus; was nicht wirksam ist, kann nicht nach Wirtschaftlichkeit beurteilt werden.

2 Methodik der IV-Diagnose

Die Methodik der IV-Diagnose ist durch die verwendeten Diagnosemethoden, die Anordnung der Diagnosemethoden im Diagnoseverlauf und durch die Zerlegung des Diagnoseobjekts in Untersuchungsbereiche gkennzeichnet. Die die IV-Diagnose kennzeichnenden *Diagnose-*

methoden und *Untersuchungsbereiche* sind aus Abbildung 2 ersichtlich. Die modulare, nach Untersuchungsbereichen geordnete Struktur des Diagnoseobjekts ermöglicht es, den Untersuchungsumfang durch Auswahl von Untersuchungsbereichen zu steuern. Innerhalb der Untersuchungsbereiche kann der Untersuchungsumfang variiert werden (vgl. dazu Abschnitt 4). Die in Abbildung 2 für die Untersuchungsbereiche verwendeten Kurzbezeichnungen bedeuten folgendes:

- IVO = IV-Organisation, und zwar sowohl die Struktur- als auch die Ablauforganisation der Informationsverarbeitung (und ausdrücklich nicht die der betrieblichen Aufgaben oder Geschäftsprozesse);
- DA = Datenadministration, und zwar sowohl die Datenbestände als auch die zu ihrer Verwaltung und Nutzung verwendeten Software-Systeme;
- HW+SSW = Hardware und Systemsoftware, und zwar sowohl zentrale als auch dezentrale Komponenten und ihre Vernetzung;
- AWS+EWS = Anwendungssoftware und Entwicklungssysteme, womit sowohl der Anwendungssoftware-Bestand als auch die Software-Entwicklung erfaßt werden;
- "Verträge" meint den gesamten Bestand an schriftlichen vertraglichen Vereinbarungen, die mit Lieferanten und Dienstleistungsgebern des Informatik-Markts abgeschlossen wurden.

Die Gliederung des Untersuchungsobjekts in Untersuchungsbereiche wird primär durch die Verfügbarkeit kompetenter Diagnostiker bestimmt; die Methodik der IV-Diagnose kann daher als *expertenzentriert* bezeichnet werden. Damit verbundene Probleme (z.B. das Entstehen und Beherrschen von Schnittstellen) werden durch *teamorientiertes Arbeiten* aufgefangen. Instrumente dafür sind der gemeinsame Entwurf des Untersuchungsdesigns und Koordinierungsgespräche planmäßig sowie ad-hoc bei Bedarf bei der Durchführung der IV-Diagnose.

Die Methodik der IV-Diagnose ist weiter durch *Kooperation* gekennzeichnet, womit eine in allen wichtigen Fragen mit dem Auftraggeber abgestimmte Projektarbeit gemeint ist. Die Abstimmung beginnt mit der Präsentation der Methodik der IV-Diagnose und des Vorgehensmodells, wird mit der gemeinsamen Erarbeitung des Untersuchungsdesigns fortgesetzt und endet mit der gemeinsamen Festlegung von Maßnahmen, mit denen über die Diagnosephase hinaus die Projektarbeit fortgesetzt wird. Daraus folgt als weiteres charakteristisches Merkmal der IV-Diagnose das *spezifische Untersuchungsdesign*, das auf der Grundlage der in Abbildung 2 gezeigten Struktur in jedem Projekt entwickelt wird. Ein bedeutender Teil des Projektaufwands entfällt auf die Entwicklung des projektspezifischen Untersuchungsdesigns.

Bezüglich der Art der verwendeten Methoden ist für die IV-Diagnose kennzeichnend, daß der *direkten* Beobachtung und Erfassung der Vorzug gegenüber der indirekten Beobachtung und Erfassung gegeben wird. Empirisches Messen erfolgt daher soweit wie möglich, schriftliches und mündliches Befragen erfolgen daher nur so weit wie unbedingt nötig. Schließlich wird der *Totalerhebung* der Vorzug gegenüber der Verwendung von Stichproben gegeben.

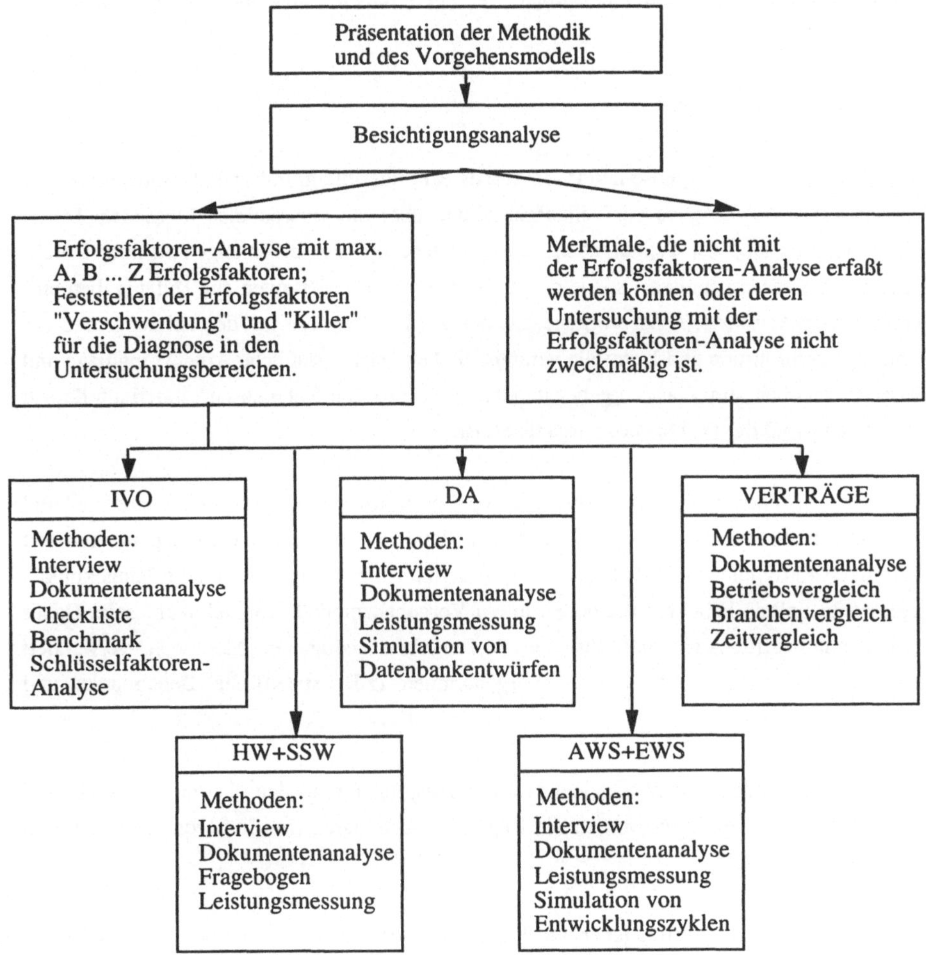

Abb. 2: Struktur der IV-Diagnose

Abbildung 2 zeigt die zentrale Bedeutung der *Erfolgsfaktoren-Analyse* für die IV-Diagnose (zur Erläuterung der Methode und zu Anwendungserfahrungen vgl. den Beitrag von Heinrich/Häntschel). Mit ihr wird nicht nur Benutzerzufriedenheit gemessen, sondern auch die Tiefe oder Intensität der Diagnose gesteuert, indem die Phänomene, die den mit "Verschwendung" und "Killer" identifizierten Erfolgsfaktoren entsprechen, genauer untersucht werden (bzw. die mit "o.k." und "Erfolg" identifizierten Erfolgsfaktoren nicht untersucht werden). Mit anderen Worten: Die Ergebnisse der Erfolgsfaktoren-Analyse bestimmen entscheidend das Untersuchungsdesign hinsichtlich Art und Umfang der untersuchten Phänomene.

3 Vorgehensmodell

Die Methodik der IV-Diagnose liefert ein grobes Bild über die grundsätzliche Gliederung der Gesamtaufgabe der Diagnose in Teilaufgaben und über die verwendeten Methoden. Durch präzise Beschreibung der Teilaufgaben - einschließlich der Voraussetzungen zu ihrer Durchführung und ihrer Ergebnisse - sowie durch Zuordnung von Methoden auf Teilaufgaben entsteht ein *Vorgehensmodell.* Ein Vorgehensmodell zur IV-Diagnose soll den Arbeitsprozeß der Planung, Durchführung und Kontrolle vereinheitlichen, eine verläßliche Arbeitsgrundlage und wiederverwendbar sein. Das Vorgehensmodell stellt also den Rahmen dar, innerhalb dessen der Arbeitsprozeß der IV-Diagnose organisiert ist.

Methoden entstehen und sind unabhängig von bestimmten Vorgehensmodellen; sie sind grundsätzlich für unterschiedliche Vorgehensmodelle verwendbar. Sie korrespondieren mit bestimmten Aktivitäten und werden daher gewissermaßen in Vorgehensmodelle "eingeklinkt". Idealerweise sollten beliebige Methoden in ein Vorgehensmodell "einzuklinken" sein. Daher werden alle verfügbaren und für die IV-Diagnose geeigneten Methoden verwendet; gegebenenfalls werden Anpassungen vorgenommen (z.B. spezifische Benchmarks und Checklisten entwickelt).

Das Vorgehensmodell besteht in seiner gröbsten Ausprägung aus den Phasen Vorprojekt und Hauptprojekt. Im *Vorprojekt* werden die folgenden Aktivitäten (im Sinn von Aufgaben und Methoden) bearbeitet:

(1) Erstkontakt zum Auftraggeber und Präsentation der Methodik und des Vorgehensmodells für das Hauptprojekt;
(2) Erstbesichtigung zur Abklärung von Untersuchungsziel und Untersuchungsumfang ("Spezifikation");
(3) grobe Projektplanung und Ermittlung des Untersuchungsaufwands sowie Festlegen der Meilenstein-Termine;
(4) Angebotserstellung und Auftragsverhandlungen;
(5) Projektplanung.

Grundlage für die Aufwandsschätzung sind Erfahrungswerte, die im Sinne der *Analogie-*

methode im Expertengespräch zwischen den am Vorprojekt beteiligten Mitarbeitern an die Untersuchungssituation angepaßt werden.

Das *Hauptprojekt* ist in drei Phasen gegliedert; es werden die folgenden Aktivitäten bearbeitet:

(1) Spezifikationsphase
- (1.1) Durchführen der Besichtigungsanalyse
- (1.2) Analyse der Wettbewerbsfaktoren
- (1.3) Durchführen der Erfolgsfaktoren-Analyse
- (1.4) Entwickeln des Untersuchungsdesigns
- (1.5) Präsentation und Abnahme des Untersuchungsdesigns
- (1.6) Verfeinerung der Projektplanung

(2) Abwicklungsphase
- (2.1) Erfassen des Istzustands
- (2.2) Analysieren des Istzustands
- (2.3) Befundung und Projektdokumentation

(3) Übergabephase
- (3.1) Präsentation der Befunde
- (3.2) Übergabe der Projektdokumentation
- (3.2) Abnahmeworkshop

Da eine Erläuterung der Aktivitäten im Detail aus Platzgründen nicht möglich ist, müssen folgende Kommentare genügen, mit denen besondere Eigenschaften des Vorgehensmodells (Hauptprojekt) verdeutlicht werden:

- Spezifikationsphase: An der *Besichtigungsanalyse* nehmen alle Projektmitarbeiter teil, damit möglichst viel Wissen über den Istzustand aus unterschiedlichen Sichten in das Untersuchungsdesign eingebracht werden kann. Die *Analyse der Wettbewerbsfaktoren* wird in der Regel nicht im Rahmen der IV-Diagnose durchgeführt; die Wettbewerbsfaktoren werden vom Auftraggeber erarbeitet bzw. liegen bereits vor und werden für die IV-Diagnose zur Verfügung gestellt. Die *Erfolgsfaktoren-Analyse* nach Rockart (vgl. den Beitrag von Heinrich/Häntschel) wird durch einen Workshop ergänzt, gegebenenfalls auch ersetzt, wenn die Messung der Benutzerzufriedenheit nicht Untersuchungsziel ist. Das *Untersuchungsdesign* wird unter strenger Bezugnahme auf die Ergebnisse der Analyse der Wettbewerbsfaktoren und Erfolgsfaktoren-Analyse entwickelt.
- Abwicklungsphase: Das sehr detaillierte *Untersuchungsdesign* stellt auch einen

Dokumentations- , Analyse- und Befundungsrahmen dar, so daß zu diesen Aufgaben *parallel* dokumentiert werden kann. Daher können bereits wenige Tage nach der letzten Erfassung, Analyse und Befundung die Projektergebnisse präsentiert werden. Erfassen, Analysieren und Befunden erfolgen weitgehend *interaktiv*, so daß sichergestellt ist, daß nur das erfaßt wird, was analysiert werden soll, und nur das analysiert wird, was befundet werden soll. Wichtigstes Instrument zur Herstellung dieser Interaktivität sind *Joint-Sessions* unter Beteiligung aller Projektmitarbeiter. Sie sind - neben dem Untersuchungsdesign - auch Instrument zur Qualitätssicherung im Sinn der Realisierung der mit der Spezifikation erfaßten Kundenforderungen.

- Übergabephase: Die *Projektdokumentation* wird übergeben, nachdem die Befunde mündlich präsentiert wurden (im allgemeinen unmittelbar im Anschluß daran). Der *Abnahmeworkshop* wird einige Wochen nach Übergabe der Projektdokumentation durchgeführt, um dem Auftraggeber Gelegenheit zu geben, sich mit den Details der Diagnose vertraut zu machen. Mit dem Abnahmeworkshop erfolgt die Überleitung in die Konzeptphase, indem erste Maßnahmen der Konzeptentwicklung festgelegt werden.

Abbildung 3 (oberer Teil) visualisiert die Analyse der *Wettbewerbsfaktoren* (W-Faktoren) aus dem Absatz- und Beschaffungsmarkt sowie die Erhebung der *Erfolgsfaktoren* (E-Faktoren) aus den Geschäftsprozessen. Diese beiden zentralen Begriffe sind wie folgt zu verstehen:

- Wettbewerbsfaktoren sind die vom Beschaffungs- und vor allem vom Absatzmarkt vorgegebenen Faktoren, von denen der Unternehmenserfolg primär abhängt (z.B. Preis, Lieferzeit, Zuverlässigkeit, Wartbarkeit von Produkten und/oder Dienstleistungen).
- Erfolgsfaktoren sind die Eigenschaften der Geschäftsprozesse einschließlich der in ihnen verwendeten Ressourcen (z.B. Betriebsmittel wie Hardware und Software, Entwicklungswerkzeuge, Methoden, Verfahren, Arbeitsabläufe, Personal), die einen nachhaltigen Einfluß auf den Unternehmenserfolg haben.

Für die IV-Diagnose sind nur jene Erfolgsfaktoren von Interesse, die nachhaltig durch die *Informationsverarbeitung* bestimmt sind. Die Erfolgsfaktoren beeinflussen den Unternehmenserfolg unmittelbar (z.B. geringe Produktivität der Entwicklungswerkzeuge und damit hohe Entwicklungskosten) und/oder mittelbar über die Wettbewerbsfaktoren (z.B. geringe Produktivität der Entwicklungswerkzeuge und damit lange Lieferzeiten). In Käufermärkten ist der mittelbare Einfluß umso stärker, je ausgeprägter der Wettbewerb ist.

Als Ergebnis der Analyse der Wettbewerbsfaktoren und Erfolgsfaktoren-Analyse sind die *Erfolgsfaktoren* identifiziert, welche die Wettbewerbsfaktoren beeinflussen *und* die durch die Informationsverarbeitung unterstützt werden können. Sie werden nach der ABC-Analyse in drei als *Schlüsselbereiche* bezeichnete Untersuchungsbereiche geordnet, mit denen die Intensität der Beeinflussung erfaßt

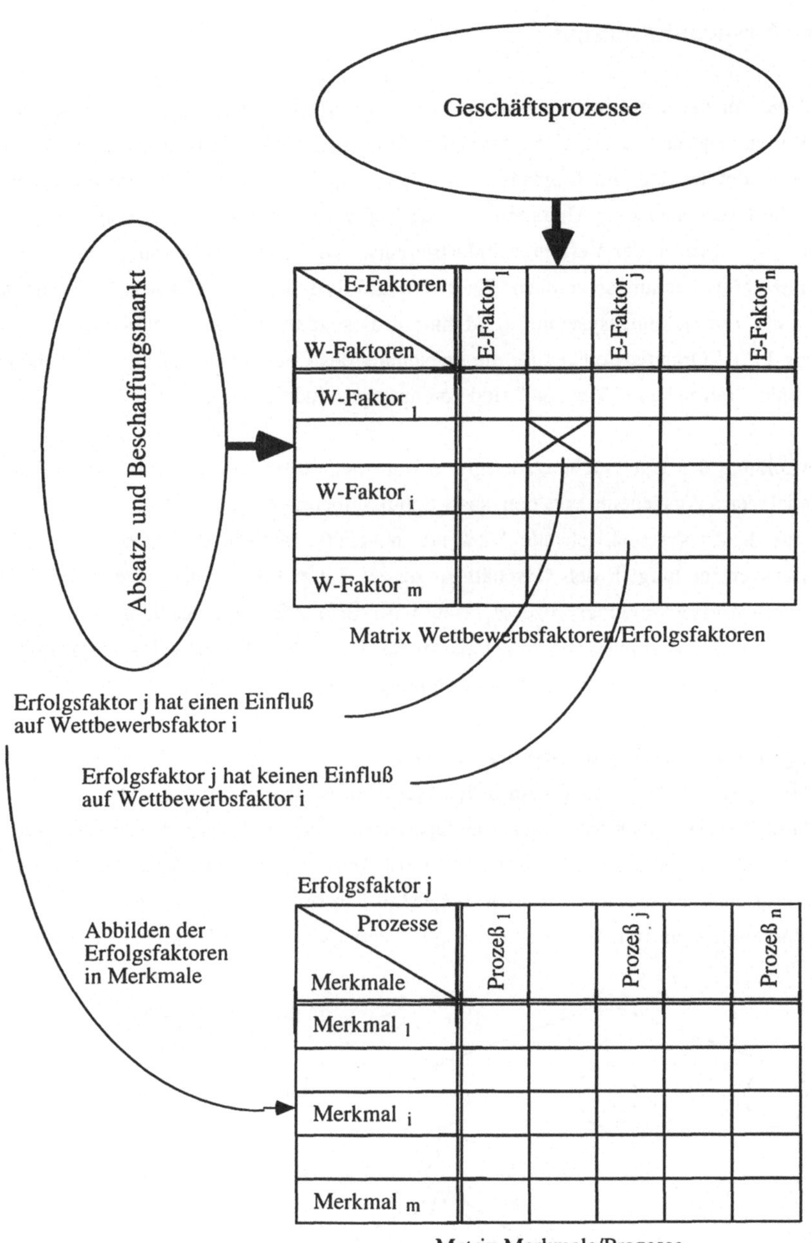

wird.

Abb. 3: Wettbewerbsfaktoren und Erfolgsfaktoren (oberer Teil) sowie Ableiten des Untersuchungsdesigns (unterer Teil)

4 Untersuchungsdesign

Daß und warum das Untersuchungsdesign *projektspezifisch* entwickelt wird, wurde bereits gesagt. Vorhandene und erfolgreich verwendete Untersuchungsdesigns können nur in Teilen wiederverwendet werden. Im folgenden wird daher ein Untersuchungsdesign exemplarisch erläutert. Auftraggeber ist ein Unternehmen, das *Software-Systeme* zur Automatisierung von Produktionssystemen in der Verfahrensindustrie entwickelt. Die Untersuchungsschwerpunkte liegen in den Untersuchungsbereichen "Hardware und Systemsoftware" sowie "Anwendungssoftware und Entwicklungssysteme" (und hier insbesondere Entwicklungssysteme) gemäß Abbildung 1. "IV-Organisation" ist für die Erreichung des Untersuchungsziels von geringerer, "Datenadministration" und "Verträge" sind von untergeordneter Bedeutung.

Die Entwicklung des Untersuchungsdesigns erfolgt methodisch wie in Abbildung 3 (unterer Teil) visualisiert: Ausgehend von den nach Schlüsselbereichen geordneten Erfolgsfaktoren werden aus diesen systematisch alle *Merkmale* abgeleitet, anhand derer der Istzustand der Informationsverarbeitung in den Geschäftsprozessen (kurz: Prozesse), im gegenständlichen Fall der Software-Entwicklungsprozesse, erfaßt wird. Erfolgsfaktoren des Schlüsselbereichs A werden durch mehr Merkmale abgebildet als solche des Schlüsselbereichs B usw., womit eine Feinsteuerung des Untersuchungsumfangs ermöglicht wird.

Abbildung 4 zeigt die Top-down-Vorgehensweise beim Ableiten der Merkmale aus dem Untersuchungsziel. In Ergänzung zum bisher Gesagten ist aus Abbildung 4 die Verwendung von *Meßgrößen* erkennbar, mit denen eine Operationalisierung der teilweise nur schwer faßbaren Merkmale zur Istzustandserfassung und Befundung erfolgt. Die Erfolgsfaktoren werden also zunächst in Merkmale und - davon ausgehend - in operationale Meßgrößen abgebildet. Dieses Vorgehen kann mit den in den Anlagen wiedergegebenen Beispielen näher erläutert werden.

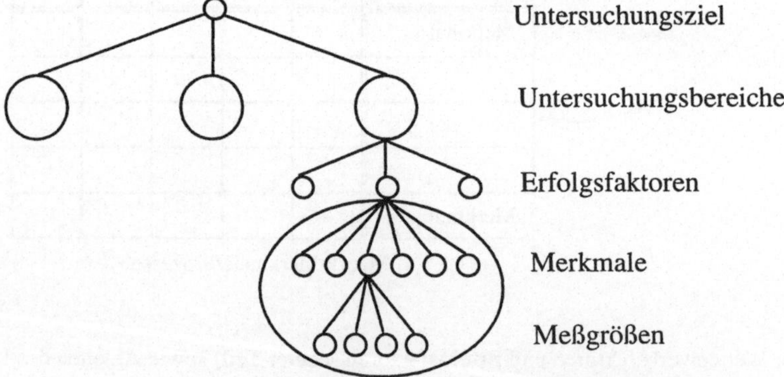

Abb. 4: Ableiten der Meßgrößen aus dem Untersuchungsziel

Jeder Erfolgsfaktor wird mit zwei bis acht Merkmalen abgebildet. Für jedes Merkmal wird festgelegt (vgl. auch Anlage B):

- die Bezeichnung;
- die hinter der Bezeichnung stehende Semantik ("Inhalt");
- das Meßobjekt bzw. die Meßobjekte, also was gemessen wird;
- die Meßmethode(n), also wie gemessen wird;
- die Meßgrößen, also die Eigenschaften des Meßobjekts, die gemessen werden;
- der Idealzustand im Sinne von "best practice", der als Referenzaussage zur Befundung verwendet wird.

Merkmale können redundant sein (d.h. bei mehr als einem Erfolgsfaktor auftreten). Erhebungen dazu werden dann grundsätzlich nur einmal durchgeführt, es sei denn, Mehrfacherhebung ist aus bestimmten Gründen (z.B. Berücksichtigung unterschiedlicher Sichten) ausdrücklich erwünscht.

Unter "best practice" wird der Zustand verstanden, der unter Berücksichtigung der spezifischen Situation beim Auftraggeber - gemessen an den Unternehmenszielen - anzustreben ist. "Best practice" ist also nicht "Stand der Technik". Ausgehend von "best practice" als Referenzaussage wird der Istzustand befundet. Damit werden Aussagen über das vorhandene und ausschöpfbare Verbesserungspotential ("Rationalisierungs-", "Nutzensteigerungs-" "Qualitätssteigerungspotential" usw.) gemacht, die letztlich unter den Zielen Wirksamkeit und Wirtschaftlichkeit bottom-up aggregiert werden.

Die je Merkmal erhobenen Aussagen werden auf der im folgenden dargestellten Skala abgebildet; Zwischenwerte sind nicht erlaubt. Die verbalen Bezeichnungen können je nach Art des Merkmals analog ergänzt werden:

- 0 = nicht beurteilt, nicht beurteilbar, nicht relevant
- 1 = stark unterentwickelt, unbefriedigend, kritisch, nicht vorhanden
- 3 = unterentwickelt, verbesserungsbedürftig, unzureichend
- 5 = gut entwickelt, akzeptabel, verbesserungsfähig, angemessen
- 7 = nahezu optimal

5 Wissenschaftliche Begleituntersuchung

Zwischen 1991 und 1995 wurden fünf Diagnoseprojekte durchgeführt. Praktischer Zweck der Projekte war es, das Verbesserungspotential der Informationsverarbeitung zu identifizieren, um - davon ausgehend - Maßnahmen zu seiner Ausschöpfung einzuleiten (Konzeptphase) bzw. durchzuführen (Reengineering-Phase).

Wissenschaftlicher Zweck der Projekte war es, im Sinne eines explorativen Vorgehens *Prototypen* des Diagnosekonzepts, des Vorgehensmodells und des Untersuchungsdesigns unter Praxisbedingungen zu erproben und weiterzuentwickeln. Forschungsmethodisch gesehen handelt es sich bei den Projekten um *Fallstudien* (wie sie erhebungstechnisch ausgerichtet waren, geht aus dem bisher Gesagten hervor). Hingewiesen werden soll nochmals auf die Bevorzugung *direkter* Erhebungen, wobei wenn möglich personenunabhängige Beobachtungsmethoden verwendet werden sollen (z.B. Videobeobachtung).

Bei der wissenschaftlichen Begleituntersuchung, die in zukünftigen Projekten fortgesetzt wird, stehen die folgenden Eigenschaften der IV-Diagnose im Mittelpunkt des Interesses:

- der für die Diagnose erforderliche Zeitraum und der erforderliche Zeitbedarf;
- die für die Diagnose erforderlichen Methoden und ihre Brauchbarkeit;
- die Steuerung des Umfangs der Diagnose durch die Einordnung der Diagnosemethoden in die Methodik bzw. in das Vorgehensmodell;
- die Weiterentwicklung und situative Anpassung des Untersuchungsdesigns, insbesondere der Erfolgsfaktoren, Merkmale und Meßgrößen;
- die Erprobung und Weiterentwicklung einer Skala für die Abbildung der Merkmale;
- der Diagnoseerfolg und die zu seiner Messung geeigneten Meßgrößen;
- die Validität des Meßsystems (externe und interne Validität);
- der Grad der Wiederverwendbarkeit von Methodik, Vorgehensmodell und Untersuchungsdesign.

Folgende Erfahrungen liegen dazu bisher vor:

- Der *Zeitraum* für eine Diagnose beträgt - je nach Untersuchungsumfang - zwischen drei und sechs Monaten, der *Zeitbedarf* zwischen 40 und 80 Personentagen seitens des Auftragnehmers, zusätzlich rd. 50% seitens des Auftraggebers.
- Die *Methodenunterstützung* ist noch verbesserungsbedürftig, insbesondere bezüglich solcher empirischer Methoden (z.B. Simulation und Benchmarks), mit denen vor allem die Befragung, aber auch die Dokumentenanalyse, drastisch reduziert werden können.
- Für die Steuerung des *Diagnoseumfangs* hat sich die zentrale Positionierung der Erfolgsfaktoren-Analyse als zweckmäßig erwiesen. Von ihren Ergebnissen ausgehend, können Merkmale mit einem geringem Verbesserungspotential von solchen mit einem hohen Verbesserungspotential getrennt werden. Weitere Instrumente zur Steuerung des Diagnoseumfangs wurden erkannt und in Folgeprojekten verwendet (z.B. Klassifizierung der

Erfolgsfaktoren nach Schlüsselbereichen zur Steuerung des Untersuchungsumfangs).

- Die *Erfolgsfaktoren* unterscheiden sich deutlich, wenn der Untersuchungsgegenstand verschiedenen Branchen angehört; Veränderungen über der Zeit konnten - vielleicht auf Grund des relativ kurzen Zeitraums von fünf Jahren - nicht beobachtet werden. Die Merkmale sind relativ stabil über der Zeit und unabhängig vom Untersuchungsgegenstand, wenn es sich um gleiche Erfolgsfaktoren handelt. Die Merkmale und Meßgrößen sind stark vom Untersuchungsumfang abhängig und werden vor allem durch die Technologie-Entwicklung permanent verändert. Das Untersuchungsdesign ist daher insgesamt gesehen entscheidend vom Untersuchungsgegenstand abhängig.
- Die für die Abbildung der Merkmale verwendete *Skala* hat sich bewährt. Der Vorteil besteht vor allem in der durchgängigen Verwendung der gleichen Skala im gesamten Diagnoseverfahren sowie in der Vermeidung von "weichen" Zwischenurteilen.
- Eine befriedigende Meßgröße für den *Diagnoseerfolg* konnte bisher nicht gefunden werden; vermutlich läßt sich der Diagnoseerfolg nicht aus der Diagnose, sondern nur aus dem Reengineering-Erfolg ableiten. Die Amortisationsdauer der Diagnosekosten kann eine geeignete Meßgröße sein. Aus den vorliegenden Informationen aus Sanierungskonzepten in Unternehmen, in denen eine Diagnose durchgeführt wurde, beträgt die Amortisationsdauer zwischen sechs und zwölf Monate, ist also sehr kurz.
- Eine hohe *externe Validität* kann aus der Akzeptanz der Diagnoseergebnisse, die insbesondere in den Abnahmeworkshops sowie in Folgeprojekten der Konzeptphase zum Ausdruck kommt, abgeleitet werden. Bezüglich der *internen Validität* sind noch erhebliche Verbesserungen erforderlich, insbesondere bei der verbalsprachlichen Befundung und der Abbildung der Befunde auf der genannten Skala. Verbesserungen sind von Projekt zu Projekt möglich gewesen.
- Der Grad der *Wiederverwendbarkeit* der Methodik ist hoch; die Methodik wurde in fünf Jahren nur marginal verändert. Diese Aussage trifft weitgehend auch auf das Vorgehensmodell zu; Aufgaben wurden jedoch präziser gefaßt und die Methodenverwendung wurde verändert. Ein stabiler Zustand scheint erreicht zu sein. Bezüglich des Untersuchungsdesigns wurde bereits erläutert, daß Wiederverwendung nur in Teilen möglich ist.

Danksagung: Die Autoren danken den Unternehmen, in denen Diagnoseprojekte durchgeführt wurden, für die vertrauensvolle Zusammenarbeit. Sie danken auch allen an den Diagnoseprojekten beteiligten Projektmitarbeitern für die konstruktive Zusammenarbeit.

6 Quellenhinweise

Bischofberger, W. und Pomberger, G.: Prototyping-Oriented Software Development. Concepts and Tools. Springer Verlag, Berlin et al. 1992

Brenner, W. und Hamm, V.: Wege zu einem schlanken Informationsmanagement. In: HMD - Theorie und Praxis der Wirtschaftsinformatik 179/1994, 8 - 26

Fröschle, H.-P. und Schäfer, M.: Wettbewerbsstrategische Ansätze - Konzept, methodisches Vorgehen und Fallbeispiele. In: Bullinger, H.J. (Hrsg.): Handbuch des Informationsmanagements im Unternehmen. Beck«sche Verlagsbuchhandlung, München 1991, 1029 - 1061

Griese, J. et al.: Ergebnisse des Arbeitskreises Wirtschaftlichkeit der Informationsverarbeitung. In: Zeitschrift für betriebswirtschaftliche Forschung 7/1987, 515 - 551

Heinrich, L. J.: Zur Diagnose und Optimierung von Informationssystemen. In: Heilmann, H. (Hrsg.): 4. Jahrbuch der EDV, Forkel Verlag, Stuttgart 1975, 15 - 33

Heinrich, L. J.: Strategische Überdehnung der Informartionsinfrastruktur. In: Bartmann, D. (Hrsg.): Lösungsansätze der Wirtschaftsinformatik im Lichte der praktischen Bewältigung. Springer Verlag, Berlin et al. 1991, 123 - 135

Heinrich, L. J.: Informationsmanagement - Planung, Überwachung und Steuerung der Informationsinfrastruktur. 4. A., Oldenbourg Verlag, München/Wien 1992

Heinrich, L. J. und Damschik, I.: Kennzahlen für das strategische Controlling der Informationsverarbeitung. In: Rauch, W. et al. (Hrsg.): Mehrwert von Information - Professionalisierung der Informationsarbeit. Universitätsverlag Konstanz, Konstanz 1994, 461 - 470

Jarvenpaa, S. L. and Ives, B.: Information Technology and Corporate Strategy: A View from the Top. In: Information Systems Research 4/1990, 351 - 376

Knolmayer, G.: Bedeutung und Gestaltung computergestützter Informationssysteme in schlanken Unternehmen. In: Management & Computer 2/1993, 77 - 85

Pomberger, G. und Blaschek, G.: Software Engineering. Prototyping und objektorientierte Software-Entwicklung. Hanser Verlag, München/Wien 1993

Riedl, R.: Strategische Planung von Informationssystemen. Methode zur Entwicklung von langfristigen Konzepten für die Informationsverarbeitung. Physica Verlag, Heidelberg 1991

7 Anlagen

Anlage A: Beispiel *Untersuchungsdesign* mit den in drei Untersuchungsbereichen (erste Gliederungsebene) geordneten zwölf Erfolgsfaktoren (zweite Gliederungsebene) und 61 Merkmalen (dritte Gliederungsebene); nicht gezeigt sind die rd. 400 Meßgrößen.

1. Untersuchungsbereich *Betriebsmittel*

- 1.1 Einsatz von Software-Bibliotheken
  - 1.1.1 Anzahl und Umfang der Bibliotheken
  - 1.1.2 Dokumentation der Bibliotheken
  - 1.1.3 Standardisierung
  - 1.1.4 Bibliothekswartung
  - 1.1.5 Bibliothekseinsatz

1.2 Entwicklungswerkzeuge
  1.2.1 Durchgängigkeit der Werkzeugunterstützung
  1.2.2 Benutzerfreundlichkeit
  1.2.3 Offenheit der Werkzeuge
  1.2.4 Adäquatheit der Werkzeugunterstützung
  1.2.5 Werkzeugakzeptanz
1.3 Entwicklungsplattformen
  1.3.1 Adäquatheit der Entwicklungshardware
  1.3.2 Teamunterstützung
  1.3.3 Standards von Spezial-Entwicklungsplattformen
  1.3.4 Support
1.4 Kommunikationsinfrastruktur
  1.4.1 Interne Kommunikation
  1.4.2 Externe Kommunikation

2. Untersuchungsbereich *Methoden*

2.1 Wiederverwendung
  2.1.1 Modulare Softwareentwicklung
  2.1.2 Objektorientierte Programmierung
  2.1.3 Richtlinien für die Softwareerstellung
  2.1.4 Produktion von Halbfabrikaten
  2.1.5 Benutzung von Frameworks
  2.1.6 Wiederverwendungsanleitungen
  2.1.7 Beobachtung und Bewertung von Bausteinen
2.2 Testmethodik
  2.2.1 Teststrategie
  2.2.2 Testplanung
  2.2.3 Testfallauswahl
  2.2.4 Testdurchführung
  2.2.5 Testwiederholung
  2.2.6 Testdokumentation
  2.2.7 Testaufwandsschätzung
2.3 Entwicklungsmethodik
  2.3.1 Vorgehensmodell
  2.3.2 Designmethodik
  2.3.3 Implementierungsmethodik
  2.3.4 Wiederverwendungsmethodik
  2.3.5 Komponentendokumentation
  2.3.6 System- und Projektdokumentation
  2.3.7 Versions- und Variantenkontrolle
  2.3.8 Arbeitsteiligkeit
2.4 Spezifikationsmethodik
  2.4.1 Spezifikationsstandards
  2.4.2 Benutzerbeteiligung
  2.4.3 Validierung von Spezifikationen
  2.4.4 Controlling des Spezifikationsprozesses
2.5 Aufwandsschätzung und Aufwandserfassung
  2.5.1 Zeitpunkt(e) und Zeitbedarf der Aufwandsschätzung
  2.5.2 Methode der Aufwandsschätzung
  2.5.3 Aufwandserfassung
  2.5.4 Aufwandsbewertung

3. Untersuchungsbereich *Organisation*

3.1 Qualitätsmanagement
  3.1.1 Qualitätsziele
  3.1.2 Qualitätsplanung
  3.1.3 Qualitätsmodell

3.1.4 Qualitätsprüfung und -lenkung
3.1.5 Qualitätssicherungsmaßnahmen
3.2 Kontrolle der Systementwicklung
3.2.1 Projekteinplanung
3.2.2 Kapazitätsabgleich und -ausgleich
3.2.3 Projektplanung
3.2.4 Projektcontrolling
3.3 Technologiemanagement
3.3.1 Technologieentwicklung
3.3.2 Technologiebedarfsermittlung
3.3.3 Technologiebedarfsdeckung
3.3.4 Technologiebewertung

Anlage B: Merkmal *Standardisierung* zum Erfolgsfaktor "Einsatz von Software-Bibliotheken" im Untersuchungsbereich "Betriebsmittel".

Merkmal: Standardisierung.

Inhalt: Bausteine mit standardisierten Schnittstellen (für genormte Programmiersprachen), Bausteine zur Implementierung von Standards, interne Standards für die Schaffung von Bausteinen.

Meßobjekt: Dokumentation von Bibliotheken, Schnittstellenbeschreibungen, Norm-Dokumente, ISO-9000-Zertifikate, Richtlinien zur Implementierung und Beschreibung von Bausteinen (siehe auch *Richtlinien für die Softwareerstellung* unter *Wiederverwendung*).

Meßmethode: Dokumentenanalyse

Meßgrößen:

Ð Für welche Programmiersprachen werden Bibliotheken eingesetzt?
Ð Sind die Sprachen genormt?
Ð Werden normgerechte Compiler eingesetzt?
Ð Halten sich die Bausteine an die Sprachnorm oder benutzen sie darüber hinausgehende Sprachelemente?
Ð Sind Abweichungen von der Norm explizit dokumentiert?
Ð Bei Fremdprodukten: Stammen sie von ISO-9000-zertifizierten Herstellern?
Ð Gibt es Bausteine zur Implementierung von Standards? Für welche? (Beispiele: TCP, FTP, SQL, É)
Ð Gibt es explizit dokumentierte Richtlinien zur Implementierung und Beschreibung neuer Bausteine? Was umfassen sie? (z.B. Namengebung, Kommentierung, Formatierung, Dokumentation, É)
Ð Gibt es Vorschriften zur Benutzung von Bausteinen für bestimmte Spezialaufgaben?
Ð Wer stellt die Richtlinien auf?
Ð Werden die Richtlinien eingehalten?
Ð Wer überwacht die Einhaltung der Richtlinien?

Idealzustand: Die in den Bibliotheken verfügbaren Bausteine haben einheitliche Schnittstellen und benutzen (wenn sie in einer genormten Sprache genutzt werden) ausschließlich normgerechte Sprachelemente. Es existieren (falls für den Fachbereich relevant) Bausteine zur Unterstützung der Implementierung von standardisierten Schnittstellen. Für Bibliothekszugänge gibt es explizit dokumentierte Richtlinien, deren Einhaltung konsequent überprüft wird.

Messen der Benutzerzufriedenheit - Instrument und Anwendungserfahrungen

Lutz J. Heinrich, Irene Häntschel

Zusammenfassung

Zweck des Beitrags ist es, die Brauchbarkeit der Erfolgsfaktoren-Analyse zur Messung der Benutzerzufriedenheit zu zeigen. Dazu wird zunächst über die theoretischen Grundlagen der Erfolgsfaktoren-Analyse berichtet. Es folgt eine komprimierte Methodenbeschreibung sowie die Beschreibung der Vorgehensweise bei der Anwendung der Erfolgsfaktoren-Analyse. Anschließend werden die Thesen genannt, die aus den bisherigen Projekterfahrungen gewonnen wurden und die für die wissenschaftliche Begleituntersuchung zukünftiger Projekte verwendet werden. Schließlich wird über Anwendungserfahrungen, mit denen erste Aussagen zu den Thesen formuliert werden, berichtet. Im Anhang folgen ausgewählte Ergebnisse aus einem Praxisprojekt, an denen exemplarisch die Messung der Benutzerzufriedenheit gezeigt wird.

1 State of the Art

Ives et al. [Ives83] haben 1983 in einer Synopse den State of the Art zur Messung der Benutzerzufriedenheit wie folgt zusammengefaßt: "The construct of UIS (User Information Satisfaction) has been operationalized in many different ways. Several studies employed single-item rating scales; such scales have been criticized as unrealiable. ..... Multiple-item UIS measures have become increasingly common. Generally, they are of two types. The first focuses on the information system product. ..... The second type of multiple-item scale includes the organizational support for developing and maintaining the system as well as the system product itself. .... Generally, UIS measures have not been carefully validated. ....."
Die Erfolgsfaktoren-Analyse, wie sie hier verstanden und vorgestellt wird [Hein95], ist ein multikriterielles Bewertungsinstrument. Eine Unterscheidung zwischen Produktkriterien und Prozeßkriterien erfolgt nicht; beide werden berücksichtigt. Gemeinsames wichtiges Merkmal der Kriterien (hier als Erfolgsfaktoren bezeichnet) ist ihre Beurteilbarkeit aus der Sicht des Arbeitsplatzes der Benutzer. Zuverlässigkeit und Validität des vorgestellten Instruments müssen noch eingehender evaluiert werden, was Aufgabe der wissenschaftlichen Begleituntersuchung ist.

Einige Autoren, wie z.B. *Bayer* und *Miller* ([Baye87], [Mill93]) berichten über Anwendungserfahrungen mit der Erfolgsfaktoren-Analyse. Sie beurteilen die Methode als nützliches Instrument zur Planung längerfristiger, auf die Benutzerbedürfnisse abgestimmter Maßnahmen zur Verbesserung der Informationsverarbeitung.

Weitere bzw. neuere Untersuchungen zur Messung der Benutzerzufriedenheit sind den Autoren nicht bekannt. In der neueren Literatur finden sich lediglich noch Untersuchungen zur Frage "Is user satisfaction a valid measure of system effectiveness?" oder zu ähnlichen Fragen (z.B. [Gati94]).

2 Theoretische Grundlagen

Die Erfolgsfaktoren-Analyse ist Teil einer von *R. M. Alloway* (Alloway, zitiert nach [Baye87]) entwickelten Methode zur *strategischen Planung* der Informationsverarbeitung [HeLe90]. Sie basiert auf Arbeiten von *J. F. Rockart* [Rock82], der durch empirische Untersuchungen festgestellt hat, daß für den Erfolg der Informationsverarbeitung die vier Schlüsselbereiche Service, Kommunikation, Personal und Positionierung ausschlaggebend sind (auch als "kritische Erfolgsfaktoren" bezeichnet) und daß ein erfolgreiches Informationsmanagement kritische Erfolgsfaktoren mit besonderer Intensität bearbeitet. Die *Schlüsselbereiche* können wie folgt erläutert werden:

- *Service* sind die durch die Informationsverarbeitung erbrachten Dienste.
- *Kommunikation* ist das gegenseitige Verständnis und die gesicherte Zusammenarbeit zwischen der Unternehmensleitung, der IV-Abteilung und den Benutzern in den Fachabteilungen.
- *Personal* ist die technische und anwendungsorientierte fachliche Kompetenz der Mitarbeiter der IV-Abteilung.
- *Positionierung* drückt aus, welches die Schwerpunkte der Informationsverarbeitung sind (z.B. Art der Informationssysteme bezüglich der unterstützten Personen und/oder Aufgaben).

R. M. Alloway (Alloway, zitiert nach [Baye87]) hat durch eine Befragung von über 1000 Führungskräften die Schlüsselbereiche präzisiert und eine Liste mit 26 Erfolgsfaktoren entwickelt. Kein Informationsmanager kann erfolgsverbessernde Maßnahmen setzen, die alle Erfolgsfaktoren gleichzeitig berücksichtigen; in der Regel sind auch nur einige davon kritisch. Zweck der Erfolgsfaktoren-Analyse ist es, unter Verwendung der Erfolgsfaktoren und einer systematischen Analyse folgendes zu erreichen:

- den Erfolg der Informationsverarbeitung zu definieren und zu messen;

- ihre Stärken und Schwächen festzustellen;
- daraus Schwerpunkte für Maßnahmen zur Verbesserung abzuleiten.

Die von *R. M. Alloway* (Alloway, zitiert nach [Baye87]) definierten Erfolgsfaktoren entsprechen den heutigen Anforderungen an eine möglichst umfassende Beschreibung der Eigenschaften der Informationsverarbeitung, die für den Unternehmenserfolg von Bedeutung sind, nicht mehr. Auch ist immer eine situative Anpassung erforderlich, da jedes Unternehmen und damit seine Informationsverarbeitung spezifische Eigenschaften hat. (Eine Liste von Erfolgsfaktoren, wie sie zur Messung der Benutzerzufriedenheit 1994 in einem Bank- und Versicherungsunternehmen verwendet wurde, findet sich im Anhang.)

3 Methodenbeschreibung

Für die Datenerhebung wird die *Fragebogenmethode* ([Atte91], [Kerl86], [Roth87]) verwendet. Der Fragebogen enthält drei Fragen:

1. Welche *Priorität* (auch: Wichtigkeit oder Bedeutung) haben Ihrer Meinung nach die im folgenden genannten Erfolgsfaktoren im Hinblick auf den Unternehmenserfolg? (Im Fragebogen folgen die siebenstufige Skala P(K) und eine Auflistung der Erfolgsfaktoren, gereiht von A bis maximal Z.)
2. Wie beurteilen Sie die *Leistung* (auch: Ergebnisqualität) der Erfolgsfaktoren im Hinblick auf den Unternehmenserfolg? (Im Fragebogen folgen die siebenstufige Skala L(K) und eine Auflistung der Erfolgsfaktoren in einer verwürfelten Reihenfolge gegenüber 1., um die Beantwortung zu 2. ohne Orientierung an der Beantwortung zu 1. zu gewährleisten.)
3. Wie beurteilen Sie den *Gesamterfolg* der Informationsverarbeitung? (Im Fragebogen folgt die siebenstufige Skala L(K).)

Zweck der dritten Frage ist es, die Plausibilität des über alle Erfolgsfaktoren errechneten Erfolgs zu überprüfen. Mit anderen Worten: Stimmen der aus den Einzelurteilen gemäß 2. errechnete Erfolg und der gemäß 3. global beurteilte Erfolg nicht in etwa überein, muß den Ursachen nachgegangen werden und müssen die entsprechenden Fragebögen gegebenenfalls für die Analyse unberücksichtigt bleiben.

Jeder *Erfolgsfaktor* K = A ... Z wird mit den Attributen Priorität P(K) und Leistung L(K) beschrieben. Für die Beurteilung der Erfolgsfaktoren und des Gesamterfolgs werden die folgenden Skalen verwendet, auf denen nur ganzzahlige Werte zugelassen sind:

P(K) = 1: irrelevant	L(K) = 1: sehr schlecht
P(K) = 3: eventuell nützlich	L(K) = 3: unzureichend

P(K) = 5: wichtig L(K) = 5: gut

P(K) = 7: sehr entscheidend L(K) = 7: ausgezeichnet

Der *Erfolg* E(K) für Erfolgsfaktor K wird über die Urteile der Befragten T = 1 ... t nach Formel (1) berechnet.

$$(1)\quad E(K) = \frac{\sum_{T=1}^{t} (P(K,T) \times L(K,T))}{\sum_{T=1}^{t} P(K,T)}$$

Formel (1) zeigt, daß E(K) umso größer ist, je höher Leistung *und* Priorität beurteilt werden und je mehr die Beurteilung von Priorität und Leistung ausgeglichen sind. Hohe Priorität und geringe Leistung gehen daher mit dem gleichem, relativ schwachen Gewicht in E(K) ein wie geringe Priorität und hohe Leistung. Ausgeglichene Priorität und Leistung gehen mit umso stärkerem Gewicht in E(K) ein, je höher die Beurteilung beider ist. Diese Interpretation wird verständlich, wenn man sich vor Augen hält, daß hohe Priorität bei geringer Leistung ebenso wenig erfolgswirksam sein kann wie geringe Priorität bei hoher Leistung. Befinden sich Priorität und Leistung aber im Gleichgewicht und besteht das Gleichgewicht auf einem relativ hohen Beurteilungsniveau, werden große Erfolgsbeiträge erbracht.

Der *Erfolg* E(T) für Teilnehmer T und alle Erfolgsfaktoren wird nach Formel (2) berechnet. Der Erfolg ergibt sich auch unmittelbar aus den Antworten zu Frage 3 des Fragebogens, die mit der Skala L(K) beurteilt werden ("Gesamterfolg").

$$(2)\quad E(T) = \frac{\sum_{K=A}^{Z} (P(K,T) \times L(K,T))}{\sum_{K=A}^{Z} P(K,T)}$$

Erfolgsorientiert handelnde Informationsmanager versuchen, bei allen Erfolgsfaktoren eine Leistung zu erbringen, die ihrer Priorität entspricht. Die Notwendigkeit einer Leistungsverbesserung und damit die Reihung in einem Prioritätenkatalog werden durch die *Leistungsdifferenz* D(K) als Differenz zwischen Priorität und Leistung ausgedrückt. D(K) wird nach Formel (3) berechnet.

$$(3)\quad D(K) = \frac{1}{t}\sum_{T=1}^{t} P(K,T) - \frac{1}{t}\sum_{T=1}^{t} L(K,T)$$

D(K) liegt theoretisch zwischen -6 und +6; in der Praxis ergeben sich in der Regel Werte zwischen -3 und +3. Bei Minuswerten wird die Zurücknahme des Ressourceneinsatzes ("Abbau") empfohlen, bei Pluswerten sind leistungsverbessernde Maßnahmen ("Ausbau") angebracht. Die Skala für die Leistungsdifferenz ist folgende:

D(K) = -3: Abbau dringend erforderlich

D(K) = -1: Abbau empfohlen
D(K) = +1: Ausbau empfohlen
D(K) = +3: Ausbau dringend erforderlich

4 Vorgehensweise bei der Anwendung

Voraussetzung für die Durchführung einer Erfolgsfaktoren-Analyse ist die Bildung einer Arbeitsgruppe mit Mitgliedern der IV-Abteilung, des Fachabteilungsmanagements und Vertretern der Benutzer. Sie wird von einem (in der Regel externen) Experten moderiert, der das erforderliche Fachwissen bezüglich Methode und Methodenanwendung einbringt und die Gruppenarbeit steuert. Er führt auch die Datenauswertung durch und ist für die Interpretation und Präsentation der Ergebnisse zuständig. Die Vorgehensweise bei der Erfolgsfaktoren-Analyse kann mit den folgenden Arbeitsschritten beschrieben werden:

- Festlegen der Erfolgsfaktoren;
- Festlegen der Teilnehmer an der Befragung;
- Formulieren des Fragebogens;
- Durchführen der Datenerhebung;
- Auswerten der Erhebungsdaten und Darstellen der Befunde;
- Interpretieren der Befunde;
- Präsentieren der Befunde und Interpretationen.

Erster Arbeitsschritt: *Festlegen der Erfolgsfaktoren.* Der Moderator präsentiert der Arbeitsgruppe Erfolgsfaktoren (Bezeichnung und Definition), die sich in anderen Projekten bewährt haben und die er - auf Grund der Ergebnisse einer Besichtigungsanalyse - soweit möglich situativ angepaßt hat. Die Diskussion der Erfolgsfaktoren in der Arbeitsgruppe erfolgt mit dem Ziel der weiteren situativen Anpassung, indem folgende Fragen beantwortet werden:

- Beschreiben die Erfolgsfaktoren alle Eigenschaften der Informationsverarbeitung, die für den Unternehmenserfolg von wesentlicher Bedeutung sind? Welche Eigenschaften sind von geringer oder ohne Bedeutung und sollten nicht verwendet werden, welche Eigenschaften von erheblicher Bedeutung fehlen und müssen ergänzt werden?
- Verwenden die Definitionen ausschließlich die fachsprachlichen Ausdrücke, die im Unternehmen verbreitet und bekannt sind, sodaß von jedem Teilnehmer an der Erhebung ein vergleichbares Verständnis erwartet werden kann?
- Können alle wesentlichen Eigenschaften mit A bis maximal Z benummert werden? Können gegebenenfalls mehrere zunächst definierte Eigenschaften zusammengefaßt werden?

Eine Reduzierung der Anzahl der Erfolgsfaktoren kann auf Grund der Ergebnisse einer Analyse der *Interdependenzen* zwischen den Erfolgsfaktoren erfolgen [IBM88]. Man schreibt dazu die Erfolgsfaktoren in die Zeilen und Spalten einer Matrix (vgl. Abb.1 beispielhaft für acht Erfolgsfaktoren) und skaliert die Interdependenzen (z.B. mit 0 = kein oder geringer Einfluß, 1 = mittlerer Einfluß, 2 = starker Einfluß). Man bildet dann die "Aktivsummen" als Zeilensummen (entsprechend die "Passivsummen" als Spaltensummen) und berechnet deren Mittelwert.

	A	B	C	D	E	F	G	H	**AS**
A		1	2	1	2	2	2	0	10
B	0		1	0	0	0	1	1	3
C	1	2		2	2	1	2	1	11
D	0	2	1		2	1	2	1	9
E	0	2	1	0		0	1	0	4
F	0	1	1	1	1		0	0	4
G	0	2	1	0	2	2		1	8
H	0	0	0	1	0	0	0		1
PS	1	10	7	5	9	6	8	4	6,25*

AS = Aktivsumme
PS = Passivsumme

A bis H: Erfolgsfaktoren
* ...Aktiv-/Passivmittelwert

Abb. 1: Vernetzungsmatrix der Erfolgsfaktoren (Auszug)

Anschließend wird ein Portfolio (Systemdiagramm) aufgebaut, dessen Dimensionen die Aktivsummen und die Passivsummen sind; die vier Felder des Porfolios werden durch den berechneten Mittelwert gebildet [IBM88]. Man kann nun jeden Erfolgsfaktor in eines der vier Felder eintragen. Feld I ist der Bereich der *aktiven* Erfolgsfaktoren; sie sind durch hohe Aktivität und niedrige Passivität gekennzeichnet. Feld II ist der Bereich der *labilen* Erfolgsfaktoren; sie sind durch hohe Aktivität und hohe Passivität gekennzeichnet. Für die Befragung werden nur die Erfolgsfaktoren verwendet, die diesen beiden Feldern zugeordnet sind .

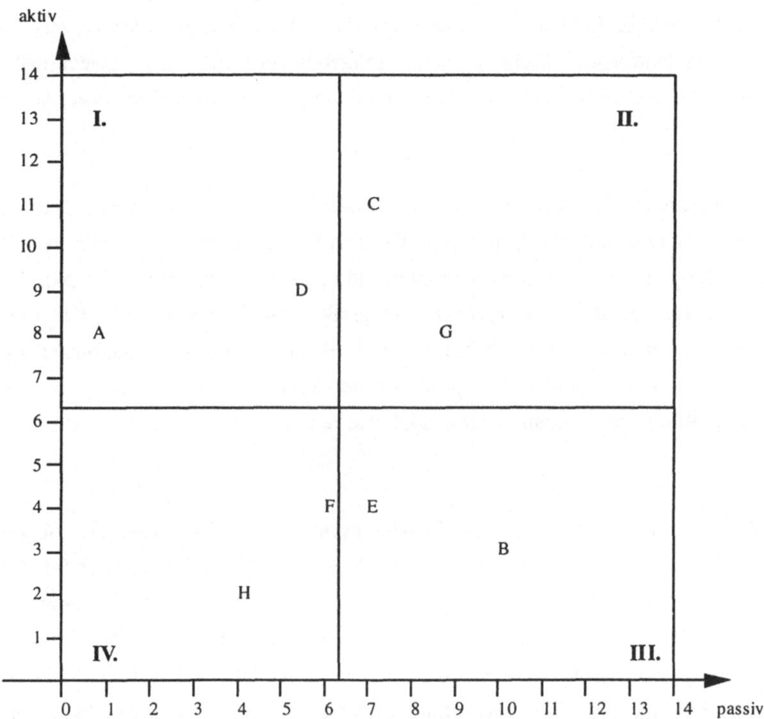

Abb. 2: Systemdiagramm der Erfolgsfaktoren (Auszug)

Zweiter Arbeitsschritt: *Festlegen der Teilnehmer an der Befragung.* Zur Erzielung einer ausreichenden Ergebnisgenauigkeit sollte möglichst eine Totalerhebung durchgeführt werden, mit der alle Benutzer einerseits und alle Mitarbeiter der IV-Abteilung andererseits erfaßt werden. Dies ist in kleinen bis mittelgroßen Unternehmen (etwa bis 200 Benutzer und IV-Mitarbeiter) mit vertretbarem Aufwand möglich. In größeren Unternehmen ist eine repräsentative Auswahl der Teilnehmer erforderlich, mit der eine Teilnehmeranzahl von etwa 200 bis 400 erreicht wird. Häufig ist eine weitere Differenzierung von Teilnehmergruppen (außer der in Benutzer und IV-Mitarbeiter) zweckmäßig. Dies ist immer dann der Fall, wenn Priorität und/oder Leistung in unterschiedlichen Funktionsbereichen oder Geschäftsfeldern oder an verschiedenen Standorten des Unternehmens signifikant verschieden beurteilt werden könnten (was bereits auf Grund der Ergebnisse der Besichtigungsanalyse eingeschätzt werden kann) bzw. wenn unterschiedliche Informationssysteme verwendet werden.

Drittter Arbeitsschritt: *Formulieren des Fragebogens.* Der Fragebogen besteht aus den drei Teilen "Priorität", "Leistung" und "Gesamterfolg", die mit den im Abschnitt Erhebungstechnik formulierten Fragen eingeleitet werden. Auf die Anordnung der Erfolgsfaktoren und Skalen wurde im gleichen Abschnitt bereits hingewiesen. Die Verwendung von drei verschiedenen, deutlich unterscheidbaren Farben beim Fragebogenmaterial ist zweckmäßig. Zur Identifikation ist auf dem Deckblatt die Teilnehmergruppe anzugeben (vgl. den zweiten Arbeitsschritt).

Vierter Arbeitsschritt: *Durchführen der Datenerhebung.* Eine Schulung der Teilnehmer ist nicht erforderlich, eine gezielte Information über den Erhebungszweck und eine Anleitung für die Beantwortung des Fragebogens aber notwendig. Dies erfolgt durch die Mitglieder der Arbeitsgruppe, bei kleiner Arbeitsgruppe und großer Teilnehmerzahl gegebenenfalls nach dem Schneeballprinzip. Davon abgesehen sollte die Beantwortung des Fragebogens durch alle Teilnehmer in etwa zum gleichen Zeitpunkt (in der Regel an einem bestimmten Arbeitstag) erfolgen, um Rück- und Absprachen möglichst auszuschließen. Die Datenerhebung ist anonym.

Fünfter Arbeitsschritt: *Auswerten der Erhebungsdaten und Darstellen der Befunde.* Die Auswertung erfolgt getrennt nach den im dritten Arbeitsschritt gebildeten Teilnehmergruppen. Die Berechnungen, die für die Ermittlung des Erfolgs je Erfolgsfaktor, des Gesamterfolgs und der Leistungsdifferenzen notwendig sind, ergeben sich aus den oben angeführten Formeln. Zur Absicherung der Ergebnisse ist es zweckmäßig, einige statistische Größen (z.B. Standardabweichung) zu berechnen. Die Auswertung kann mit einem Tabellenkalklulationsprogramm durchgeführt werden. Bei großen Datenmengen, wie sie bei einer großen Anzahl von Teilnehmern gegeben ist, sind Statistikprogramme (z.B. SPSS^{X}) geeigneter. Am Institut der Autoren wurde ein zur Unterstützung der Auswertung geeignetes Werkzeug entwickelt, das seit 1994 verwendet wird. Ergebnisse der Auswertung sind:

- Der Gesamterfolg und der Erfolg je Erfolgsfaktor, differenziert nach verschiedenen Teilnehmergruppen.
- Die Klassifizierung der Erfolgsfaktoren in die vier Bereiche:
  - Erfolg = wichtige Erfolgsfaktoren mit guter Leistung,
  - Killer = wichtige Erfolgsfaktoren mit schlechter Leistung
  - Verschwendung = unwichtige Erfolgsfaktoren mit guter Leistung,
  - o.k. = unwichtige Erfolgsfaktoren mit schlechter Leistung

  auf Grund von Priorität und Leistung, differenziert nach verschiedenen Teilnehmergruppen.
- Die Klassifizierung der Erfolgsfaktoren auf Grund der Leistungsdifferenzen und als Prioritätenkatalog (z.B. mit drei Dringlichkeitstufen I, II und III).

Zur Visualisierung der Befunde werden neben *Portfolios* zur Darstellung von Priorität und Leistung und zur Darstellung von Leistungsdifferenzen von zwei Teilnehmergruppen *Pro-*

fildiagramme verwendet (vgl. Anhang).

Sechster Arbeitsschritt: *Interpretieren der Befunde.* Die Interpretation (und auch die Präsentation) der Befunde wird durch die genannten grafischen Darstellungen wesentlich erleichtert. Eine beispielhafte Interpretation der Befunde wird im Anhang gegeben.

Siebenter Arbeitsschritt: *Präsentieren der Befunde und Interpretationen.* Die Präsentation der Befunde und der Interpretationen dazu erfolgt durch den Moderator vor einem vom Auftraggeber nominierten Teilnehmerkreis, dem jedenfalls die Mitglieder der Arbeitsgruppe, darüber hinaus Vertreter des Top-Managements und des Managements der Fachabteilungen, Geschäftsfelder, Standorte usw. angehören sollten, sodaß alle an der Befragung beteiligten Unternehmensbereiche einbezogen sind. Auf Grund der Befunde und Interpretationen dazu können präzise Vorschläge für einen Maßnahmenplan gemacht werden, weil mit den Erfolgsfaktoren konkrete Eigenschaften der Informationsverarbeitung identifiziert worden sind und die berechneten Meßgrößen für Priorität, Leistung, Leistungsdifferenz und Erfolg das erfolgswirksame Ausmaß von Veränderungen deutlich erkennen lassen.

5 Thesen

Auf Grund der Erfahrungen, die in mehreren einschlägigen Projekten gesammelt wurden und deren wissenschaftliche Begleituntersuchung nur explorativ war, können die folgenden Thesen zur Brauchbarkeit der Erfolgsfaktoren-Analyse herausgearbeitet werden:

- Die Benutzerakzeptanz der Ergebnisse ist sehr hoch.
- Die Ergebnisse können im Sinne des Service-Ebenen-Konzepts zur Leistungsmessung (z.B. von Rechenzentren) verwendet werden.
- Die Ergebnisse unterstützen die Durchführung der strategischen Maßnahmenplanung.
- Die grafische Darstellung der Ergebnisse erleichtert die Interpretation.
- Eine systematische Replikation der Erfolgsfaktoren-Analyse ist möglich.
- Der Aufwand für die Datenerhebung ist gering.
- Der Untersuchungsaufwand ist angemessen.
- Der Untersuchungszeitraum ist so kurz, daß das Untersuchungsdesign (insbes. die Erfolgsfaktoren) und die Ergebnisse aktuell sind.

Ausgehend von diesen Thesen wird zur Zeit das Untersuchungsdesign für eine wissenschaftliche Begleituntersuchung entwickelt, die in meheren Fallstudien durchgeführt werden soll. Die erste Fallstudie wird im Mai/Juni 1995 in einem Unternehmen der Stahlindustrie durchgeführt. Untersuchungsdesign und Ergebnisse aus dieser Fallstudie werden bis September 1995 vorliegen.

6 Anwendungserfahrungen

Die folgenden Anwendungserfahrungen wurden im wesentlichen aus den Beobachtungen der Projektbearbeiter gewonnen; sie wurden durch Gespräche mit Mitarbeitern der Anwender (sowohl auf Anbieter- als auch auf Benutzerseite) ergänzt. Systematische Erhebungen bei den Anwendern wurden noch nicht durchgeführt. Folgende Anwendungserfahrungen liegen vor:

- These: Die Benutzerakzeptanz der Ergebnisse ist sehr hoch. Befund: Bestätigung in allen Projekten. Begründung: Hohe Benutzerbeteiligung bereits bei der Definition der Erfolgsfaktoren; Einbeziehung einer großen Stichprobe der Benutzer bis zur Totalerhebung; Präsentation der Ergebnisse gegenüber den Benutzern.
- These: Die Ergebnisse können im Sinne des Service-Ebenen-Konzepts zur Leistungsmessung (z.B. von Rechenzentren) verwendet werden. Befund: Bestätigung in einem Projekt. Begründung: Benutzerzufriedenheit wird vom RZ-Management als valide und einzige Meßgröße für Leistung angesehen.
- These: Die Ergebnisse unterstützen die Durchführung der strategischen Maßnahmenplanung. Befund: Bestätigung in allen Projekten. Begründung: Die Ordnung der Erfolgsfaktoren nach quantitativen Größen, die Messung des Erfolgs sowie die verschiedenen Sichten auf den Erfolg erlauben eine Priorisierung der Maßnahmen und die Bildung von Maßnahmenkategorien nach dem Ausmaß, in dem sie zur Erfolgsverbesserung beitragen.
- These: Die grafische Darstellung der Ergebnisse erleichtert die Interpretation. Befund: Bestätigung in allen Projekten. Begründung: Ergibt sich aus der allgemein bekannten Tatsache, daß visualisierte Ergebnisse besser zum Kommunikationspartner transportiert werden können als nur verbale. Diese Auswirkung wird besonders gegenüber dem Management einerseits und den Benutzern andererseits deutlich (weniger deutlich gegenüber IV-Personal).
- These: Eine systematische Replikation der Erfolgsfaktoren-Analyse ist möglich. Befund: Bestätigung in einem Projekt. Begründung: Keine methodisch orientierte Begündung erkennbar.
- These: Der Aufwand für die Datenerhebung ist gering. Befund: Für die Beantwortung eines Fragebogens werden rd. 30 Minuten benötigt. Begründung: Die Erfolgsfaktoren sind so definiert, daß sie unter Verwendung der beim Anwender üblichen Fachsprache jedem Teilnehmer ohne Erklärung verständlich sind, daß im Falle von Verständnisschwierigkeiten umgehend Hilfe gegeben wird bzw. bei fehlendem Verständnis Fragen unbeantwortet bleiben können.
- These: Der Untersuchungsaufwand ist angemessen. Befund: Rund DM 10.000.- Fremdhonorar pro Projekt bei einer Stichprobe von rd. 200 Teilnehmern und einer Differenzierung der Teilnehmer nach zwei Guppen; in etwa gleicher Höhe entstehen

Kosten für Eigenleitung. Begründung: Durch starke Benutzerbeteiligung und Verwendung des Schneeballprinzips wird der Umfang der Fremdleistung gering gehalten. Der Umfang der Eigenleistung wird vor allem durch den geringen Zeitbedarf für die Beantwortung des Fragebogens bestimmt.

- These: Der Untersuchungszeitraum ist so kurz, daß das Untersuchungsdesign (insbes. die Erfolgsfaktoren) und die Ergebnisse aktuell sind. Befund: Bestätigung in allen Projekten. Begründung: Vom Zeitpunkt der Durchführung des Workshops zur Definition der Erfolgsfaktoren bis zum Zeitpunkt der Präsentation der Ergebnisse sind aus methodischer Sicht nur wenige Tage, aus praktischen Gründen etwa vier Wochen erforderlich.

Literatur

[Aldr89] Aldrian, W.: Strategische Unternehmensführung und Informationssystemgestaltung auf der Grundlage kritischer Erfolgsfaktoren. Verlag Eul, Bergisch Gladbach und Köln 1989

[Atte91] Atteslander, P.: Methoden der empirischen Sozialforschung. 6. Auflage, Verlag de Gruyter, Berlin/New York 1991

[Baye87] Bayer, B.: Kann man Benutzerzufriedenheit messen? Erfahrungen bei der Anwendung der Erfolgsfaktoren-Analyse. In: Information Management 3/1987, 6 - 11

[Gati94] Gatian, A. W.: Is user satisfaction a valid measure of system effectiveness? In: Information & Management, 1994, 119 - 131

[Hein95] Heinrich, L. J.: Informationsmanagement. Planung, überwachung und Steuerung der Informationsinfrastruktur. 5. Auflage, Oldenbourg Verlag, München/Wien 1995

[HeLe90] Heinrich, L. J. und Lehner, F.: Entwicklung von Informatik-Strategien. In: Theorie und Praxis der Wirtschaftsinformatik 154/1990, 3 - 28

[IBM88] IBM Deutschland GmbH (Hrsg.): Information Systems Management Bd. 6: Einführung des IS-Management-Konzepts. IBM Form GF 12-1645, Stuttgart 1988

[Ives83] Ives, B. et al.: The Measurement of User Information Satisfaction. In: Communications of the ACM, Vol. 26, Number 10, October 1983, 785 - 793

[Kerl86] Kerlinger, F. N.: Foundations of Behavioral Research. 3. Ed., Holt, Rinehart and Winston, Inc., Fort Worth et al. 1986

[Mill93] Miller, J.: Measuring and aligning information systems with the organization. A case study. In: Information & Management, 1993, 217 - 228

[Rock82] Rockart, J. F.: The Changing Role of the Information Systems Executive. A Critical Success Factors Perspective. In: Sloan Management Review, Fall 1982, 3 - 13

[Roth87] Roth, E. (Hrsg.): Sozialwissenschaftliche Forschungsmethoden. 2. Auflage, Oldenbourg Verlag, München/Wien 1987

Anhang: Anwendung der Erfolgsfaktoren-Analyse

Es wird die Liste von Erfolgsfaktoren, wie sie für eine Erfolgsfaktoren-Analyse in einem Bank- und Versicherungsunternehmen (1. Halbjahr 1994) verwendet wurden, angeführt. Sie zeichnet sich nicht nur durch Vollständigkeit der Eigenschaften (für den konkreten Anwendungsfall), sondern auch durch präzise, für alle Beteiligten verständliche Erklärung der Erfolgsfaktoren aus, wie dies in Anbetracht der verwendeten Erhebungstechnik unbedingt erforderlich ist. Anhand eines Portfolios und eines Profildiagramms werden Befunde für Priorität / Leistung und für Leistungsdifferenz dargestellt und interpretiert.

A **Verfügbarkeit von Betriebsmitteln**
Mit diesem Erfolgsfaktor werden die Ausfallzeiten (z.B. Hardware-Ausfall, Software-Absturz und Unterbrechung von Datenübertragungseinrichtungen) vorhandener Betriebsmittel im Verhältnis zur Arbeitszeit sowie die Beschaffbarkeit zusätzlicher Betriebsmittel beurteilt.

B **Individuelle Informationsverarbeitung**
Mit diesem Erfolgsfaktor wird die Möglichkeit, für arbeitsplatzspezifische Aufgaben selbständig Problemlösungen durch die Mitarbeiter zu erarbeiten und anzuwenden, beurteilt (z.B. Erfassung und Verwaltung lokaler Daten, Verwendung von Abfragesprachen, Nutzung von PC-Software).

C **Innerbetriebliche Kommunikation**
Mit diesem Erfolgsfaktor wird die Unterstützung der Mitarbeiter bei der Kommunikation mit anderen kooperierenden Mitarbeitern beurteilt (z.B. Datenaufnahme beim ersten Bearbeitungsvorgang und gemeinsame Benutzung von Datenbasen, Vermeidung von Medienbrüchen, Verwendung elektronischer Kommunikationsmedien).

D **Zwischenbetriebliche Kommunikation**
Mit diesem Erfolgsfaktor wird die Unterstützung der Mitarbeiter bei der Kommunikation mit Geschäftspartnern beurteilt (z.B. durch Datenaufnahme beim Händler und gemeinsame Benutzung von Datenbasen, Vermeidung von Medienbrüchen, Verwendung elektronischen Datenaustausches).

E **Ergebnis-Verfügbarkeit**
Mit diesem Erfolgsfaktor werden die zeitlichen Gesichtspunkte bei der Lieferung von Auswertungen oder beim Zugriff auf Ergebnisse beurteilt (z.B. Verfügbarkeit von aktuellen Daten für Abfragen, Antwortzeitverhalten, Bearbeitungsdauer).

F **Benutzbarkeit**
Mit diesem Erfolgsfaktor wird die einfache, leicht erlernbare und sichere Handhabung der Informationssysteme beurteilt (z.B. Übersichtlichkeit der Benutzeroberfläche, Online-Hilfe-Funktionen zur Selbsthilfe, Lesbarkeit der Dokumentation).

G **Ergebnis-Qualität**
Mit diesem Erfolgsfaktor werden die inhaltlichen Gesichtspunkte von Auswertungen oder von Ergebnissen, die für die Aufgabendurchführung benötigt werden, beurteilt (z.B. Aktualität, Verfügbarkeit und Vollständigkeit der Auswertungen).

H **Zusammenarbeit Benutzer/IKS-Abteilung**
Mit diesem Erfolgsfaktor wird die Kommunikation zwischen den Benutzern in den Fachabteilungen und den Mitarbeitern der IKS-Abteilung beurteilt (z.B. Gesprächsklima bei Anwendungsproblemen, Verhalten der DV-Mitarbeiter gegenüber Benutzern).

I **Benutzerschulung**
Mit diesem Erfolgsfaktor werden der Umfang und die Qualität der Schulung und Weiterbildung der Benutzer sowie die dabei verwendeten Methoden beurteilt (z.B.

Schulung durch IKS-Abteilung, Simulation von Anwendungen).

J **Benutzermitwirkung**
Mit diesem Erfolgsfaktor werden die Möglichkeit und der tatsächliche Umfang der Beteiligung der Benutzer an der Planung und Realisierung von neuen Informationssystemen beurteilt (z.B. Einflußnahme auf Projektpläne, Mitarbeit in Projektgruppen, Mitwirken bei der Beschaffung von Hardware und Software).

K **Benutzerbedürfnisse**
Mit diesem Erfolgsfaktor werden die Art und Weise und der Umfang, in denen bei der Planung und Realisierung neuer Informationssysteme auf die Bedürfnisse der Benutzer Rücksicht genommen wird, beurteilt (z.B. Berücksichtigung von fachbereichsspezifischen Wünschen bei der Auswahl von Endgeräten wie Bildschirme und Drucker, von Anwendungssoftware, bei der Gestaltung von Bildschirmmasken).

L **Benutzerunterstützung**
Mit diesem Erfolgsfaktor wird die Fremdhilfe, die den Benutzern bei der Benutzung der vorhandenen Informationssysteme und bei der Entwicklung von neuen arbeitsplatzspezifischen Anwendungen durch das Benutzerservice zur Verfügung gestellt wird, beurteilt (z.B. Unterstützung beim Umgang mit PC-Werkzeugen wie Tabellenkalkulation).

M **Funktionalität der Anwendungsprogramme**
Mit diesem Erfolgsfaktor wird die Eigenschaft der vorhandenen Informationssysteme, die zur Bearbeitung der Aufgaben erforderlichen Funktionen vollständig bereitzustellen, beurteilt.

N **Qualifikation Personal IKS-Abteilung**
Mit diesem Erfolgsfaktor werden die Fähigkeiten und Fertigkeiten des Personals der IKS-Abteilung bei der Planung, Realisierung, Anpassung, Wartung usw. der Informationssysteme, einschließlich Technologie-Knowhow, beurteilt.

O **Anwendungsorientierung IKS-Abteilung**
Mit diesem Erfolgsfaktor werden das Wissen und die Kenntnisse des Personals der IKS-Abteilung über die Aufgaben der Fachabteilungen ("Anwendungsaufgaben"), für die Informationssysteme bestehen oder entwickelt werden, beurteilt.

P **Benutzerqualifikation**
Mit diesem Erfolgsfaktor werden die Fähigkeiten und Fertigkeiten der Benutzer auf dem Gebiet der Informationsverarbeitung beurteilt (z.B. im Umgang mit PC-Werkzeugen, bei der Mitwirkung an der Planung und Realisierung neuer Informationssysteme, bei der Nutzung der vorhandenen Informationssysteme).

Q **Kundenorientierung**
Mit diesem Erfolgsfaktor wird die Fähigkeit der vorhandenen Informationssysteme beurteilt, den Mitarbeitern einen ausreichend großen zeitlichen Spielraum für die Bearbeitung von Kundenkontakten zu geben (z.B. durch wenig administrative Arbeiten, kurze Reaktionszeit auf Kundenanfragen, Verfügbarkeit der für die Bearbeitung von Kundenkontakten erforderlichen Funktionen und Daten).

R **Verwendung von Individualsoftware**
Mit diesem Erfolgsfaktor wird die Verwendung von Individualsoftware für die wettbewerbsbestimmenden Geschäftsprozesse, mit denen eine Differenzierung von Mitbewerbern möglich ist, beurteilt.

S **Verwendung von Standardsoftware**
Mit diesem Erfolgsfaktor wird die Verwendung von Standardsoftware für Geschäftsprozesse, die nicht wettbewerbsbestimmend sind, und die daraus folgende notwendige Anpassung der Geschäftsprozesse an die Standardsoftware beurteilt (z.B. für die Finanzbuchhaltung).

T **Verfügbarkeit von Sicherungsmaßnahmen**
Mit diesem Erfolgsfaktor wird die Eigenschaft der Informationssysteme beurteilt, Fehler bei ihrer Benutzung zu verhindern bzw. Fehler aufzudecken und anzuzeigen (z.B.

logische Prüfungen bei der Datenerfassung, Verbote oder Warnungen bei der Benutzung ungeeigneter Funktionen oder Kombinationen von Funktionen).

U **Lesbarkeit/Verständlichkeit**
Mit diesem Erfolgsfaktor wird die Eigenschaft der Informationssysteme beurteilt, gut lesbare, leicht verständliche und optisch ansprechende Ausgaben auf Papier bereitzustellen, insbesondere für externe Empfänger.

V **Datenverwaltung**
Mit diesem Erfolgsfaktor werden die Zugänglichkeit und der Zustand des Datensystems beurteilt (z.B. Vollständigkeit und Richtigkeit der gespeicherten Daten, Verfügbarkeit einer benutzerfreundlichen Abfragesprache, individuelle Zugriffsmöglichkeiten auf aufgabenbezogene Daten, Dokumentation des Datensystems, Pflege der Datenstrukturen durch einen Datenadministrator).

W **Änderungsverhalten**
Mit diesem Erfolgsfaktor wird die Fähigkeit der Informationsverarbeitung beurteilt, auf sachlich begründete Änderungsanforderungen der Mitarbeiter angemessen reagieren zu können (z.B. die Geschwindigkeit der Realisierung von Änderungsanforderungen).

X **Nachvollziehbarkeit**
Mit diesem Erfolgsfaktor wird die Möglichkeit, Daten zu interpretieren sowie Daten durch wiederholte Programmabläufe zu erzeugen, beurteilt (z.B. mit welcher Methode Daten ermittelt wurden, ob sie plausibel sind).

Y **Transparenz des Angebots**
Mit diesem Erfolgsfaktor wird die Kenntnis der Mitarbeiter über die konzernweit verfügbaren Datenbestände, Anwendungsprogramme und sonstigen Betriebsmittel, deren Nutzung für sie grundsätzlich möglich ist, beurteilt.

Portfolio: *Priorität / Leistung - Benutzer und Anbieter* (Abb. 3) zeigt die Erfolgsfaktoren nahezu vollzählig im oberen Bereich des Feldes Killer. Das heißt, daß die durch die Erfolgsfaktoren repräsentierten Eigenschaften der Informationsverarbeitung nahezu vollzählig für die Sicherung und Schaffung von Unternehmenserfolg *höher* eingeschätzt werden, als es ihrer Leistung entspricht. Die Plazierung der Erfolgsfaktoren "im oberen Bereich des Feldes Killer" bedeutet, daß diese Beurteilung auf relativ hohem Niveau von Priorität und Leistung erfolgt ist. Fazit: Mit diesem Befund wird kein dramatischer, "kranker" Zustand der Informationsverarbeitung diagnostiziert, aber das Vorhandensein eines erheblichen Verbesserungspotentials festgestellt.

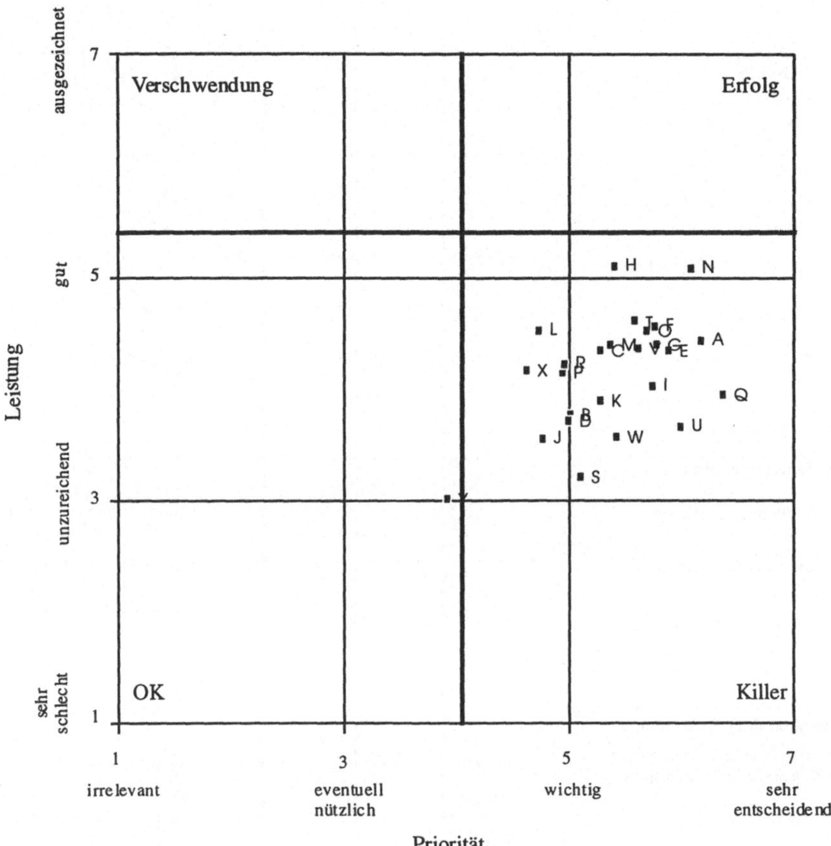

Abb. 3: Portfolio: Priorität / Leistung - Benutzer und Anbieter

Profildiagramm: *Leistungsdifferenz - Benutzer / Anbieter* (Abb. 4) zeigt signifikante Unterschiede. Bis auf wenige Ausnahmen werden *positive* Leistungsdifferenzen diagnostiziert, die Priorität ist also bei fast allen Erfolgsfaktoren *größer* als die Leistung. Bei etwa der Hälfte der Erfolgsfaktoren besteht zwischen beiden Gruppen Übereinstimmung über die Größe der Leistungsdifferenz, bei etwa der Hälfte bestehen deutliche Unterschiede in der Weise, daß die Benutzer *größere* Leistungsdifferenzen sehen als die Anbieter (Mittelwert Benutzer: 1,30, Mittelwert Anbieter: 0,85). Fazit: Benutzer *und* Anbieter stimmen bezüglich des Vorhandenseins positiver Leistungsdifferenzen weitgehend überein, sehen die Leistungsdifferenzen aber ebenso häufig bei anderen wie bei den gleichen Erfolgsfaktoren. Es besteht daher etwa ebenso häufig Übereinstimmung darüber, bei welchen Erfolgsfaktoren erfolgsverbessernde Maßnahmen erforderlich sind, wie Übereinstimmung darüber nicht vorhanden ist.

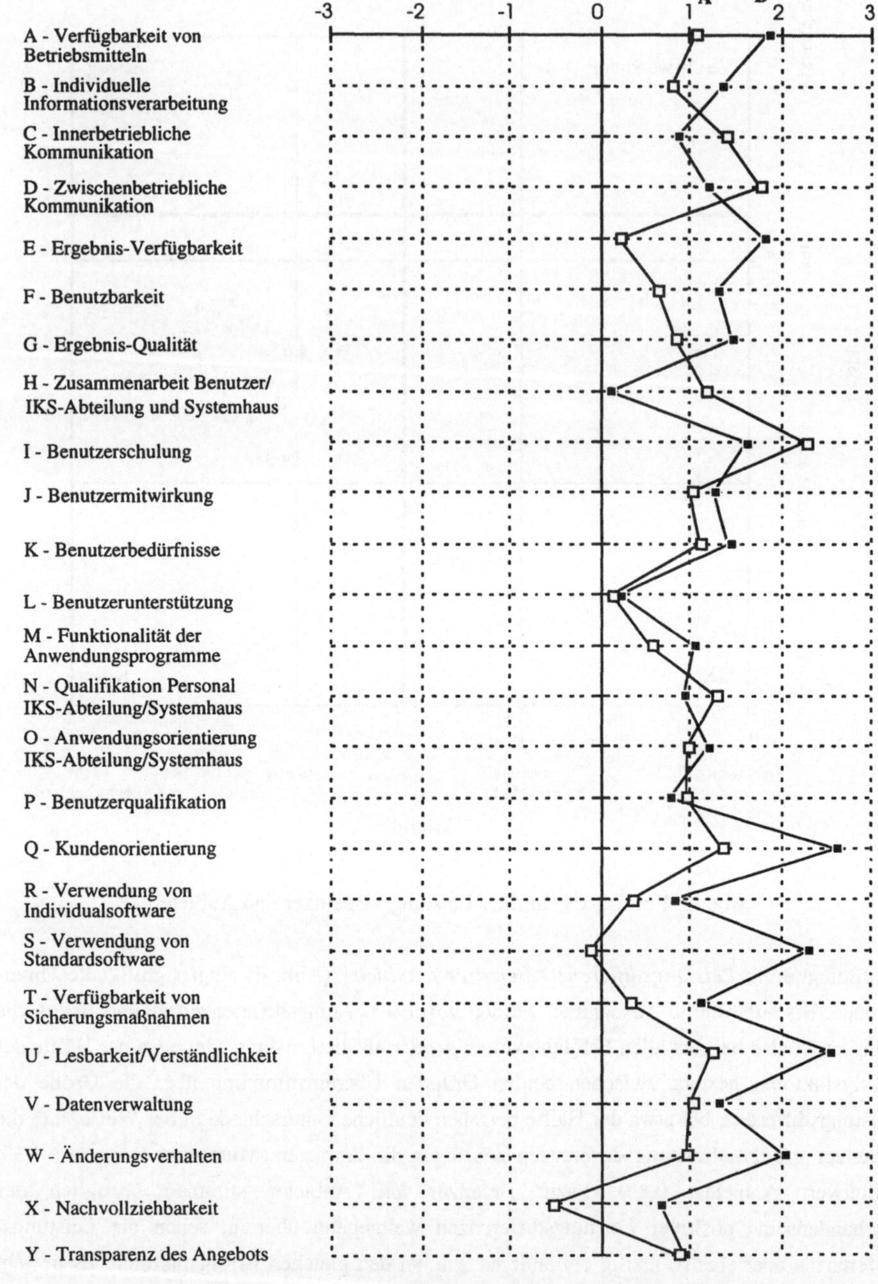

Abb. 4: Profildiagramm: Leistungsdifferenz - Benutzer und Anbieter

Die Entwicklung und Bewertung von managementunterstützenden Informationssystemen - Eine empirische Anwenderstudie -

Rudolf Vetschera, Heinz Walterscheid

Zusammenfassung

In dieser Arbeit werden die Ergebnisse einer empirischen Studie vorgestellt, in der Zusammenhänge zwischen dem organisatorischen Umfeld, dem Entwicklungsprozeß und der Bewertung von managementunterstützenden Informationssystemen untersucht wurden. Dabei wird deutlich, daß von den Kontextfaktoren, insbesondere von den Initiatoren eines Projektes, ein erheblicher Einfluß auf Entwicklungsprozeß und Bewertung ausgeht. Weitere signifikante Beziehungen wurden zwischen Entwicklungsprozeß und Bewertung sowie innerhalb des Bewertungsprozesses zwischen Bewertungsgründen, Kriterien und Methoden festgestellt. Der in der Literatur vertretene Zusammenhang zwischen qualitativen Kriterien und nutzenorientierten Methoden konnte bezüglich der Häufigkeit des Methodeneinsatzes nicht nachgewiesen werden. Ein Einfluß auf die Zufriedenheit damit bestand jedoch qualitativ.

1 Problemstellung

Die Entwicklung und Einführung von managementunterstützenden Informationssystemen (Management Support Systems, MSS) stellt für viele Unternehmen einen erheblichen Aufwand dar [WaRK91; BuKN93]. Derartige Projekte sind daher im Falle des Scheiterns mit einem hohem Verlustrisiko verbunden. Zur Verringerung dieser Problematik hat die Wirtschaftsinformatik zahlreiche Ansätze entwickelt, die die Entwicklung von MSS erleichtern sollen. Besondere Bedeutung für die Steuerung von MSS-Projekten kommt dabei den Systembewertungen zu. Durch die in den Projektablauf integrierte Bewertung soll sowohl ein zielgerichteter und erfolgreicher Projektablauf sichergestellt als auch die Rechtfertigung des mit der Einführung von MSS verbundenen Entwicklungsaufwandes ermöglicht werden [Akok81; SpCa82; O'Kee89].

In der vorliegenden Arbeit wird der Frage nachgegangen, inwieweit die theoretischen Konzepte und Modelle von der Praxis übernommen wurden und ob die Wirkungszusammenhänge, auf denen die theoretischen Überlegungen aufbauen, auch in tatsächlichen Entwicklungsprozessen auftreten. Die Arbeit geht dabei von einem allgemeinen Begriff managementunterstützender Informationssysteme aus. In Theorie und Praxis werden für einzelne

Formen derartiger Systeme unterschiedliche Begriffe wie Management Information System (MIS), Executive Information System (EIS), Decision Support System (DSS) und deren deutsche Übersetzungen benutzt [KlRZ92; BeSc93]. Hier werden unter MSS sämtliche Informationssysteme verstanden, die Manager bei der Lösung von nichttrivialen Problemen unterstützen sollen. Die Untersuchung beschränkt sich allerdings auf die den Endanwendern zur Verfügung gestellten Systeme. Generatoren zu deren Erzeugung, die zum Teil ebenfalls als MIS oder DSS bezeichnet werden, werden hier nicht betrachtet.

Die betriebliche Entwicklungs- und Bewertungspraxis von MSS ist bisher nur in wenigen Arbeiten empirisch untersucht worden. Eine umfangreiche Studie über das funktionelle Projektmanagement und damit über wesentliche Entwicklungs- und Bewertungsaspekte von betrieblichen Anwendungssystemen wurde von [Seli86] vorgelegt, doch wurden dabei primär operative Systeme betrachtet. Einige empirische Studien aus dem amerikanischen Raum, wie z.B. [Kuma90], betrachteten Aspekte der MSS-Bewertung zu einzelnen Zeitpunkten im Entwicklungsprozeß. Die Studie von [Szew92] untersuchte den Einsatz von Bewertungsmethoden im gesamten Entwicklungsprozeß von MSS, war aber rein deskriptiv ausgerichtet. In anderen Studien wurden bisher ebenfalls nur Teilaspekte der MSS-Bewertung betrachtet. Viele Arbeiten konzentrierten sich z.B. auf MSS-spezifische Effektivitätsmaße und damit auf die Identifizierung und Operationalisierung einzelner Bewertungskriterien [DeMc92].

Dieser Beitrag ist wie folgt aufgebaut: Im zweiten Abschnitt wird der Untersuchungsrahmen der empirischen Studie aufgezeigt. Abschnitt drei beschreibt die Methodik und den Ablauf der Untersuchung. Im vierten Abschnitt werden die Resultate vorgestellt. Der fünfte Abschnitt faßt die Ergebnisse und deren Konsequenzen zusammen und gibt einen kurzen Ausblick.

2 Untersuchungsrahmen und Hypothesen

Abbildung 1 gibt einen Überblick über den dieser Arbeit zugrundegelegten Bezugsrahmen.

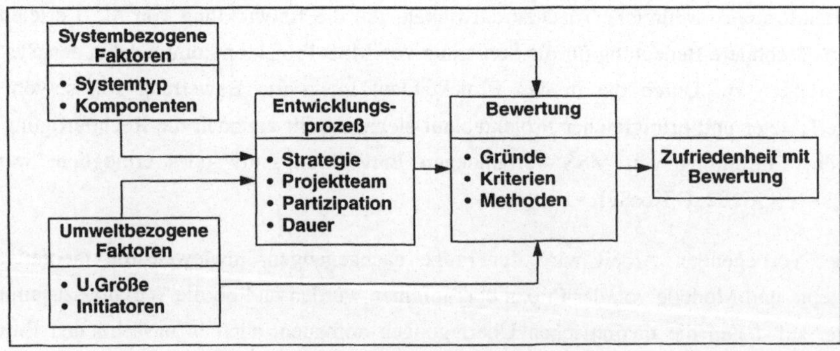

Abb.1: Untersuchungsrahmen

Im Zentrum der Untersuchung stehen der Entwicklungsprozeß und die Bewertungen von MSS. Beide Bereiche werden anhand mehrerer Eigenschaften erfaßt. Die erste betrachtete Eigenschaft des Entwicklungsprozesses ist die verfolgte Entwicklungsstrategie. Die Spannweite möglicher Strategien kann durch die beiden Extreme "Reines Prototyping" und "Software-Lebenszyklusmodell" charakterisiert werden [GuSa91; HiMo92; Hein94]. Eine zweite Eigenschaft des Entwicklungsprozesses ist die Gründung eines Projektteams. Diese Variable wird anhand der Anzahl der Mitglieder des Teams gemessen. Desweiteren stellt die Partizipation der Endbenutzer an der Systementwicklung eine bedeutende Variable dar [IvOl84; DeMc92; Josh92; IgGu94]. Als vierte Prozeßeigenschaft wird in Anlehnung an die Studien von [HoWa84; WaRK91; BuKN93] die zeitliche Dauer des Entwicklungsprozesses in die Untersuchung mit einbezogen.

Bei den Systembewertungen werden die Gründe, die die Bewertungsvorgänge auslösen, sowie die benutzten Kriterien und Methoden untersucht. Für die Frage nach der Eignung einzelner Bewertungskonzepte ist nicht nur entscheidend, ob diese eingesetzt werden, sondern auch, wie gut sich die Konzepte im jeweiligen Kontext bewährt haben. Dies wird durch die Zufriedenheit der Benutzer mit den durchgeführten Bewertungsvorgängen gemessen.

Sowohl der Entwicklungsprozeß als auch die Bewertungsvorgänge können jedoch nicht isoliert betrachtet werden, sondern sind im Gesamtkontext zu sehen. Wir unterscheiden dazu zwei Gruppen von Einflußfaktoren: Systembezogene Faktoren und Umweltfaktoren.

- Die *systembezogenen* Faktoren erfassen die Spezifika unterschiedlicher Erscheinungsformen von MSS. In der Literatur werden MSS nach verschiedenen Kriterien voneinander abgegrenzt [KlRZ92; BeSc93; PeSh94]. Als zentrales Kriterium werden in dieser Studie die in den Systemen enthaltenen Komponenten benutzt. Dabei werden sowohl einzelne Komponenten getrennt betrachtet als auch anhand der in der Literatur [SpCa82; Turb88] üblichen Abgrenzung zwischen den Systemtypen MIS und DSS unterschieden.

- Die *umweltbezogenen* Faktoren sollen systematische Einflüsse der Umgebung aufzeigen. Neben der Unternehmensgröße wird hier in Anlehnung an die Studien von [Kemp91; WaRK91; VoWa93] die "Vorgeschichte" der untersuchten Systeme über deren Initiatoren berücksichtigt.

Setzt man diese system- und umweltbezogenen Faktoren mit den zuvor erläuterten Untersuchungsvariablen in Verbindung, so können die folgenden Nullhypothesen über Einflüsse auf den Entwicklungsprozeß formuliert werden:

H1: Die Entwicklungsprozesse von MSS, die unterschiedliche Komponenten enthalten, unterscheiden sich bezüglich der betrachteten Prozeßeigenschaften nicht voneinander.

H2: Die Entwicklungsprozesse von MSS in Unternehmen unterschiedlicher Größe unterscheiden sich bezüglich der betrachteten Prozeßeigenschaften nicht voneinander.

H3: Die Entwicklungsprozesse von MSS, deren Entwicklung von unterschiedlichen Initiatoren veranlaßt wurde, unterscheiden sich bezüglich der betrachteten Prozeßeigenschaften nicht voneinander.

Bei den aufgeführten Bewertungsaspekten erlauben es frühere empirische [Kuma90; Szew92] und theoretische [Keen81; MoTW88; Walt94; Vets95] Arbeiten, Hypothesen über die Richtung der zu erwartenden Einflüsse zu formulieren. Systeme, deren Schwerpunkt in der Entscheidungsunterstützung liegt (DSS), weisen demnach eher qualitative als quantitative Vorteile auf, so daß entsprechende Kriterien im Bewertungsprozeß eine dominierende Rolle spielen sollten. Ferner wird argumentiert, daß für solche nichtmonetären, schwer quantifizierbaren Kriterien nutzenorientierte Methoden besonders geeignet seien. Die entsprechenden Nullhypothesen lauten daher:

H4: Systeme, die entscheidungsunterstützende Komponenten enthalten, werden aus den gleichen Gründen bewertet wie andere Systeme.

H5: Zur Bewertung von Systemen, die entscheidungsunterstützende Komponenten enthalten, werden qualitative Kriterien nicht häufiger eingesetzt als zur Bewertung anderer Systeme.

H6: Zur Bewertung von Systemen, die entscheidungsunterstützende Komponenten enthalten, werden nutzenorientierte Methoden nicht häufiger eingesetzt als zur Bewertung anderer Systeme.

Bezüglich der anderen Einflußfaktoren kann die Richtung von eventuellen Einflüssen a priori nicht abgeschätzt werden. Wir formulieren daher die folgenden Nullhypothesen:

H7: Die Bewertungsvorgänge von Systemen, die in Unternehmen unterschiedlicher Größe eingeführt werden, unterscheiden sich bezüglich der Gründe der Bewertung sowie der benutzten Kriterien und Methoden nicht voneinander.

H8: Die Bewertungsvorgänge von Systemen, deren Einführung von unterschiedlicher Seite veranlaßt wird, unterscheiden sich bezüglich der Gründe der Bewertung sowie der benutzten Kriterien und Methoden nicht voneinander.

H9: Die Bewertungsvorgänge von Systemen mit unterschiedlichen Entwicklungsprozessen unterscheiden sich bezüglich der Gründe der Bewertung sowie der benutzten Kriterien und Methoden nicht voneinander.

Weitere Zusammenhänge können sich innerhalb des Bewertungsprozesses ergeben. Insbesondere ist anzunehmen, daß die Bewertungsgründe Einfluß auf die Bedeutung der Kriterien und in weiterer Folge auf den Einsatz der Methoden haben. Diese Überlegungen können in den folgenden beiden Hypothesen zusammengefaßt werden:

H10: Bewertungsvorgänge, die aus unterschiedlichen Gründen durchgeführt werden, unterscheiden sich bezüglich der benutzten Kriterien und Methoden nicht voneinander.
H11: Der Methodeneinsatz ist von der Bedeutung der einzelnen Kriterien unabhängig.

Die letzte Stufe des Untersuchungsrahmens bildet die Zufriedenheit mit dem Bewertungsprozeß. Bisherige empirische Untersuchungen [Kuma90; Szew92] haben gezeigt, daß die Zufriedenheit mit dem Bewertungsprozeß und den darin eingesetzten Methoden in Zusammenhang mit den als wichtig erachteten Kriterien gesehen werden muß. In Übereinstimmung mit der Literatur kann daher die folgende Nullhypothese formuliert werden:

H12: Die Zufriedenheit mit dem Bewertungsprozeß ist von den betrachteten Kriterien und den eingesetzten Methoden unabhängig.

3 Untersuchungsmethodik und -ablauf

Zur Datenerhebung wurde eine schriftliche Befragung bei deutschen Unternehmen durchgeführt, die als MSS-Anwender bekannt waren bzw. bei denen der Einsatz eines MSS vermutet wurde. Insgesamt wurden 300 Fragebögen an die Controlling-Abteilungen der ausgewählten Unternehmen verschickt, da dort die beste Kenntnis über MSS-Projekte im Unternehmen vermutet wurde. Von dort sollte der Fragebogen gegebenenfalls an diejenige Person im Unternehmen weitergegeben werden, die mit der Einführung des MSS am besten vertraut war.

Im Fragebogen wurde eine Kombination aus offenen und geschlossenen Fragen verwendet. Die Messung der Zufriedenheit bzw. Wichtigkeit einzelner Aspekte erfolgte auf einer 5-Punkt-Likert Skala mit numerischen Werten, wobei die Skalenendpunkte verbal kodiert wurden. Zur Überprüfung der Tauglichkeit und der Verständlichkeit des Fragebogens fanden drei Pretests in Form von Interviews mit bekannten MSS-Anwendern statt. Nach Einarbeitung der Verbesserungsvorschläge der Interviewpartner wurde der Fragebogen für tauglich erklärt und im Februar 1994 verschickt.

Nach telefonischem Nachhaken in einzelnen Fällen gingen bis April 1994 insgesamt 56 verwertbare Antworten ein, was einer Rücklaufquote von 19% entspricht. Damit liegt die hier erzielte Rücklaufquote über der bei [Szew92] (10%) und entspricht etwa der bei [Kuma90] (21%). Die deskriptiven Ergebnisse für die einzelnen Variablen sind in [WaVH95] dokumentiert. In dieser Arbeit sollen daher vor allem die Ergebnisse der statistischen Tests der oben formulierten Hypothesen vorgestellt werden.

4 Ergebnisse

4.1 Einflüsse auf den Entwicklungsprozeß

Tabelle 1 illustriert die Bedeutung einzelner Einflußfaktoren für die den Entwicklungsprozeß beschreibenden Variablen. Wegen des geringen Stichprobenumfanges wurden die erklärten Variablen getrennt auf die beiden Gruppen erklärender Variablen regressiert. Tabelle 1 enthält die Signifikanzniveaus des F-Tests, wobei die Richtung der festgestellten signifikanten Einflüsse durch die vorangestellten Plus- und Minuszeichen angegeben wird.

		Strategie	**Projektteam**	**Partizipation**	**Dauer**
H1	Systemtyp	0,3769	0,6894	0,7169	0,4571
H1	Operative Datenbank	0,9620	0,1147	0,2356	0,5340
	Spezifische Datenbank	0,6337	(-) 0,0297	0,9425	0,6646
	Methodenbank	0,9900	0,5218	0,3643	0,1725
	Modellbank	0,8289	0,4819	0,8523	0,1598
	Wissensbasierte Komp.	0,1826	0,2231	0,1883	0,2786
H2	Unternehmensgröße	0,8115	0,6384	(+) 0,0454	0,4827
H3	DV-Abteilung	0,7348	0,8935	0,2654	0,3392
	Fachabteilung	0,6953	0,2760	0,9888	0,4198
	Topmanagement	0,6733	0,8489	0,8405	0,4991
	Konzern	(+) 0,0972	0,7227	0,9431	(-) 0,0850
	Externe	(+) 0,0830	0,6574	-	0,1594

Tab.1: Einflüsse auf den Entwicklungsprozeß

Wie Tabelle 1 zeigt, konnte die Nullhypothese H1 aufgrund unserer Ergebnisse nicht verworfen werden. Es ergab sich nur eine signifikante Beziehung. Hypothese H2 konnte bezüglich der Partizipation verworfen werden, nicht jedoch bezüglich der anderen Prozeßeigenschaften. In Hinblick auf Hypothese H3 fiel der Einfluß auf, der vom Konzern als Initiator des Entwicklungsprozesses ausging. Entwicklungsprozesse, die auf Veranlassung eines übergeordneten Konzerns in Angriff genommen wurden, waren stärker strukturiert und wiesen eine kürzere Dauer auf.

4.2 Einflüsse auf die Bewertungen

4.2.1 Bewertungsgründe

Tabelle 2 gibt die Ergebnisse einer Varianzanalyse wieder, bei der die von den Befragten angegebene Bedeutung der einzelnen Bewertungsgründe durch die betrachteten Einflußgrößen erklärt wurde.

		Verifikation der System-erwartungen	Feedback für System-entwickler	Beendigung der System-entwicklung	Übergabe der Systemver-antwortung	Nachweis der Wirtschaft-lichkeit	Rechtfer-tigung von Modi-fikationen
H4	Systemtyp	0,4681	(-) 0,0942	0,9506	0,6086	0,8524	0,5554
	Oper. Datenbank	0,7715	0,7696	(+) 0,0708	0,3841	0,1366	(-) 0,0963
	Spez. Datenbank	(+) 0,0668	0,4333	0,6370	0,9051	0,9337	0,4756
H4	Methodenbank	0,3561	0,2399	0,8747	0,5077	0,7286	0,4328
	Modellbank	0,6282	(-) 0,0313	0,7606	0,3797	0,9446	0,9668
	Wissensb. Komp.	0,3910	0,2111	0,3707	0,6728	0,1701	0,6728
H7	Unt.Größe	0,1884	(-) 0,0369	0,4679	0,1872	0,8033	0,1751
	DV-Abteilung	0,1330	0,8779	0,3423	(+) 0,0476	0,6577	0,4340
	Fachabteilung	0,3300	0,4094	0,2579	0,1968	0,8015	0,9119
H8	Topmanagement	0,6697	0,8403	0,1485	(+) 0,0560	0,8258	0,7433
	Konzern	0,5655	(-) 0,0566	0,2523	0,2329	0,4771	0,3730
	Externe	0,4611	(-) 0,0609	(-) 0,0708	0,7692	0,4598	0,1234
	Strategie	0,5476	0,4472	(+) 0,0450	0,5639	0,6685	0,7211
H9	Teamgröße	0,4506	0,5045	0,7915	0,3215	0,7344	0,6658
	Partizipation	0,2466	(-) 0,0559	(+) 0,0248	0,4204	0,5452	0,8389
	Dauer	(+) 0,0198	0,1024	(+) 0,0995	0,9139	0,1205	(+) 0,0531

Tab.2: Einflüsse auf die Bewertungsgründe

Aufgrund der in Tabelle 2 dargestellten Ergebnisse konnten die Nullhypothesen H4 und H7 bis H9 bezüglich der meisten Bewertungsgründe verworfen werden. Besonders interessant und plausibel erscheinen in diesem Zusammenhang die Einflüsse, die von den organisatorischen Rahmenbedingungen und den Eigenschaften des Entwicklungsprozesses ausgehen.

Bei Systemen, deren Entwicklung von "außen" (d.h. vom Konzern oder einem externen Berater) veranlaßt wurde, war die Bedeutung des "Feedback für die Systementwickler" als Bewertungsgrund besonders gering. Hingegen stieg die Bedeutung der formellen Übergabe bei Systemen, die aufgrund einer Initiative der DV-Abteilung oder des Topmanagements entwickelt wurden, signifikant an.

Unter den Variablen des Entwicklungsprozesses waren vor allem die gewählte Strategie und die Dauer für die Bewertungsgründe maßgeblich. Bei stärker strukturierten Entwicklungsprozessen stieg die Bedeutung des Bewertungsgrundes "Beendigung der Entwicklung" an. Offenbar wurde in einer prototyping-orientierten Vorgehensweise der Projektabbruch weniger stark mit (formellen) Bewertungsvorgängen in Verbindung gebracht.

4.2.2 Bewertungskriterien

Bezüglich der Bedeutung, die einzelnen Kriterien in der Bewertung zugeordnet wird, konnten ebenfalls mehrere signifikante Einflüsse aufgezeigt werden. Die Ergebnisse bestätigen zunächst die vorgenommene Klassifikation der Systeme in die Kategorien MIS und DSS. Bei DSS wurde die Qualität der Entscheidungsunterstützung signifikant als bedeutender angesehen als bei MIS (p=0,0426) und es wurde stärker erwartet, daß sie die Produktivität der Benutzer erhöhen (p=0,0342). Die Nullhypothese H5 konnte somit verworfen werden.

Die Initiatoren des Systems bildeten ebenfalls eine signifikante Einflußgröße. Abbildung 2 zeigt die durchschnittlichen Gewichte der Kriterien bei Systemen, die von Fachabteilungen bzw. dem Topmanagement initiiert wurden, sowie im Durchschnitt aller Systeme.

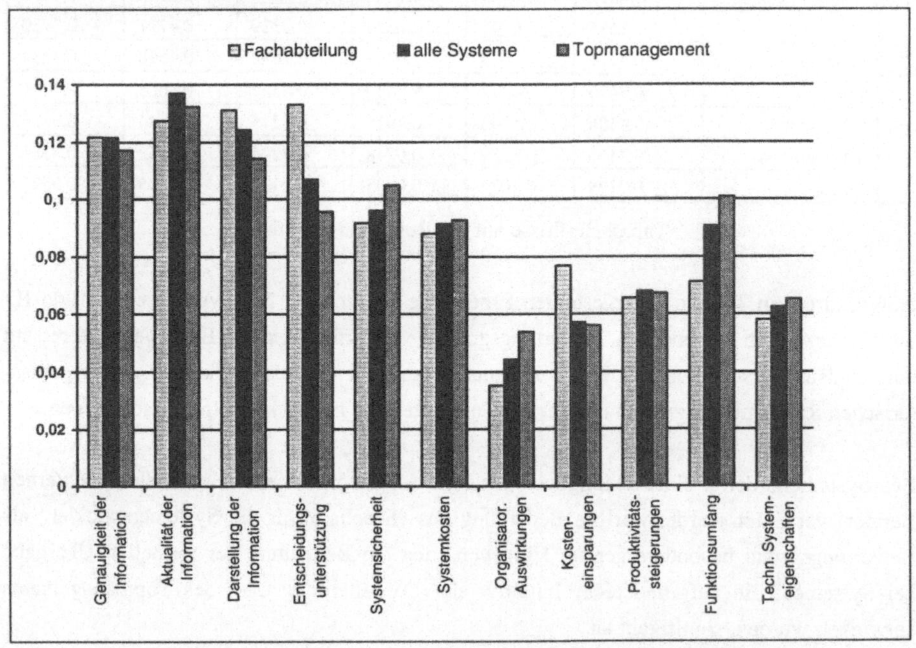

Abb.2: Bedeutung der Bewertungskriterien in Abhängigkeit der Initiatoren

Bei Systemen, die von Fachabteilungen in Auftrag gegeben wurden, standen Aspekte der Entscheidungsunterstützung und der Kosteneinsparung durch das System im Vordergrund der Bewertung, während ein großer Funktionsumfang der Systeme und organisatorische Konsequenzen des Systems von geringerer Bedeutung waren. Bei Systemen, die im Auftrag des Topmanagements entwickelt wurden, hatten die beiden letztgenannten Kriterien jedoch deutlich größere Bedeutung, ebenso die Sicherheit des Systems. Auch zur Hypothese H9 konnten einige signifikante Ergebnisse erzielt werden. Insbesondere stieg mit zunehmender Dauer des Entwicklungsprozesses die Bedeutung relativ leicht meßbarer Kriterien, wie z.B. Funktionsumfang oder technische Eigenschaften, signifikant an.

Tabelle 3 zeigt die Einflüsse, die von der Bedeutung einzelner Bewertungsgründe auf die Bedeutung der einzelnen Kriterien ausgehen (H10).

	Verifikation der System-erwartungen	Feedback für System-entwickler	Beendigung der System-entwicklung	Übergabe der Systemver-antwortung	Nachweis der Wirtschaft-lichkeit	Rechtfer-tigung von Modi-fikationen
Genauigkeit	0,1091	0,2697	0,9880	0,1364	0,2606	0,5154
Aktualität	(+) **0,0001**	0,1549	0,4003	(+) 0,0622	0,6656	0,9996
Darstellung	(+) **0,0028**	0,1076	0,7140	0,5725	0,6939	0,1367
Entscheidung	(+) **0,0001**	0,7879	0,6792	0,4129	0,5472	(-) 0,0285
Systemsicherheit	(+) 0,0647	0,7304	(-) 0,0148	(+) 0,0541	0,4352	0,4316
Systemkosten	(+) 0,0669	0,3154	0,2457	0,6219	0,4984	0,4325
Organisation	0,6151	0,4062	0,8349	0,9045	0,3677	0,9760
Einsparungen	0,5324	0,8713	0,2945	0,3106	(+) 0,0909	0,4365
Produktivität	(+) 0,0690	0,1123	0,9339	0,3399	0,1985	0,6696
Funktionsumfang	0,3339	0,3509	0,5314	(+) 0,0376	0,8610	0,2166
Techn. Kriterien	0,2632	0,6206	0,8928	0,6325	0,9237	(+) 0,0811

Tab.3: Einfluß der Bewertungsgründe auf die Bewertungskriterien

Erwartungen an ein MSS wurden offenbar hauptsächlich bezüglich der Kriterien Aktualität und Darstellung der Information, Qualität der Entscheidungsunterstützung, Systemsicherheit und -kosten sowie Produktivitätssteigerungen formuliert. Die Bedeutung dieser Kriterien stieg mit der Bedeutung des Bewertungsziels "Verifikation der Systemerwartungen" signifikant an. Bei Bewertungen anläßlich der Übergabe des Systems an die Benutzer waren die Kriterien Aktualität der Information, Systemsicherheit und Funktionsumfang besonders bedeutend, bei Bewertungen zum Nachweis der Wirtschaftlichkeit hingegen das Ziel Einsparung von Kosten.

4.2.3 Bewertungsmethoden

Im Rahmen einer Probitanalyse wurde untersucht, inwieweit der Einsatz bestimmter Bewertungsmethoden durch die im Untersuchungsrahmen formulierten Einflußgrößen erklärt werden kann. Die Hypothese H6 konnte aufgrund der Daten nicht verworfen werden. Zwar wurden für Methodenbanken bezüglich der Nutzwertanalyse und der Wertanalyse nach [Keen81] ein Signifikanzniveau von ca. 10% erreicht. Bei anderen Komponenten mit ähnlichen qualitativen Vorteilen, also bei Modellbanken und wissensbasierten Komponenten, konnten diese Beziehungen jedoch nicht nachgewiesen werden.

Die Hypothesen H7 und H8 konnten bezüglich der eingesetzten Methoden ebenfalls nicht verworfen werden. Für keine Beziehung zwischen umweltbezogenen Faktoren und Bewertungsmethoden wurde ein Signifikanzniveau von 10% auch nur annähernd erreicht.

Zur Hypothese H9 wurden jedoch signifikante Ergebnisse erzielt. Mit einer Irrtumswahrscheinlichkeit von p=0,0410 wurde ein Zusammenhang zwischen der Partizipation der Benutzer am Entwicklungsprozeß und dem Einsatz der Benutzungsanalyse festgestellt. Dieser Zusammenhang beruht offenbar auf einem Substitutionseffekt (Abbildung 3): Die Benutzungsanalyse wurde überwiegend dann eingesetzt, wenn die Partizipation der Endbenutzer im Entwicklungsprozeß selbst gering war.

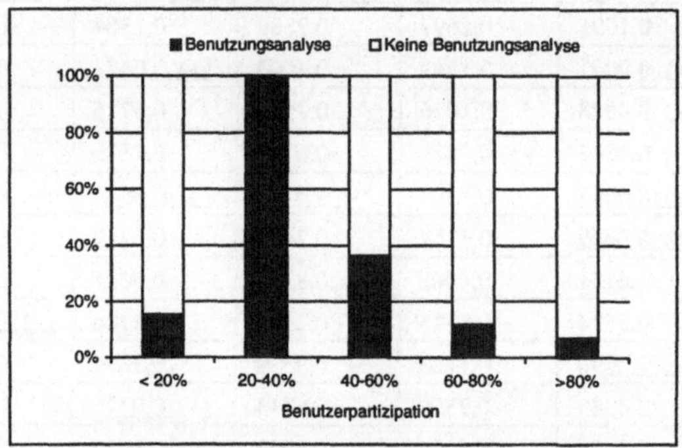

Abb.3: Benutzungsanalyse und Partizipation

Ein weiterer Zusammenhang mit einer ähnlichen Ursache wurde zwischen der Verwendung informeller Gespräche als Bewertungsmethode und der Größe des Entwicklungsteams aufgedeckt (p=0,0746): Informelle Gespräche wurden vor allem als Bewertungsmethode eingesetzt, wenn das Entwicklungsteam klein war (Abbildung 4). Somit konnte Hypothese H9 zumindest bezüglich dieser beiden Eigenschaften des Entwicklungsprozesses verworfen werden.

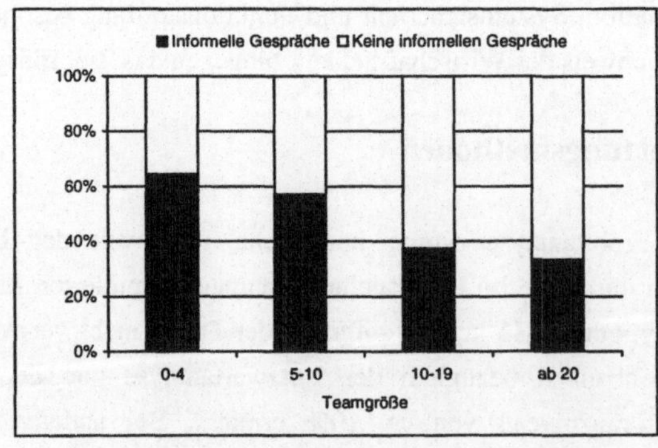

Abb.4: Informelle Gespräche und Teamgröße

Tabelle 4 zeigt die Ergebnisse einer Probit-Analyse, in der der Zusammenhang zwischen Bewertungsgründen als unabhängigen Variablen und Methodeneinsatz als abhängiger Variablen untersucht wurde.

	Kosten-schätzung	**Kosten-Nutzen-Analyse**	**Nutzwert-analyse**	**Wert-analyse [Keen81]**	**Benutzungs-analyse**	**Informelle Gespräche**
Verifikation	0,1048	0,8903	0,7762	0,3901	(+) 0,0829	(+) 0,0474
Feedback	0,3126	0,1740	(+) 0,0654	0,9273	0,6614	0,2240
Beenden	0,9641	0,6023	0,9998	0,9999	0,9998	(-) **0,0035**
Übergabe	0,8984	0,3344	0,5770	0,9075	0,8855	(+) 0,0785
Nachweis	0,9611	0,6332	0,1104	0,2465	0,5498	0,6751
Modifikation	0,1135	0,9843	0,5638	(+) 0,0284	0,1256	0,4326

Tab.4: Einfluß der Bewertungsgründe auf die Bewertungsmethoden

Es ergaben sich deutliche Zusammenhänge, aufgrund derer die Hypothese H10 bezüglich des Methodeneinsatzes verworfen werden konnte. Insbesondere zeigte sich, daß in Bewertungsvorgängen zur Verifikation der Systemerwartungen vor allem benutzerorientierte Methoden (Benutzungsanalyse und informelle Gespräche) eingesetzt wurden. Für die Beendigung eines Projektes scheinen informelle Gespräche jedoch keine ausreichende Bewertungsgrundlage zu bilden. Die Wertanalyse, die selbst eine iterative Vorgangsweise darstellt, wurde besonders häufig in Zusammenhang mit der Modifikation als Bewertungsgrund eingesetzt.

Hypothese H11 stellt eine Verbindung zwischen Kriterien und Methoden her. Auch diese Hypothese wurde mithilfe einer Probit-Analyse getestet. Dabei konnte der aus der Literatur abgeleitete Zusammenhang zwischen qualitativen Kriterien und nutzenorientierten Methoden jedoch nicht nachgewiesen werden. Kein Kriterium hatte einen signifikanten Einfluß auf den Einsatz der beiden Methoden Nutzwertanalyse und Wertanalyse. Beide Bewertungsmethoden wurden in einem weit geringeren Umfang eingesetzt, als es ihrer Bedeutung in der Theorie entspricht. Bezüglich der anderen Methoden ergaben sich einige signifikante Beziehungen. Besonders signifikant waren ein positiver Zusammenhang zwischen dem Kriterium der Aktualität und informellen Gesprächen als Bewertungsmethode (p=**0,0056**), ein positiver Zusammenhang zwischen Systemkosten und Kosten-Nutzen-Analyse (p=**0,0097**) und ein negativer Zusammenhang zwischen Einsparungen und Kostenschätzungen (p=0,0130). Die beiden letztgenannten Zusammenhänge sind plausibel interpretierbar: Werden die Kosten des Systems als bedeutend angesehen, so ist es erforderlich, diese zu rechtfertigen, was mithilfe einer Kosten-Nutzen-Analyse geschehen kann. Ebenso reicht eine reine Kostenschätzung der Systementwicklung nicht aus, um die Einsparungen durch den laufenden Betrieb des Systems zu ermitteln.

4.3 Zufriedenheit

Die Hypothese H12 verbindet die Zufriedenheit mit dem Bewertungsprozeß mit den benutzten Bewertungskriterien und den eingesetzten Bewertungsmethoden. Aufgrund der Datensituation, die insbesondere für komplexere Methoden jeweils nur wenige Fälle ergab, mußte eine weitere Aggregation beider Merkmale vorgenommen werden. Bezüglich der Kriterien wurden Bewertungsvorgänge danach klassifiziert, ob die Bedeutung der monetär orientierten Kriterien oder der nichtmonetären Kriterien überwog. Die Methoden wurden in die zur Bewertung von "soft benefits" nach Ansicht der Literatur [Keen81; MoTW88] besonders geeigneten Methoden Nutzwertanalyse und Wertanalyse und die verbleibenden, eher monetär orientierten Methoden aufgeteilt. Tabelle 5 zeigt die durchschnittliche Zufriedenheit mit den Bewertungsvorgängen in den auf diese Weise gebildeten vier Klassen.

	Bewertungskriterien	
Bewertungsmethoden	nichtmonetär	monetär
Nutzwertanalyse/Wertanalyse	3,88	3,00
andere Methoden	3,75	4,05

Tab.5: Durchschnittliche Zufriedenheit mit den Bewertungsvorgängen

Es zeigt sich erwartungsgemäß, daß bei stärkerer Berücksichtigung nichtmonetärer, qualitativer Kriterien die Zufriedenheit bei Einsatz von nutzenorientierten Methoden größer war, während bei Überwiegen der monetären Kriterien die Zufriedenheit mit einfacheren Methoden deutlich höher war. Allerdings konnte dieser Zusammenhang statistisch nicht untermauert werden. Eine Varianzanalyse mit der durchschnittlichen Zufriedenheit als abhängiger Variable ergab für den Interaktionseffekt zwischen dem Einsatz qualitativ orientierter Methoden und der Verwendung nichtmonetärer Kriterien lediglich ein Signifikanzniveau von 19,64%, so daß die Hypothese H12 nicht endgültig verworfen werden konnte.

5 Zusammenfassung und Ausblick

Tabelle 6 faßt die zentralen Ergebnisse der Untersuchung zu den eingangs formulierten Hypothesen zusammen. Es zeigt sich, daß nur ein Teil der Hypothesen bestätigt werden konnte. Als zentraler Einflußfaktor auf den Entwicklungsprozeß und die Bewertung von MSS wurden in unserer Studie die Initiatoren des Systems identifiziert. Für andere Größen konnten deutlich weniger Beziehungen nachgewiesen werden.

Unsere Ergebnisse bringen ferner die Subjektivität der Bewertungsvorgänge zum Ausdruck, die dazu führt, daß den einzelnen Kriterien in unterschiedlichen Situationen unterschiedliche

Bedeutung zugemessen wird. Die sich daraus ergebende Notwendigkeit eines differenzierten Methodeneinsatzes wird in der Praxis jedoch noch nicht so ausgeprägt gesehen. Hier ergibt sich Forschungsbedarf in der Entwicklung praxistauglicher und flexibler Bewertungsmethoden, aber auch Informationsbedarf gegenüber der Praxis über die Möglichkeiten der bereits jetzt verfügbaren Methoden.

	Einflußgrößen	**Abhängige Variable**	**Ergebnisse**
H1	Komponenten	Entwicklungsprozeß	kaum signifikante Einflüsse
H2	Unternehmensgröße	Entwicklungsprozeß	erhöht Partizipation
H3	Initiatoren	Entwicklungsprozeß	kürzer und strukturierter, wenn Konzern Initiator
H4	Komponenten	Bewertungsgründe	wenig signifikante Einflüsse
H5	Komponenten	Bewertungskriterien	bei DSS Entscheidungsunterstützung wichtig
H6	Komponenten	Bewertungsmethoden	keine signifikanten Einflüsse
H7	Unternehmensgröße	Bewertungsgründe	kaum signifikanten Einflüsse
		Bewertungskriterien	keine signifikanten Einflüsse
		Bewertungsmethoden	keine signifikanten Einflüsse
H8	Initiatoren	Bewertungsgründe	signifikante Einflüsse, v.a. bei Feedback u. Übergabe
		Bewertungskriterien	erheblicher Einfluß von Fachabteilung und Topmanagement
		Bewertungsmethoden	keine signifikanten Einflüsse
H9	Entwicklungsprozeß	Bewertungsgründe	signifikante Einflüsse auf Verifikation, Feedback, Beendigung und Modifikation
		Bewertungskriterien	einige signifikante Einflüsse, v.a. der Dauer
		Bewertungsmethoden	negative Beziehung zwischen Partizipation und Benutzungsanalyse sowie Teamgröße und informellen Gesprächen
H10	Bewertungsgründe	Bewertungskriterien	signifikante Einflüsse, v.a. der Verifikation
		Bewertungsmethoden	Verifikation erfordert benutzerorientierte Methoden, negativer Zusammenhang zwischen Beendigung und informellen Gesprächen
H11	Bewertungskriterien	Bewertungsmethoden	kein signifikanter Zusammenhang zwischen qualitativen Kriterien und nutzenorientierten Methoden, Beziehungen zwischen Kosten und kostenorientierten Methoden
H12	Bewertungskriterien und -methoden	Zufriedenheit	kein statistisch abgesicherter Zusammenhang

Tab.6: Zusammenfassung der Ergebnisse

Die Ergebnisse über die Zufriedenheit mit den Bewertungsprozessen deuten in die gleiche Richtung: Ein differenzierter Methodeneinsatz, bei dem Bewertungsmethoden nach den jeweiligen Anforderungen, insbesondere nach der Art der benutzten Kriterien, ausgewählt und eingesetzt werden, führt demnach letztlich auch zu besseren Bewertungen und höherer Zufriedenheit. Die statistische Absicherung dieses Ergebnisses erfordert weitere und umfangreichere Untersuchungen. Bereits die bisherigen Ergebnisse sind jedoch deutlich genug, um eine intensivere Beschäftigung mit Methoden zur Erfassung und Bewertung qualitativer Vorteile von MSS zu rechtfertigen.

6 Literaturverzeichnis

[Akok81] *Akoka, J.:* A Framework for Decision Support Systems Evaluation. Information & Management 4 (1981) 3, S. 133-141.

[BeSc93] *Behme, W.; Schimmelpfeng, K.:* Führungsinformationssysteme: Geschichtliche Entwicklung, Aufgaben und Leistungsmerkmale. In: Behme, W.; Schimmelpfeng, K. (Hrsg.): Führungsinformationssysteme. Gabler, Wiesbaden 1993, S. 3-16.

[BuKN93] *Bullinger, H.-J.; Koll, P.; Niemeier, J.:* Führungsinformationssysteme (FIS): Ergebnisse einer Anwender- und Marktstudie. FBO-Fachverlag für Büro- und Organisationstechnik, Baden-Baden 1993.

[DeMc92] *DeLone, W.H.; McLean, E.R.:* Information Systems Success: The Quest for the Dependent Variable. In: Information Systems Research 3 (1992) 1, S. 60-95.

[GuSa91] *Guimaraes, T.; Saraph, J.V.:* The role of prototyping in executive decision systems. In: Information & Management 21 (1991) 5, S. 257-267.

[Hein94] *Heinrich, L.J.:* Systemplanung I. Der Prozeß der Systemplanung, der Vorstudie und der Feinstudie. 6. Auflage, Oldenbourg, München/Wien 1994.

[HiMo92] *Hichert, R.; Moritz, M.:* Informationen für Manager - Von der Datenfülle zum praxisnahen Management-Informationssystem. In: Hichert, R.; Moritz, M. (Hrsg.): Management-Informationssysteme. Springer, Berlin 1992, S. 101-115.

[HoWa84] *Hogue, J.T.; Watson, H.J.:* Current Practices in the Development of Decision Support Systems. In: Proceedings of the Fifth International Conference on Information Systems, Tucson, Arizona 1984, S. 117-127.

[IgGu94] *Igbaria, M.; Guimaraes, T.:* Empirically Testing the Outcomes of User Involvement in DSS Development. In: Omega 22 (1994) 2, S. 157-172.

[IvOl84] *Ives, B.; Olson, M.H.:* User Involvement and MIS Success: A Review of Research. In: Management Science 30 (1984) 5, S. 586-603.

[Josh92] *Joshi, K.:* A causal path model of the overall user attitude toward the MIS function. In: Information & Management 22 (1992) 2, S. 77-88.

[Keen81] *Keen, P.G.W.:* Value Analysis: Justifying Decision Support Systems. In: MIS Quarterly 5 (1981) 1, S. 1-15.

[Kemp91] *Kemper, H.-G.:* Entwicklung und Einsatz von Executive Information Systems (EIS) in deutschen Unternehmen - Ein Stimmungsbild. In: Information Management 6 (1991) 4, S. 70-78.

[KlRZ92] *Kleinhans, A.; Rüttler, M.; Zahn, E.:* Management-Unterstützungssysteme - Eine vielfältige Begriffswelt. In: Hichert, R.; Moritz, M. (Hrsg.): Management-Informationssysteme. Springer, Berlin 1992, S. 1-14.

[Kuma90] *Kumar, K.:* Post Implementation Evaluation of Computer-Based Information Systems: Current Practices. In: Communications of the ACM 33 (1990) 2, S. 203-212.

[MoTW88] *Money, A.; Tromp, D.; Wegner, T.:* The Quantification of Decision Support

Benefits Within the Context of Value Analysis. In: MIS Quarterly 12 (1988) 2, S. 223-236.

[O'Kee89] *O'Keefe, R.M.:* The Evaluation of Decision-Aiding Systems: Guidelines and Methods. In: Information & Management 17 (1989) 4, S. 217-226.

[PeSh94] *Pearson, J.M.; Shim, J.P.:* An empirical investigation into decision support systems capabilities: A proposed taxonomy. In: Information & Management 27 (1994) 1, S. 45-57.

[Seli86] *Selig, J.:* EDV-Management. Eine empirische Untersuchung der Entwicklung von Anwendungssystemen in deutschen Unternehmen. Springer, Berlin et al. 1986.

[SpCa82] *Sprague, R.H., Jr.; Carlson, E.D.:* Building Effective Decision Support Systems. Prentice-Hall, Englewood Cliffs, New Jersey 1982.

[Szew92] *Szewczak, E.J.:* Evaluating MIS/DSS Effectiveness: A Representative Survey of Business Practice. In: Khosrowpour, M. (Hrsg.): Emerging Information Technologies for Competitive Advantage and Economic Development. Idea Group Publishing, Harrisburg, Pennsylvania 1992, S. 281-288.

[Turb88] *Turban, E.:* Decision Support and Expert Systems. Macmillan, New York 1988.

[VoWa93] *Vogel, C.; Wagner, H.-P.:* Executive Information Systems - Ergebnisse einer empirischen Untersuchung zur organisatorischen Gestaltung. In: Zeitschrift für Führung und Organisation 62 (1993) 1, S. 26-33.

[Vets95] *Vetschera, R.:* Informationssysteme der Unternehmensführung. Springer, Berlin et al. 1995.

[Walt94] *Walterscheid, H.:* Ein entwicklungsorientierter Bewertungsansatz für Decision Support Systems. Forschungsbericht I-270, Fakultät für Wirtschaftswissenschaften und Statistik, Universität Konstanz 1994.

[WaVH95] *Walterscheid, H.; Vetschera, R.; Hoffmann, G.:* Die betriebliche Praxis der Entwicklung und Bewertung von managementunterstützenden Informationssystemen. In: Wirtschaftsinformatik 37 (1995) 1, S. 40-49.

[WaRK91] *Watson, H.J.; Rainer, R.K., Jr.; Koh, C.E.:* Executive Information Systems: A Framework for Development and a Survey of Current Practices. In: MIS Quarterly 15 (1991) 1, S. 13-30.

Investitionstheoretische Betrachtung der Wirtschaftlichkeit betrieblicher Informationssysteme: Ein Entscheidungsunterstützungssystem zum Einsatz von Standards

Peter Buxmann

Zusammenfassung

In diesem Beitrag wird ein Entscheidungsunterstützungssystem zur Bewertung des Einsatzes von Standards in betrieblichen Informationssystemen vorgestellt. Die Grundlage dieses Systems bildet ein klassisches investitionstheoretisches Entscheidungsmodell. Die Anwendbarkeit des Entscheidungsunterstützungssystems wird anhand eines konkreten Beispiels aus der betrieblichen Praxis demonstriert. Darauf aufbauend wird schließlich eine generelle Analyse der Eignung investitionstheoretischer Verfahren zur Bewertung von IV-Investitionen vorgenommen.

1 Einleitung

Unsere heutige Welt ist durch wachsende Internationalisierung der Märkte, eine damit eingehenden Forderung nach Flexibilität und Kundenorientierung sowie durch rasante Entwicklungen in der Informations- und Kommunikationstechnologie gekennzeichnet. In diesem Zusammenhang wird immer häufiger die Frage nach der effizienten Gestaltung betrieblicher Informationssysteme aufgeworfen [BROM91,113], die anhand betriebswirtschaftlicher Kriterien zu bewerten ist.

Betrachtet man die Entscheidung über den Einsatz von Informations- und Kommunikationstechnik zur Gestaltung betrieblicher Informationssysteme als Investitionsentscheidung, so stellt sich die Frage, ob und inwieweit die klassischen Methoden der Investitionstheorie zur Bewertung dieser Investitionsmaßnahmen geeignet sind.[1]

Das Ziel dieses Beitrages besteht in der systematischen Untersuchung dieser Fragestellung. Die Betrachtung erfolgt zunächst am Beispiel der Entscheidung über den Einsatz von Kommunikationsstandards[2] auf der Basis eines investitionstheoretisch fundierten Entscheidungsunterstützungssystems, bevor versucht wird, zu einer Generalisierung der

Ergebnisse zu gelangen.

Im zweiten Kapitel werden wir zunächst das investitionstheoretische Grundmodell zur Bewertung des Einsatzes von Kommunikationsstandards und das darauf aufbauende Entscheidungsunterstützungssystem STARS vorstellen. Gegenstand des dritten Kapitels ist ein Anwendungsbeispiel des entwickelten Modells, das auf eine Zusammenarbeit mit einer Unternehmung aus der Chemischen Industrie zurückgeht. Im vierten Kapitel werden schließlich anhand des vorgestellten Beispiels die Möglichkeiten und Grenzen der betriebswirtschaftlichen Bewertung betrieblicher Informationssysteme mit Hilfe klassischer investitionstheoretischer Methoden diskutiert.

2 Einsatz von Kommunikationsstandards als Investitionsentscheidung

In diesem Kapitel werden wir zunächst das Entscheidungsproblem des Einsatzes von Kommunikationsstandards in betrieblichen Informationssystemen aus investitionstheoretischem Blickwinkel untersuchen. In einem nächsten Schritt wird die Entwicklung eines Entscheidungsunterstützungssystems STARS (Standardization Reasoning System) vorgestellt.

2.1 Das investitionstheoretische Grundmodell

Für die Entwicklung des investitionstheoretischen Grundmodells sind zunächst die ökonomischen Modellparameter einer Investition in Kommunikationsstandards herauszuarbeiten: Eine solche Investition verursacht Standardisierungskosten, die wir in

- einmalige Standardisierungskosten und
- laufende Standardisierungskosten

unterscheiden [ANSE84,15-17]. Die einmaligen Standardisierungskosten fallen zu Beginn des Untersuchungszeitraumes $t=0$ an. Sie werden im weiteren unterteilt in:

- IV-Kosten und
- Personalkosten.

IV-Kosten bezeichnen die Kosten für die einmalige Beschaffung der Kommunikationsstandards. Dabei wird es sich in der Regel um Softwarekosten handeln; Hardwarekosten fallen demgegenüber eher selten an. Die IV-Kosten werden im folgenden mit a_s bezeichnet.

Die einmaligen Personalkosten umfassen insbesondere die Kosten für das Personal, das für Implementierung und Tests der neuen Lösung benötigt wird. Darüber hinaus sollen auch die Kosten für die Schulung der Anwender unter den Personalkosten subsumiert werden. Die einmaligen Personalkosten werden mit a_p bezeichnet.

Neben diesen einmaligen Kosten löst eine Investition in Kommunikationsstandards in der Regel laufende Kosten aus. Dazu gehören etwa Kosten für die Wartung der Software sowie laufende Lizenzgebühren. Diese Kosten werden mit k bezeichnet. Es wird davon ausgegangen, daß sie erstmalig eine Periode nach Beschaffung der notwendigen IV-Technik anfallen und über die Perioden von t=1,2,...,T konstant bleiben.[3]

Diesen Standardisierungskosten stehen auf der anderen Seite Nutzeneffekte gegenüber, die aus der Vereinfachung des Informationsaustausches durch den Einsatz von Kommunikationsstandards resultieren. Wir wollen diese auf relativ abstraktem Niveau modellieren, um den Allgemeingültigkeitsgrad des Ansatzes nicht unnötig einzuschränken. Aus ökonomischem Blickwinkel wollen wir die Vorteile einer Standardisierung in

- Einsparung von Informationskosten sowie
- Informationswerterhöhung

unterscheiden, wobei diese Modellparameter in Abhängigkeit der konkreten Entscheidungssituation auf detaillierterer Ebene spezifiziert werden können.

Beispielsweise kann durch den Einsatz von EDI-Standards eine *Einsparung von Informationskosten* realisiert werden, indem Kosten für die manuelle Bearbeitung und Übertragung von Geschäftsdokumenten reduziert werden [PiNe91,23] (siehe auch Kapitel 3). Ein anderes Beispiel ist die Unterstützung der internen Abwicklung von Geschäftsprozessen. So können beispielsweise durch die Vermeidung von Medienbrüchen menschliche Aufgabenträger von manuellen Tätigkeiten wie Dateneingaben entlastet werden, und Fehleingaben können reduziert werden.

Neben den Einsparungen von Informationskosten kann durch den Einsatz von Kommunikationsstandards der Austausch von Informationen so vereinfacht werden, daß möglicherweise mehr entscheidungsrelevante Informationen zwischen den Aufgabenträgern übermittelt werden. Da Informationen die Grundlage von Entscheidungen darstellen und die Qualität einer Entscheidung vom Informationsstand des Entscheiders abhängt, kann ein weiterer Vorteil der Standardisierung in einer *Erhöhung des Informationswertes* nach MARSCHAK bestehen [MARS54]. Ein Beispiel ist die Bereitstellung zusätzlicher entscheidungsrelevanter Informationen durch den Einsatz von Standards zur Realisierung von Electronic Mail [KIKU92,358-360].

Zur Formulierung unseres investitionstheoretischen Grundmodells wird die realisierte Einsparung an Informationskosten in Periode *t* mit c_t sowie die Informationswerterhöhung für eine Periode *t* mit w_t bezeichnet. Im weiteren bezeichnet K_0 den Kapitalwert einer Investition, und *r* sei der Kalkulationszins am vollkommenen Kapitalmarkt. Wie bereits erläutert, fallen die einmaligen Standardisierungskosten a_s und a_p zu Beginn des Planungszeitraumes *t*=0 und die laufenden Kosten *k* in den Perioden *t*=1,2,...,*T* an. Die Vorteile der Standardisierung c_t und w_t sind periodenabhängig und werden in *t*=1,2,...,*T* realisiert. Das investitionstheoretische Grundmodell bzw. die Kapitalwertformel zur Bewertung von Investitionsalternativen zur Standardisierung lautet:

$$K_0 = -a_s - a_p + \sum_{t=1}^{T} (c_t + w_t - k) \cdot (1+r)^{-t}$$

2.2 Konzeption und Entwicklung des Entscheidungsunterstützungssystems STARS

Das im vorherigen Abschnitt vorgestellte Entscheidungsmodell bildet die Grundlage für das Entscheidungsunterstützungssystem (EUS) STARS (Standardization Reasoning System). STARS wurde vom Verfasser am Lehrstuhl für Betriebswirtschaftslehre, insbesondere Wirtschaftsinformatik und Informationsmanagement, im Zeitraum von 1992-1994 entwickelt.[4] Das Ziel der Entwicklung besteht darin, einem Entscheidungsträger eine rechnerbasierte Unterstützung zur systematischen Untersuchung der Vorteilhaftigkeit von Investitionen zum Einsatz von Kommunikationsstandards in betrieblichen Informationssystemen anzubieten. Diese Unterstützung besteht in der Anwendung von Methoden aus den Bereichen Investitions- und Entscheidungstheorie, die auf die Problemstellung angepaßt worden sind. Die Entwicklung erfolgte mit der objektorientierten Programmiersprache *C++* auf der Basis der graphischen Benutzeroberfläche Windows.

Zur Berücksichtigung der unsicheren Erwartungen kann der Entscheider für alle Modellvariablen Wahrscheinlichkeitsverteilungen spezifizieren. Dabei werden durch das System gleichverteilte und normalverteilte Wahrscheinlichkeitsverteilungen unterstützt. Zur Eingabe einer Gleichverteilung für einen Modellparameter hat der Entscheider Ober- und Untergrenze dieser Verteilung festzulegen; zur Eingabe einer Normalverteilung eines Modellparameters entsprechend Erwartungswert und Standardabweichung.[5] Die Eingabemaske des Systems ist in Abbildung 1 dargestellt.

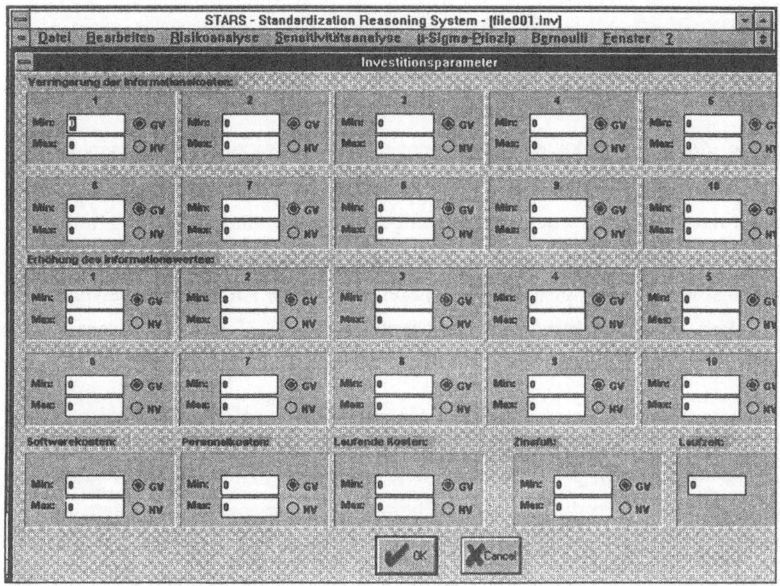

Abb. 1: Eingabedialog des Entscheidungsunterstützungssystems STARS

Auf der Basis des investitionstheoretischen Grundmodells sowie der Methoden des EUS kann der Entscheidungsträger sowohl die Vorteilhaftigkeit einzelner Investitionsalternativen im Sinne einer Ja-Nein-Entscheidung untersuchen als auch eine Exploration mehrerer Investitionsalternativen zur Unterstützung einer Auswahlentscheidung vornehmen. Zur Unterstützung der einstufigen Investitionsentscheidung bei unsicheren Erwartungen werden dem Anwender im Rahmen von STARS die folgenden Methoden zur Verfügung gestellt [BUXM95]:

- Einfache Sensitivitätsanalyse mit einem Modellparameter,
- Simultane Sensitivitätsanalyse mit mehreren Modellparametern,
- Monte-Carlo-Simulation,
- (μ,σ)-Prinzip,
- Bernoulli-Prinzip sowie
- dynamische Programmierung zur flexiblen Investitionsplanung.

3 Anwendungsbeispiel: Einsatz von EDIFACT zum Austausch von Handelsdokumenten

Zur Demonstration der Möglichkeiten und Grenzen des Einsatzes des Entscheidungsunterstützungssystems wird im folgenden ein Anwendungsbeispiel vorgestellt. Die Problemstellung kann wie folgt skizziert werden: Ein Chemieunternehmen tauscht Informationen mit einer Vielzahl von externen Geschäftspartnern aus, zu denen z.B. der pharmazeutische Großhandel, Speditionen sowie Produktionsbetriebe gehören. In diesem Anwendungsbeispiel wird die Wirtschaftlichkeit eines elektronischen Austausches von Handelsdokumenten mit sogenannten Krankenhausapotheken untersucht.

Die Informationsbeziehungen zwischen den Geschäftspartnern und der Chemieunternehmung werden in der Ausgangssituation per Brief abwickelt: Aufwendig ist in diesem Zusammenhang insbesondere, daß Mitarbeiter des Chemieunternehmens die eingegangenen Auftragsdaten manuell in das IV-System eingeben müssen. Es existieren Geschäftsbeziehungen zu 790 solcher Krankenhausapotheken. Diese Beziehungen führen zu ca. 192000 Aufträge mit insgesamt etwa 389000 Auftragspositionen pro Jahr.

Die Substitution der manuellen Abwicklung durch eine elektronische Lösung könnte mit Hilfe des EDI-Standards EDIFACT erfolgen, da die Syntax von EDIFACT die benötigten Nachrichtentypen Bestellung, Rechnung sowie Bestätigung umfaßt. Der Transport der EDIFACT-Nachrichten kann technisch z.B. mit Hilfe der Standards X.400 oder FTAM erfolgen. Da X.400 im Vergleich zu FTAM weiter verbreitet ist, scheint es sinnvoll zu sein, den Standard X.400 als Basis der Übertragung von EDIFACT-Nachrichten auszuwählen.

Wir werden im folgenden insbesondere die Ermittlung der entscheidungsrelevanten Daten diskutieren, da dies in aller Regel das Hauptproblem der Anwendung eines EUS darstellt [KRUS93, 17]:

Die einmaligen Standardisierungskosten für die Software zur Realisierung des Austausches von Handelsdokumenten setzen sich aus den Kosten für das X.400-Produkt und den EDIFACT-Konverter zusammen.

Die Ermittlung der Standardisierungskosten, die sich in Kosten für die benötigte Software niederschlagen, ist relativ unproblematisch. Für das X.400-Produkt fallen Kosten in Höhe von 44,3 TDM an, das EDIFACT-Produkt kostet 20 TDM. Die gesamten einmaligen Standardisierungskosten a_s für die Softwarelösung betragen somit 64,3 TDM.

Um Informationsbeziehungen auf der Basis EDIFACT/X.400 zu realisieren, müssen diese konfiguriert werden. Dadurch entstehen einmalige Personalkosten, die ebenfalls als Standardisierungskosten aufgefaßt werden. Der Aufwand für eine solche Konfiguration wird von dem zuständigen Systemadministrator auf 30 Minuten pro Verbindung geschätzt. Da wir, wie bereits ausgeführt, Informationsbeziehungen zu 790 Geschäftspartnern betrachten, führt der Aufbau von Informationsbeziehungen zu einem Zeitaufwand von ca. 400 Stunden. Da diese Schätzung mögliche auftretende Probleme nicht berücksichtigt, soll grob ein Arbeitsaufwand von drei Monaten als Modellparameter in das Entscheidungsmodell eingehen. Bei (pagatorischen) Personalkosten in Höhe von ca. 100 TDM p.a. führt die Konfiguration zu Standardisierungskosten a_p in Höhe von 25 TDM.

Die *laufenden Kosten* für die Wartung dieser EDIFACT/X.400-Lösung betragen 5,9 TDM pro Jahr. Hinzu kommen noch jährlich zu entrichtende Gebühren für die Übertragung der Auftragsbestätigungen sowie der Rechnungen über das Datex-P-Netz in Höhe von ca. 14,4 TDM.[6] Damit ergeben sich laufende Kosten k von insgesamt etwa 20,3 TDM pro Jahr.

Im nächsten Schritt werden nun die Vorteile der Investition in eine EDIFACT/X.400-Lösung näher betrachtet. Die Informationskosten der zur Zeit vorhandenen manuellen Lösung bestehen insbesondere in den Personalkosten, die sich aus dem Zeitaufwand für die Eingabe der Bestelldaten in das System ergeben. Hinzu kommt die Zeit für das Ausdrucken und Verschicken der Bestätigungen und Rechnungen, die jedoch als relativ gering erscheint, so daß diese im weiteren nicht näher untersucht wird.

Zur Ermittlung der einzusparenden Informationskosten bzw. Personalkosten kann auf Erfahrungen aus einem anderen ähnlichen Projekt in der betrachteten Unternehmung zurückgegriffen werden: Dieses Projekt hatte die Realisierung des elektronischen Austausches von Handelsdokumenten mit einer anderen Kundengruppe des Chemieunternehmens, dem pharmazeutischen Großhandel, zum Gegenstand. Die Realisierung erfolgte ebenfalls auf der Basis einer EDIFACT/X.400-Lösung. Die entsprechende Softwarelösung wurde jedoch nicht selbst, sondern durch einen externen Anbieter von Informationsdienstleistungen realisiert. Durch die Umstellung auf einen elektronischen Austausch von Handelsdokumenten konnten vier Mitarbeiter aus der Verkaufsunterstützung eingespart werden. Unter der Annahme von (pagatorischen) Personalkosten in Höhe von 70 TDM p.a. für einen Mitarbeiter der Verkaufsunterstützung wurden somit jährlich 280 TDM an Personalkosten eingespart.[7]

Diese Ergebnisse bilden die Grundlage für die Bewertung der Einsparung von Personalkosten durch die Realisierung des elektronischen Austausches von Handelsdokumenten mit den Krankenhausapotheken. Als Indikator für den Arbeitsaufwand des Personals zur manuellen Informationsbereitstellung kann die Anzahl der Auftragspositionen herangezogen werden. Beim Geschäftsverkehr mit dem pharmazeutischen Großhandel wurden jährlich ca. 800000

Auftragspositionen zugrunde gelegt, während von den Krankenhausapotheken pro Jahr - wie bereits erwähnt - etwa 389000 Auftragspositionen zu bearbeiten sind. Geht man von einem proportionalen Verhältnis zwischen der Anzahl der Positionen und dem Personalaufwand für die manuelle Bearbeitung der Geschäftsdokumente aus, so können durch die Implementierung der EDIFACT/X.400-Lösung für den Geschäftsverkehr mit den Krankenhausapotheken ca. zwei Mitarbeiter ersetzt und damit Informationskosten (Personalkosten) in Höhe von ca. 140 TDM eingespart werden.

Eine Informationswerterhöhung durch den Einsatz von EDI-Standards könnte beispielsweise darin bestehen, daß aufgrund dieser einfachen Form des Informationsaustausches mehr Aufträge übermittelt werden. Ein solcher Effekt läßt sich für unser Anwendungsbeispiel nicht nachweisen bzw. ist sehr schwer abschätzbar, so daß auf eine Modellierung dieses möglichen Nutzeneffektes verzichtet wird.

Aus der Methodenbasis von STARS wollen wir lediglich die simulative Risikoanalyse kurz anhand dieses Anwendungsbeispieles vorstellen. Die Ergebnisse der Simulationsläufe sind in der folgenden Abbildung dargestellt, wobei wir für die Modellparameter leichte normalverteilte Schwankungen um den ermittelten Wert unterstellt haben und von einer Nutzungsdauer von fünf Perioden und einem Kalkulationszins in Höhe von 8 Prozent ausgegangen sind.

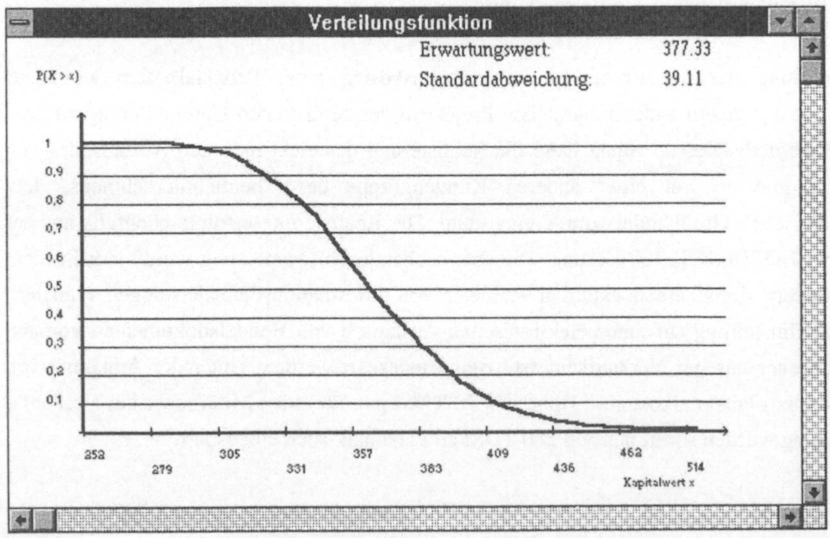

Abb. 2: Risikoanalyse für das Anwendungsbeispiel

Die Abbildung zeigt, daß in keinem der 1000 Simulationsläufe ein negativer Kapitalwert generiert wurde, d.h. das Investitionsprojekt ist grundsätzlich positiv zu beurteilen.

4 Zur Anwendung des Entscheidungsunterstützungssystems - Eine kritische Betrachtung

Eine kritische Betrachtung des vorgestellten Ansatzes soll im folgenden auf der Basis eines höheren Allgemeinheitsgrades erfolgen, d.h. es ist zu diskutieren, inwieweit investitionstheoretische Entscheidungsmodelle unter Berücksichtigung unsicherer Erwartungen generell zur Bewertung von Investitionen in Informations- und Kommunikationstechnik geeignet sind.

4.1 Anwendung investitionstheoretischer Methoden zur Bewertung von IV-Investitionen

In der Literatur wird gelegentlich die Ansicht vertreten, daß investitionstheoretische Methoden für Entscheidungen über Investitionen im IV-Bereich nicht geeignet seien [HEIN94, 159] [NAGE90,39]. Gegen die Anwendung investitionstheoretischer Modelle zur Entscheidung über IV-Investitionen wird häufig eingewandt, daß mit diesen Modellen qualitative respektive strategische Effekte nicht hinreichend berücksichtigt werden können [NAGE90, 211].

Als Beispiele für qualitative Effekte durch den IV-Einsatz werden u.a. die Akzeptanzerhöhung bei Mitarbeitern, die Erhöhung der Arbeitsqualität, ein besseres Firmenimage oder eine Qualitätserhöhung bei der Kundenberatung genannt [NAGE90,58] [SCHU92, 32, 161]. Bei einer Betrachtung und Bewertung solcher qualitativen Kriterien sollte jedoch stets die Frage gestellt werden, worin die Nutzeneffekte konkret bestehen. Worin besteht beispielsweise der Nutzen der Verbesserung der Arbeitsqualität eines Mitarbeiters durch ein IV-System, wenn er nicht zu Kostensenkungen und/oder höheren Erlösen, z.B. durch bessere Entscheidungen, führt? So können durch eine solche qualitative Unterstützung einerseits z.B. Zeitvorteile erreicht werden, die eventuell dazu führen, daß weniger Personal für die anfallenden Aufgaben benötigt wird. In diesem Fall werden also konkret Einsparungen an Personalkosten realisiert. Andererseits ist es auch denkbar, daß sich die Mitarbeiter durch die Zeitvorteile anderen Aufgaben widmen können, wodurch möglicherweise bessere Entscheidungen getroffen werden.

Führt beispielsweise eine verbesserte IV-Unterstützung bei einem Mitarbeiter lediglich zu verkürzten Arbeitszeiten, ohne daß irgendwelche anderen positiven Effekte erzielt werden, ist eine solche qualitative Nutzenerhöhung nicht entscheidungsrelevant und im Entscheidungskalkül nicht zu berücksichtigen. Eine isolierte Betrachtung qualitativer Effekte ohne Betrachtung der durch sie ausgelösten monetären Ergebnisse kann daher möglicherweise zu

Fehlentscheidungen führen. Dieser Fehler wird durch die Anwendung investitionstheoretischer Methoden zur Bewertung von IV-Investitionen vermieden.

Zum Teil wird auch argumentiert, daß der Nutzen von Investitionen in IV-Technik überwiegend strategisch und damit schwer oder nicht quantifizierbar sei [WOLF91, 1091] [LAY85]. Da strategische Nutzeneffekte von vielen Autoren nicht oder nur unscharf[8] definiert werden, läßt sich über diese Aussage schwerlich diskutieren. Daher folgen wir im weiteren Mertens und Plattfaut, die ein wesentliches Merkmal zur Unterscheidung strategischer von anderen Nutzeneffekten darin sehen, daß diese sich eher in Umsatzsteigerungen als in Kostensenkungen niederschlagen [MEPL86, 6-7]. Beispiele für die Erzielung strategischer Nutzeneffekte sind:

- Das Flugbuchungs- und Reservierungssystem SABRE von American Airlines hat zu einer Veränderung des gesamten Flugreservierungsmarktes geführt. Die Fluggesellschaft konnte aufgrund dieser Investition eine Umsatzerhöhung erzielen [SCHU92, 57] [MEPL86, 10-12].

- Ein Farbenhersteller stellt Einzelhändlern ein Rechnersystem zur Verfügung, das eine Analyse von Farbmustern ermöglicht und angibt, welche Farbpigmente in welcher Zusammenstellung gemischt werden müssen, um das vorliegende Farbmuster zu erhalten. Da das System nur Rezepturen mit den Farben des Herstellers erstellt, führt der Einsatz dieses Systems zu erhöhten Verkaufserlösen des Farbenherstellers [MEPL86, 9-10.

Diese Beispiele verdeutlichen die Umsatzwirkungen strategischer Nutzeneffekte durch IV-Einsatz. Nun stellt sich bei Investitionen mit dem Ziel einer Umsatzsteigerung die Frage, warum ausgerechnet diese quantitativ nicht bewertbar sein sollen. Sowohl die erzielbaren Umsatzzuwächse als auch die durch die Investition verursachten Kosten lassen sich in einem investitionstheoretischen Modell als Zahlungen abbilden.

Die Schwierigkeit, die durch eine solche Abbildung verursacht wird, besteht nicht darin, daß es sich um sogenannte "strategische" Nutzeneffekte handelt. Vielmehr besteht die Problematik darin, daß der durch die Investition realisierte Anstieg an Verkaufserlösen mit Unsicherheit behaftet ist. Die Abbildung dieser unsicheren Größe kann auf der Basis subjektiver Wahrscheinlichkeiten erfolgen (siehe hierzu Abschnitt 4.2.).

Die bisherigen Ausführungen sollen jedoch nicht bedeuten, daß eine monetäre Bewertung aller möglichen Nutzeneffekte stets möglich bzw. sinnvoll ist. Beispielsweise können die Argumentationsketten sehr komplex und damit eine Bewertung des monetären Nutzens einer bestimmten Nutzenkategorie sehr aufwendig werden. Solche schwer bewertbaren Nutzeneffekte treten jedoch nicht im speziellen bei IV-Investitionen auf. Vielmehr sind mit fast jeder

Investition auch schwer quantifizierbare Nutzeneffekte verbunden; man denke etwa an den Vorteil eines verbesserten Images eines Chemieunternehmens durch den Einsatz einer umweltfreundlicheren Produktionsanlage. In unserem Modell ist z.B. die Ermittlung der Einsparungen an Informationskosten in der Regel relativ einfach möglich, während die Bestimmung des Informationswertes sehr schwierig und häufig erst unter der Voraussetzung recht restriktiver Annahmen möglich ist.

Die Einbeziehung schwer schätzbarer Modellparameter ist jedoch grundsätzlich nur dann sinnvoll, wenn die erwartete Verbesserung der Entscheidung höher zu bewerten ist als die Kosten, die mit der Aufnahme des betreffenden Parameters in das Entscheidungsmodell verbunden sind.[9] Diese Aussage besitzt jedoch für eine ökonomisch sinnvolle Anwendbarkeit von Entscheidungsmodellen allgemeine Gültigkeit und ist nicht als spezifisch für die Anwendung investitionstheoretischer Methoden aufzufassen.

Ist eine Bewertung eines Modellparameters nicht möglich, oder ist die Schätzung des monetären Einflusses mit zu hohen Kosten verbunden, scheint es vielmehr sinnvoll zu sein, die entsprechende Größe in der Rechnung zunächst nicht zu berücksichtigen, sondern sie in einem späteren Stadium der Entscheidung zusätzlich zur angestellten Rechnung heranzuziehen [HAX85,10]. Diese Vorgehensweise ist unserer Ansicht nach sowohl für die Bewertung von Investitionsvorhaben innerhalb als auch außerhalb des IV-Bereiches gültig.

4.2 Verwendung subjektiver Wahrscheinlichkeiten in Entscheidungsmodellen

Aufgrund der mangelnden intersubjektiven Überprüfbarkeit wird die Verwendung subjektiver Wahrscheinlichkeiten in Entscheidungsmodellen häufig kritisiert [KRED88,300]. Die Bewertung von Handlungsalternativen - in diesem Fall die Verwendung subjektiver Wahrscheinlichkeiten - kann jedoch sinnvoll nur durch einen Vergleich mit anderen zur Verfügung stehenden Handlungsalternativen erfolgen. Es stellt sich somit die Frage nach den Alternativen zu der Verwendung subjektiver Wahrscheinlichkeiten.

Neben subjektiven Wahrscheinlichkeiten können für manche Entscheidungssituationen auch objektive Wahrscheinlichkeiten herangezogen werden. Objektive Wahrscheinlichkeiten liegen dann vor, wenn entweder der klassische oder der statistische Wahrscheinlichkeitsbegriff angewendet werden kann [LAUX91,133-134]. Das Problem besteht jedoch darin, daß für die meisten Entscheidungsprobleme solche objektiven Wahrscheinlichkeiten nicht vorliegen.

In Entscheidungssituationen, in denen keine objektiven Wahrscheinlichkeiten existieren, bleibt dem Entscheider als Alternative zur Verwendung subjektiver Wahrscheinlichkeiten nur noch der Verzicht auf die Abbildung der Risikosituation. Dies hat zur Folge, daß entweder für alle Modellparameter deterministische Werte anzugeben sind oder ein Entscheidungskriterium bei Unsicherheit i.e.S. anzuwenden ist. Eine solche Vorgehensweise erscheint jedoch noch problematischer als die Verwendung subjektiver Wahrscheinlichkeiten. Zum einen leben wir in einer unsicheren Welt, so daß niemand mit Sicherheit vorhersagen kann, was die Zukunft bringt bzw. welche Umweltzustände eintreten werden. Folglich erscheint es naheliegend, diese Unsicherheit zu modellieren und in die Entscheidung einzubeziehen.[10] Eine Reduktion der unsicheren Umwelt auf einwertige Erwartungen kann der vorliegenden Entscheidungssituation kaum gerecht werden [BACO89,68-69]. Darüber hinaus würde der Verzicht auf eine Berücksichtigung subjektiver Wahrscheinlichkeiten in Entscheidungsmodellen dazu führen, daß Wissen respektive Erfahrung eines Entscheiders als Informationsquelle nicht genutzt wird.

5 Resümee

In diesem Beitrag haben wir ein investitionstheoretisch fundiertes Entscheidungsunterstützungssystem zur Bewertung des Einsatzes von Kommunikationsstandards in betrieblichen Informationssystemen vorgestellt und die Möglichkeiten und Grenzen der Modellanwendung anhand eines konkreten Praxisbeispiels vorgestellt.

Es ist anhand dieser Problemstellung und den angewendeten Bewertungsmethoden gezeigt worden, daß zwischen IV-Investitionen und anderen Investitionen keine signifikanten Unterschiede bestehen, die den Einsatz unterschiedlicher Bewertungsmethoden rechtfertigen. Die Investitionstheorie stellt somit eine geeignete Vorgehensweise auch zur Bewertung von IV-Investitionen dar. Die Problematik, daß eine solche Anwendung stets voraussetzt, daß bereits Metaentscheidungen über den Aufbau des Entscheidungsmodells getroffen sind - wobei insbesondere die Datenermittlung häufig schwierig ist - bleibt natürlich bestehen. Sie tritt jedoch bei der Beurteilung von fast jedem Investitionsprojekt auf und ist nicht als spezifisch für die Bewertung von IV-Investitionen anzusehen.[11]

Anmerkungen

1. Vgl. zu einer kritischen Betrachtungsweise etwa [Hein94, 159] oder [Nage90, 39].
2. Kommunikationsstandards definieren einheitliche Regeln für den Austausch von Informationen. Beispiele für Kommunikationsstandards sind EDI-Standards zum Austausch von Handelsdokumenten, Kommunikationsprotokolle, wie TCP/IP oder ATM, oder natürliche Sprachen.
3. Aus theoretischer Sicht ist diese Einschränkung für die Modellierung natürlich nicht notwendig, und sie

könnte durch Einführung einer Variablen k_t für die laufenden Kosten in der Periode t problemlos aufgehoben werden. Da jedoch die laufenden Kosten für Wartungsverträge und Lizenzgebühren in der Praxis in der Regel konstant sind, erscheint diese vereinfachende Annahme zulässig.

4. Dank gebührt insbesondere den Herren cand. rer. pol. Carsten Dirks, Arnd Hoffmann und Steffen Müller für ihre Mitarbeit bei der Programmierung von STARS.
5. Ebenso wäre es möglich gewesen, weitere Verteilungen wie etwa Exponential- oder Poissonverteilungen in das EUS zu integrieren.
6. Kosten für die Übertragung der Auftragsdaten sind von den Krankenhausapotheken zu tragen und gehen nicht in das Entscheidungskalkül ein. Bei der Ermittlung der Datex-P-Kosten wird davon ausgegangen, daß das zu übertragende Datenvolumen konstant bleibt.
7. Zur Bewertung der Einsparungen von Personalkosten vgl. [ANSE84, 27-33].
8. Vgl. z.B. [NAGE90, 29], der strategische Nutzeneffekte als nicht rechenbar bzw. kalkulierbar, aber als entscheidbar bezeichnet. Ein Entscheidungskriterium oder eine Zielfunktion nennt er nicht
9. Man könnte nun überlegen, ein Metamodell zu entwickeln, das die Frage zum Gegenstand hat, welcher Modellparameter in ein Entscheidungsmodell aufzunehmen ist. Eine solche Vorgehensweise erscheint jedoch sehr problematisch, da die Anwendung des Metamodells ebenfalls mit Kosten verbunden ist. Dies könnte zu einem Metametamodell führen, mit dem untersucht wird, ob das Metamodell einzusetzen ist usw.
10. Subjektive Wahrscheinlichkeiten gehen auch in unsere Entscheidungen im Privatleben ein: Beispielsweise steht man vor der Entscheidung, eine Bergwanderung aus mehreren auszuwählen. Eine der Touren verspricht einen hohen Genuß bzw. Nutzen, bei schlechtem Wetter kann diese sich aber im Gegensatz zu einer anderen Tour als weitaus gefährlicher erweisen. In unserem Entscheidungskalkül erfolgt dann die Gewichtung des "Nutzens" der unterschiedlichen Touren unter Berücksichtigung der subjektiven Wahrscheinlichkeiten über die eintretende Wetterlage (und in Abhängigkeit der Risikoeinstellung).
11. Mitunter kann man sich kaum dem Eindruck entziehen, daß die Zurückhaltung vieler Autoren aus dem Bereich der Wirtschaftsinformatik in bezug auf die Anwendung investitionstheoretischer Modelle einfach daraus resultiert, daß diese Methoden zur Zeit als unpopulär angesehen werden. So wendet beispielsweise Schumann zur Bewertung alternativer CAD-Investitionen den Kapitalwert als Entscheidungskriterium an. Es ist jedoch unverständlich, daß Schumann die zur Disposition stehenden Investitionsalternativen als Szenarien bezeichnet, um seine klassische investitionstheoretische Untersuchung unter die Überschift "Szenariotechnik" zu stellen [SCHU92, 207-210].

Literaturverzeichnis

[ANSEL84] ANSELSTETTER, R.: Betriebswirtschaftliche Nutzeffekte der Datenverarbeitung: Ansatzpunkte für Nutzen-Kosten-Schätzungen, Berlin u.a. 1984.

[BACOE92] BAMBERG, G.; COENENBERG, A.G.: Betriebswirtschaftliche Entscheidungslehre, 7. Auflage, München 1992.

[BRMY91] BREALEY, R.A.; MYERS, S.C.: Principles of Corporate Finance, 4th edition, New York et al. 1991.

[BROM91] BROMBACHER, R.: Effizientes Informationsmanagement, in: JACOB, H.; BECKER, J.; KRCMAR, H. (HRSG.): Integrierte Informationssysteme, Wiesbaden 1991, S. 111-134.

[BUXM95] BUXMANN, P.: Ein Entscheidungsmodell zur Standardisierung von Schnittstellen in betrieblichen Informationssystemen, Wiesbaden 1995.

[BUKÖ] BUXMANN, P.; KÖNIG, W.: Ein Entscheidungsmodell zur Bewertung von Investitionen in Standards - dargestellt am Beispiel von ISO-Standards und CCITT-Empfehlungen für eine offene Datenkommunikation, in: Wirtschaftsinformatik 36, 1994, S. 252-267.

[COWE88] COPELAND, T. E.; WESTON, J. F.: Financial Theory and Corporate Policy, 3rd edition, Reading, Massachusetts 1988.

[HAX88] HAX, H.: Investitionstheorie, 5. Auflage, Würzburg-Wien 1985.

[HEIN94] HEINRICH, L. J.: Systemplanung I, 6. Auflage, München 1994.

[KIKU92] KIESER, A.; KUBICEK, H.: Organisation, 3. Auflage, Berlin, New York 1992.

[KRED88] KREDEL, L.: Wirtschaftlichkeit von Bürokommunikationssystemen: Eine vergleichende Darstellung, Berlin et al. 1988.

[LAUX91] LAUX, H.: Entscheidungstheorie, 2. Auflage, Berlin u.a. 1991.

[LALI93] LAUX, H.; LIERMANN, F.: Grundlagen der Organisation, 3. Auflage, Berlin u.a. 1993.

[LAY85] LAY, P. M.: Beware of the Cost/Benefit Model for IS Project Evaluation, in: Journal of Systems Management 36, 1985, S. 30-43.

[MARS54] MARSCHAK, J.: Towards an Economic Theory of Organization and Information. In: Thrall, R.M.; Coombs, C.H.; Davis, R.L. (eds.): Decision Processes, New York 1954, S. 187-200.

[MEPL86] MERTENS, P.; PLATTFAUT, E.: Informationstechnik als strategische Waffe, in: Informationsmanagement 1, Heft 2, 1986, S. 6-17.

[NAGE90] NAGEL, K.: Nutzen der Informationsverarbeitung, 2. Auflage, München-Wien 1990.

[PINE91] PICOT, A.; NEUBURGER, R.; NIGGL, J.: Ökonomische Perspektiven eines "Electronic Data Interchange", in: Informationsmanagement 6, Heft 2, 1991, S. 22-29.

[SCHU92] SCHUMANN, M.: Betriebliche Nutzeffekte und Strategiebeiträge der groß-integrierten Informationsverarbeitung, Berlin u.a. 1992.

[SPRE91] SPREMANN, K.: Investition und Finanzierung, 4. Auflage, München-Wien 1991.

[WOLF91] WOLFRAM, G.: Wirtschaftlichkeitsverfahren zur Bewertung von integrierten Informationssystemen, in: Bullinger, H. J.: Handbuch des Informationsmanagements im Unternehmen: Technik, Organisation, Recht, Perspektiven, Bd. 2, München 1991, S. 1063-1095.

[ZISC87] ZISCHEK, D.: Mathematische Entscheidungsmodelle als Komponenten von Entscheidungsunterstützungssystemen, Köln 1987.

Qualitätsmanagement in der Informationsverarbeitung
Quality Management in Information Processing

Ernest Wallmüller

Zusammenfassung

Ausgehend von einigen Beispielen werden Ursachenklassen von Problemen in der rechnergestützten Informationsverarbeitung aufgezeigt. Es wird ein Lösungsansatz diskutiert, der auf drei Ebenen wirkt. Auf der operativen Ebene stehen die Prozesse und ihre Beherrschung im Zentrum der Betrachtung. Der Prozeßkontext wird auf strategischer Ebene durch Rahmenbedingungen für das Management, die Mitarbeiter und Technologien gestaltet. Auf der normativen Ebene werden Qualitätsaspekte durch eine Visionsbildung und deren Umsetzung in Form einer Politik und Zielen festgelegt.

1 Einführung

1.1 Bedeutung der Qualität im Unternehmen

"Die weltweite Qualitätsrevolution hat permanent die Art und Weise verändert, wie wir unsere Geschäfte betreiben. War Qualität einst nur auf technische Belange beschränkt, so ist Qualität heute ein dynamischer Verbesserungsprozeß, der alle Bereiche unserer Geschäftswelt durchdringt."

Dieses Zitat von R.C. Stempel [Munr92], dem Vorsitzenden der General Motors Corporation, kennzeichnet treffend unsere heutige Situation. Qualität und deren Verbesserung ist zu einer fundamentalen Geschäftsstrategie der 90er Jahre geworden. Keine Unternehmensfunktion, auch nicht die Informationsverarbeitung, kann sich dieser Strategie entziehen.

Die Globalisierung des Welthandels, der Abbau der politischen Ost-West-Polarisierung und das Ende des komplementären Warenangebots in den drei großen Regionen USA, Europa und Ferner Osten lassen geschützte Märkte verschwinden. Dies führt in diesen Regionen zu einer dramatischen Verschärfung des Wettbewerbs, wobei Qualität, Lieferzeit, Innovation und Kundendienst ständig an Bedeutung gewinnen.

Qualitätsmanagement zielt darauf ab, den Wert des Produkts oder der Dienstleistung für den Kunden und Benutzer zu steigern. Im Wettbewerb ist die Produktqualität oft der zentrale Erfolgsfaktor. Sie ist ein ausschlaggebendes Kriterium für den Käufer, erlaubt in der Regel höhere Preise und ist vielfach mit strategischen Wettbewerbsvorteilen verbunden, die durch Konkurrenten nicht kurzfristig aufzuholen sind (z.B. amerikanische Autoindustrie).

Durch qualitätsorientierte Gestaltung der Leistungsprozesse sowie der Leistungspotentiale lassen sich die Fehlerkosten vermindern, Entwicklungszeiten verkürzen und Schäden am Image vermeiden.

Informationsmanagement und der Einsatz von Informations- und Kommunikationstechnologien können einen essentiellen Beitrag zur Schaffung von Wettbewerbsvorteilen und zur Sicherung der Marktposition leisten, wenn sie umfassend und unternehmenszielgerecht eingesetzt werden.

1.2 Beispiele von Qualitätsproblemen in der Informationsverarbei tung

Einige Beispiele aus der internationalen Softwareszene und aus der Beratungspraxis des Autors zeigen die Vielfalt der Qualitätsprobleme und ihre Folgen für die Unternehmen.

Ein internationaler Softwarehersteller

Der Direktor von Ashton Tate forcierte die Freigabe einer neuen Version eines Datenbanksystems, ohne zu erkennen, daß es stark fehlerbehaftet war. Das Produkt mußte vom Markt zurückgenommen werden. Die daraus resultierenden finanziellen Schwierigkeiten führten zur Entlassung des Direktors und zur Übernahme des Unternehmens durch Borland.

Eine Schweizer Großbank

Die Einführung von Wertpapieren an den Börsen von New York und Tokio kann nicht direkt über die Konzernfirma mit Hauptsitz Zürich informationstechnisch geplant und kontrolliert werden, da die dazu nötigen Informationssysteme fehlen. Das Großprojekt zur Entwicklung der Basisapplikationen für das Auslandsgeschäft der Bank ist innerhalb von 10 Jahren dreimal gescheitert. Der Verlust beträgt mehrere hundert Millionen Franken.

Beim kleinen Börsencrash im Oktober 1987 kam es zu einer Häufung von Mängeln und Fehlern im Börseninformationssystem, die bei der Wochenverarbeitung begannen und bis zu einer vierstündigen Abschaltung des Informationssystems vier Tage später führte. Das Börsengeschäft mußte rein manuell durchgeführt werden. Die informationstechnische Aufarbeitung der Geschäftsfälle dauerte mehrere Wochen.

1.3 Ursachen von Qualitätsproblemen

Die Ursachen von schlechter Softwarequalität lassen sich nach Rathbone ([Rath88], [Rath90]) auf drei Einflußgrößen zurückführen:

- Management,
- Technologie und
- Mitarbeiter.

Alle drei Einflußgrößen wirken auf der normativen, strategischen und operativen Unternehmensebene. Im einzelnen lassen sich folgende Probleme erkennen:

Management

- Kurzfristiges Reagieren verhindert eine geplante mittelfristige Umsetzung von Zielen.
- Es ist keine strategische Planung vorhanden, oder bei vorhandener strategischer Planung fehlt die konsequente Umsetzung (Management der Umsetzung), oder die Ergebnisse der Planung werden nicht mit den Mitarbeitern besprochen (fehlende Kommunikation).
- Die Informationstechnik unterstützt nur geringfügig die Unternehmensziele. Die kritischen Erfolgsfaktoren werden entweder gar nicht oder mit veralteten Informationssystemen unterstützt.
- Managementprozesse werden nicht als solche gesehen und exekutiert.
- Die Führung ist entweder autoritär oder chaotisch, oder sie fehlt ganz.
- Die Qualifikation der Mitarbeiter wird weder systematisch gepflegt noch weiterentwickelt.
- Die Aufgaben der Organisationsentwicklung, die für Unternehmen in extrem dynamischen Märkten entscheidend sind, werden entweder gar nicht oder nur unzureichend wahrgenommen. Eine dieser Aufgaben, das Management von technologiebedingten Veränderungen, gehört gegenwärtig zu den größten Problemen.
- Die Nichtbeherrschung von Projekten und Prozessen, insbesondere bei der Erstellung von Informations-/Softwaresystemen, ist eine wesentliche Ursache für die schlechte Qualität der Ergebnisse.

Technologie

- Durch den raschen Wandel in der Informationstechnologie müssen sich die Unternehmen verstärkt mit dem parallelen Umgang unterschiedlicher Generationen von Technologie beschäftigen. Applikationsportfolios, die in Assembler, Cobol, PL/1, C und C++ geschrieben sind, sind keine Seltenheit mehr. Das heute in den Unternehmen praktizierte Technologiemanagement berücksichtigt dies nicht oder nur schlecht.

- Die Zeitspanne vom Vorliegen von Forschungsergebnissen bis zu deren Einführung und Umsetzung wird immer kürzer. Technologiebeobachtung und Technologieerprobung werden zu einem kritischen Wettbewerbsfaktor. Unternehmen besitzen gegenwärtig kaum oder nur schlecht die Fähigkeit, neue Technologien zu beobachten, zu erproben, einzuführen oder zu beherrschen.
- Die qualitative Voraussetzung, um Geschäftsziele durch Informationssysteme flexibel unterstützen zu können, ist eine Informationssystemarchitektur, die auf den Pfeilern Applikationen, Daten, Technologie und Management/Organisation beruht. Bei vielen Unternehmen ist diese Architektur einseitig auf Applikationen ausgerichtet. Die Ergebnisse der strategischen Informationssystemplanung, die diese Architekturen etablieren soll, werden – wenn überhaupt vorhanden – nicht umgesetzt.
- Derzeit wird die Bedeutung guter rechnergestützter Werkzeuge unterschätzt, und mit veralteten Hilfsmitteln werden Ergebnisse mit niedriger Qualität produziert. Der Anteil an Überarbeitung und Ausschuß ist demzufolge hoch (ca. 40 % [Boeh81]). Qualität im Informatikbereich wird wesentlich von den eingesetzten Werkzeugen, Fehlerbehebungsmechanismen, dem Grad der Wiederverwendung von Bauteilen, den Programmiersystemen und dem Entwicklungsprozeß mit seiner Methodik beeinflußt.

Mitarbeiter

- Mangelnde Qualifikation ist ein Problem mit zunehmender Bedeutung. Insbesondere wird der Vorbereitung auf neue Aufgaben zu wenig Aufmerksamkeit geschenkt.
- Persönliche Qualifikation hat mit persönlichem Einsatz/Aufwand, Neigungen/Fähigkeiten, Erziehung/Ausbildung, Weiterbildung und Einstellung zu tun. Ein Großteil dieser Einflußgrößen wird in einem Berufsleben nicht bewußt gestaltet, und somit werden Potentiale nicht genutzt.
- Die Mitarbeiter haben Angst, in einer Informationsgesellschaft zu leben und zu arbeiten, in der die Verfallszeit des Wissens auf fünf Jahre geschrumpft ist.
- Die Mitarbeiter haben immer größere Schwierigkeiten, sich mit der Arbeit zu identifizieren und somit den Erfolg des Unternehmens zu sichern.
- Die Stabilität eines qualifizierten Mitarbeiterstabes wird für Unternehmen zu einer Überlebensfrage. Durch die hohe Fluktuationsrate im Informatikbereich verlieren Unternehmen jährlich einen wesentlichen Anteil ihres Know-hows.

Zusammenfassend kann festgestellt werden, daß die gegenwärtigen Anstrengungen, die zu einer qualitativ besseren Leistung führen sollten, meist nur lokal und stark an neuen, noch nicht ausgereiften Technologien orientiert sind. Die Einflußgröße "Mitarbeiter" wird nur geringfügig strategisch geplant, schlecht operativ geführt und erbringt meistens mangelhafte Leistungen. Die Realität von heutigen Informatikorganisationen sind in der Folge schlecht qualifizierte Mitarbeiter, die den Unternehmen viel Geld und Zeit kosten.

2 Grundlagen des Qualitätsmanagements

Im folgenden gehen wir auf die Begriffe Qualität, Management und Qualitätsmanagement näher ein.

Der Qualitätsbegriff ist seit dem Altertum bekannt. In der lateinischen Sprache wird "qualitas" mit der Beschaffenheit (eines Gegenstands) übersetzt. So alt wie der Begriff selbst ist auch die Diskussion um seine Inhalte, die bis heute andauert. Es ist unmöglich, alle Standpunkte dieser fachlichen Diskussion wiederzugeben.

Nach ISO 8402 (Entwurf 1992) ist *Qualität* die Gesamtheit von Merkmalen eines Produktes oder einer Dienstleistung bezüglich der Eignung, festgelegte oder vorausgesetzte Erfordernisse zu erfüllen. Der Begriff Gesamtheit kann beispielsweise Service, Güter/Waren, Informationen oder Interaktionen mit Kunden umfassen. Der Kunde erlebt primär Qualität rein subjektiv. Bei Erleben von negativer Qualität spielen häufig die vorausgesetzten Bedürfnisse eine Rolle.

Zwar sind Kundenerwartungen und Kundenbedürfnisse Zielgrößen bei der Qualitätsgestaltung, doch ist die Beurteilung der Qualität durch den Kunden oftmals undurchsichtig und die Auswertung seiner Aussagen eine schwierige Aufgabe. Der Kunde mißt zwar die Qualität an seinen Erwartungen, aber welche Qualität mißt er denn wirklich? Die versprochene Qualität, die gelieferte Qualität oder die in Anspruch genommene Qualität?

Nach derzeitigem Erkenntnisstand kann man davon ausgehen, daß der Kunde nur einen Teil der in Anspruch genommenen Qualität wahrnimmt (Abbildung 1). Diese wahrgenommene Qualität ist es, mit der er seine Qualitätserwartungen vergleicht und sich aus diesem Vergleich sein Urteil über die Qualität bildet [Zeit91]. Ist die Differenz zwischen wahrgenommener Qualität und den Erwartungen klein oder gar null (Abb. 1, _1), so fällt das Urteil günstig aus. Wird zudem der Preis als fair angesehen und stimmt der Liefertermin, wird der Kunde zufrieden sein.

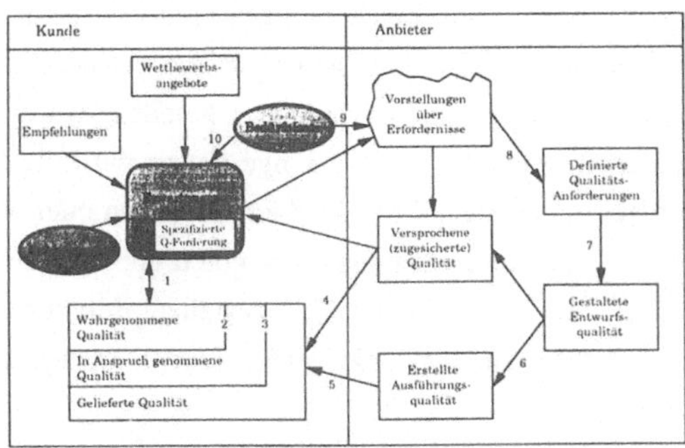

Abb. 1 Qualitätsbeurteilung, Differenzen und Defizite

Für den Anbieter kann die Differenz zwischen in Anspruch genommener und wahrgenommener Qualität von erheblichem Nachteil sein (Abb. 1, _2). So kann beispielsweise ein Kunde nicht erkennen, daß ein neuer Anbieter wesentliche Teile seiner Qualitätserwartungen nicht erfüllt, die der bisherige Lieferant erfüllte, ohne daß er dies wahrgenommen hat. In Unkenntnis dieses Sachverhaltes kann er bei günstigen Preisangeboten des neuen Anbieters möglicherweise den Lieferanten wechseln.

Beispiele für nicht wahrgenommene Teile der in Anspruch genommenen Qualität sind die Nähe einer Servicestelle zum Kunden, die Fehlerfreiheit bisheriger Interaktionen zwischen dem Kunden und dem Lieferanten oder der Umfang der erbrachten Serviceleistung. Infolge Gewöhnung werden solche Teile der in Anspruch genommenen Qualität nicht mehr richtig wahrgenommen. Ihr Wert wird oftmals erst bewußt, wenn der Lieferant bereits gewechselt wurde. Um dies zu verhindern, tut der Anbieter gut daran, dem Kunden die Qualität seiner Leistungen in vollem Umfang ins Bewußtsein zu bringen.

Der Kunde wird normalerweise nur einen Teil der gelieferten Qualität tatsächlich in Anspruch nehmen, während der übrige Teil für ihn unwichtig ist (Abb. 1, _3). Ganz läßt sich ein solcher Überschuß an Qualität der Lieferung nur im Falle von Einzelanfertigungen und einmaligen Dienstleistungen vermeiden. Bei allen Serienprodukten, die auf die Bedürfnisse und Erwartungen von Kundengruppen und nicht von Einzelkunden ausgerichtet sein müssen, kann für den einzelnen Kunden ein Überschuß zwischen gelieferter und in Anspruch genommener Qualität auftreten. Wenn jedoch für alle Kunden ein solcher Überschuß besteht, liegt Overengineering vor. Das heißt, das Produkt kann zuviel, der Entwickler hat weniger die Kundenbedürfnisse und -erwartungen als seine eigenen Qualitätsvorstellungen im Auge gehabt und sich am technisch Machbaren begeistert. Dies führt in der Regel zu der Situation, daß die Konkurrenz die Kunden kostengünstiger beliefern kann, weil ihre Produkte kein Overengineering aufweisen. Um dennoch im Geschäft zu bleiben, muß der Anbieter mit Overengineering auf Deckungsbeiträge verzichten und niedrigere Preise einräumen.

Ebensogut kann das Gegenteil eintreten: nicht Overengineering, sondern ungenügende Erfüllung der Kundenerwartungen. Für beide Erscheinungen kommen mehrere Ursachen in Frage. So ist es dem Anbieter möglicherweise nicht gelungen, die Erwartungen der Kunden richtig zu erfassen, sodaß seine Vorstellungen von den Kundenerwartungen nicht mit der Wirklichkeit übereinstimmen (Abb. 1, _9). Als Folge davon wird die Spezifikation, welche der Produktentwicklung zugrundegelegt wird, Lücken aufweisen oder übertriebene Forderungen enthalten (Abb. 1, _8). Aber auch im Falle eines guten und vollständigen Pflichtenheftes kann ein Qualitätsdefizit zustandekommen, weil die gestaltete Entwurfsqualität des Produktes ungenügend ist (Abb. 1, _7). Man spricht in diesem Fall von ungenügender Treffsicherheit der Entwicklung.

Weitere wohlbekannte Defizite können bei der Produktion des Produktes entstehen, wobei man von mangelnder Ausführungsqualität spricht. Die hergestellten Produkte sind nicht konform mit der spezifizierten Entwurfsqualität und müssen nachbearbeitet werden (Abb. 1, _6).

Ein weiterer Fall eines Qualitätsdefizits liegt vor, wenn die versprochene Qualität nicht mit der gelieferten Qualität übereinstimmt (Abb. 1, _4). Dies führt zu Reklamationen, weil zugesicherte Qualitätsmerkmale nicht vorliegen (Nicht-Konformität).

Diese Darstellung der Übererfüllung und der Defizite betraf primär materielle Produkte. Ähnliche Abweichungen sind aber auch bei den Informationen (Software), bei Service und bei den Interaktionen zu beobachten. Bei diesen Teilen des Leistungsangebots wird die Auseinandersetzung über Qualitätsdefizite häufig noch schwieriger, weil in der Regel die Erfordernisse weniger sorgfältig erfaßt und umgesetzt sind als bei Hardware.

Der Begriff *Managementt* ist in der Literatur vielfach erörtert worden. In dieser Arbeit werden nur jene Aspekte des Managements erläutert, die dem integrativen Charakter und der Multidimensionalität des Begriffs Qualität entsprechen. Bleicher [Blei91, Seite 52–58] spricht im Zusammenhang mit der Multidimensionalität von normativem, strategischem und operativem Management.

Ein für Wirtschaftsinformatiker wichtiges Konzept ist das St. Galler Informationssystemmanagement [Öste92]. In diesem Konzept wird Management als Regelkreis gesehen, der die vier Teilfunktionen Planen (Ziele setzen, Pläne entwickeln), Verabschieden (entscheiden), Umsetzen und Kontrolle (Kontrolle der Zielerreichung) umfaßt.

Nach dem Entwurf DIN ISO 8402 vom März 1992 verstehen wir unter *Qualitätsmanagement* folgendes:

Alle Tätigkeiten der Gesamtführungsaufgabe, welche die Qualitätspolitik, Ziele und Verantwortungen festlegen, sowie diese durch Mittel der Qualitätsplanung, Qualitätslenkung, Qualitätssicherung und Qualitätsverbesserung im Rahmen des Qualitätsmanagementsystems verwirklichen.

Qualitätsmanagement gehört in den Verantwortungsbereich aller Führungskräfte. Bei der Umsetzung des Qualitätsmanagements, die unter dem Gesichtspunkt der Wirtschaftlichkeit erfolgt, sind alle Mitarbeiter der Organisation involviert.

Seghezzi [Segh92] rundet die obige Definition praxisnahe ab, indem er dem Qualitätsmanagement vier Fachfunktionen und eine Führungsfunktion zuordnet (siehe Abbildung 2).

Von den vier Fachfunktionen hat die Qualitätsplanung die Aufgabe, Bedürfnisse zu ermitteln und diese in Form von Produkt- und Prozeßmerkmalen umzusetzen. Im Rahmen der Qualitätslenkung (Prozeßmanagement) sind sämtliche Prozesse einer Unternehmung so durchzuführen und zu beherrschen, daß die Spezifikationen eingehalten werden und fehlerfreie Produkte entstehen. Die Qualitätssicherung nimmt ausschließlich die Aufgabe wahr, Qualitätsrisiken zu ermitteln und Maßnahmen zu treffen, um sie zu vermindern oder zu eliminieren. Schließlich werden durch die Qualitätsförderung (Qualitätsverbesserung) Anstrengungen unternommen, die Qualität der Produkte, der Prozesse und somit des Unternehmens zu steigern, um damit die Wettbewerbsfähigkeit zu erhöhen.

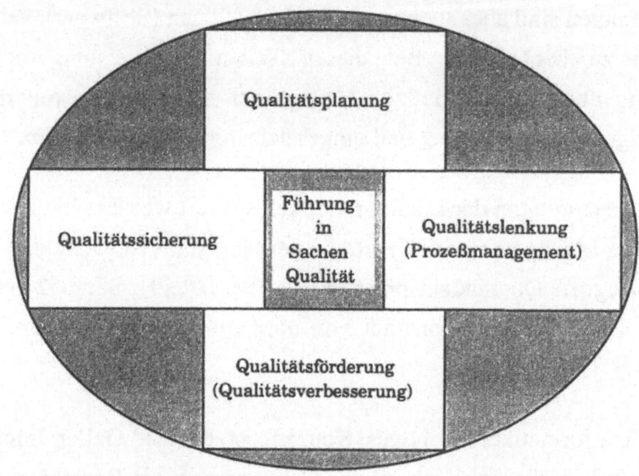

Abb. 2 Funktionen des Qualitätsmanagements

Diese vier Fachfunktionen lassen sich nicht einzelnen Organisationseinheiten zuordnen, sondern sind als Querschnittsaufgaben auf eine Vielzahl von Unternehmenseinheiten verteilt. Damit tritt auch eine beachtliche Schnittstellenproblematik auf. Aus diesem Grund definiert Seghezzi eine fünfte Funktion, die Führung in Sachen Qualität, die weit bedeutsamer geworden ist, als dies in der Vergangenheit der Fall war.

Im folgenden werden einige der bekanntesten Qualitätskonzepte untersucht und weiterführende Konzepte diskutiert.

3 Lösungsansatz

Das hier vorgestellte Lösungskonzept einer umfassenden Methodik des Qualitätsmanagements für die Informationsverarbeitung soll die in Abschnitt 1 erwähnten Probleme zufriedenstellend lösen. Gleichzeitig ist dieser Ansatz in eine umfassende Qualitätskonzeption für das gesamte Unternehmen integriert (Bezugnahme auf ISO 9000, Prozeßmanagement, Total Quality Management). Das Lösungskonzept beruht auf drei Ebenen (siehe Abbildung 3):

- *Normative Lösungsebene*
  Die erste Ebene umfaßt die Entwicklung einer (Qualitäts-)Vision und einer (Qualitäts-) Politik im Rahmen der strategischen Informationsplanung. Vision und Politik sind im strategischen Planungsprozeß mit den Zielen für die Informationsinfrastruktur[1] [Hein92] abzustimmen.
- *Strategische Lösungsebene*
  Die zweite Ebene legt die Rahmenbedingungen für die kritischen Einflußgrößen Management, Technologie und Mitarbeiter fest.
- *Operative Lösungsebene*
  Die dritte Ebene (Prozeßmanagement) zielt auf die Beherrschung der Prozesse ab, um eine Informationsinfrastruktur zu entwickeln und zu pflegen.

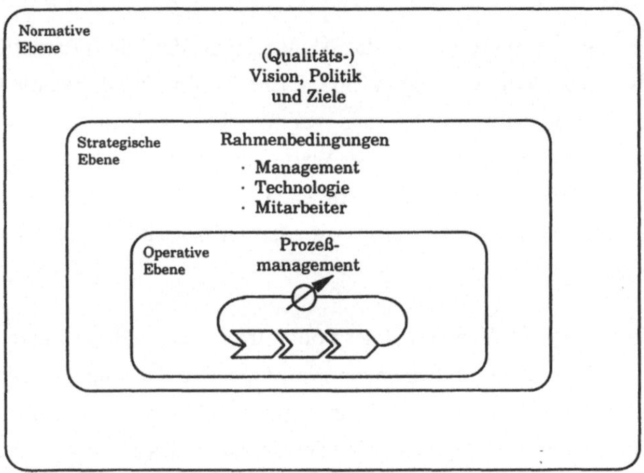

Abb. 3 Qualitätsmanagementkonzept

Dieses 3-Ebenen-Modell orientiert sich am allgemein anerkannten Managementmodell von Bleicher [Blei91].

Wir stützen unseren Qualitätsmanagementansatz durch eine Reihe von Thesen ab, die wir durch Beobachtung von Unternehmen, durch Literaturstudien und Expertenbefragung gewonnen haben:

T1) Qualität ist in der Vision des Unternehmens zu verankern und durch eine geeignete Politik umzusetzen. Ausgehend von der (Qualitäts-)Politik sind qualitative Ziele und Subziele mit den Organisationseinheiten zu entwickeln. Im Rahmen einer qualitätsorientierten strategischen Informationssystemplanung wird eine Informationssystemvision gemeinsam erarbeitet, aus der unter anderem auch qualitative Informationssystemziele und -grundsätze abgeleitet werden.

Thomas J. Watson Jr., einer der bedeutendsten Firmenführer dieses Jahrhunderts, hat im Zusammenhang mit Vision und Politik eines Unternehmens folgendes geäußert [Blei91]:

"Ich glaube, daß jede Organisation, um zu überleben und Erfolg zu haben, in vieler Hinsicht über feste Grundsätze verfügen muß, die ihre Politik und ihr Handeln leiten. Ich glaube weiter, daß der bedeutendste Faktor für den Erfolg eines Unternehmens die Konsequenz ist, mit der es diesen Prinzipien entsprechend handelt ... . Die grundlegende Philosophie, der Geist, die Visionen und der Schwung einer Organisation sind bei weitem bestimmender für den Erfolg als technische und wirtschaftliche Kräfte, Organisationsstrukturen, Neuerungen und Zeitwahl."

Die Geschäftsleitung und insbesondere das Management, das für Information Engineering verantwortlich ist, entwickelt eine klare Vision. Diese Vision erklärt, wie die Organisation in drei bis fünf Jahren aussieht, handelt und zur Wettbewerbsfähigkeit des Unternehmens beiträgt. In der Visionsbeschreibung muß der Wert Qualität klar und eindeutig festgelegt sein, einerseits in bezug auf den Markt, die Produkte/Dienstleistungen und die Kunden (Außenbild) und andererseits nach innen in bezug zu den Mitarbeitern und innerbetrieblichen Leistungsprozessen.

T2) Für die Umsetzung der Vision und der Politik über Ziele und das Führen von qualitätsorientierten informationsverarbeitenden Prozessen sind die Rahmenbedingungen in den Schlüsselbereichen Management, Technologie und Mitarbeiter entscheidende Einflußgrößen. Diese Rahmenbedingungen sind bewußt durch das Management zu gestalten.

T3) Die Verpflichtung des Managements auf Qualität ist entscheidend für die Motivation der Mitarbeiter. Wesentliches Werkzeug des Qualitätsmanagements ist das Qualitätsmanagementsystem. Es ist als aktives Führungssystem zu gestalten.

Die Thesen T2 und T3 beruhen under anderem auf den Arbeiten von Deming [Demi86]. Zur Verbesserung der Qualität und Produktivität eines Unternehmens hat er 14 Führungspflichten definiert, die die Unternehmenspolitik (Ziele und Absichten) und eine adäquate Einstellung zur Qualität als zentrale Elemente der strategischen Führung berücksichtigen. Die Grundlage von Demings Arbeit bildet eine eindeutig formulierte Unternehmenspolitik mit dem Ziel einer kontinuierlichen Verbesserung von Produkten und Dienstleistungen.

Die realisierten Nutzeffekte von Qualitätsmanagementsystemen wurden in einer Studie von Price Waterhouse [Engl93] in Deutschland offengelegt. Im Rahmen dieser Studie wurden 95 bereits zertifizierte Unternehmen aus verschiedenen Branchen über ihre Erfahrungen befragt. An realisiertem Nutzen wurden in den ersten drei Rängen die Steigerung der Mitarbeitermotivation, verbesserte Kundenzufriedenheit und Bevorzugung gegenüber nichtzertifizierter Konkurrenz festgestellt. Diese Untersuchung bestätigt unter anderem die These T3.

T4) Der Umgang mit Innovations- und Veränderungsprozessen ist eine Führungsaufgabe und ist insbesondere zu planen. Für jeden Veränderungsprozeß ist ein Sponsor verantwortlich. Die Wirksamkeit eingeführter Innovationen und neuer Technologien hängt vom Reifegrad der Projekte, der Prozesse und der Information-Engineering-Organisation ab.

Organisationsbezogenes Änderungsmanagement ist ein Prozeß, bei dem die Zustimmung, wie die Arbeit gegenwärtig durchgeführt wird, reduziert wird, und die Zustimmung, wie die Arbeit in Zukunft verrichtet werden soll, zunimmt. Der Prozeß der Veränderung wird anschaulich durch das Kraftfeldmodell von Lewin [Lewi58] beschrieben.

T5) Die Beteiligung der Mitarbeiter an den Prozessen und im speziellen am (Qualitäts-)Verbesserungsprozeß ist eine notwendige Rahmenbedingung, um effizient Information-/Software-Engineering-Prozesse betreiben zu können.

Diese These läß sich unter anderem von den 14 Führungspflichten Demings und von Japanischen Qualitätsansätzen (z.B. KAIZEN [Imai86]) ableiten.

T6) Die Qualität von Informationssystem- und Softwareprodukten ist eng mit deren Erstellungs- und Führungsprozessen verknüpft.

T7) Die Definition eines Information-/Software-Engineering-Prozesses ist Voraussetzung, um ihn zu führen. Die Bewertung (Messung) ist Voraussetzung, um ihn zu lenken und zu verbessern.

T8) Die Reife und Qualität von Prozessen hat auf die effektive Nutzung der eingesetzten Technologie Einfluß.

Die Thesen T6 bis T8 werden auch durch Erfahrungen von Basili und Rombach [Basi88] bestätigt, die im Rahmen des TAME-Projekts ("Tailoring A Measurement Environment") an der Universität Maryland zahlreiche Software-Engineering-Projekte der NASA und IBM untersucht und ausgewertet haben. Das Ziel dieses Projekts war ein Prozeßmodell, in dem das Messen und andere analytische Maßnahmen mit konstruktiven Maßnahmen integriert wurden.

Normative Lösungsebene

Ausgangspunkt für den Lösungsansatz [Wall95] sind die heute bekannten Ansätze des Qualitätsmanagements im Unternehmen, beginnend mit den Programmen von Deming und Juran bis hin zum Total Quality Management (TQM). Die bekannten Qualitätsprogramme und der TQM-Ansatz werden aus der Sicht des Information Engineering betrachtet und diskutiert. Der Begriff Information Engineering wurde von Finkelstein und Martin 1981 eingeführt [Fink81]. Martin versteht darunter die Anwendung einer Menge von formalen Methoden für die Planung, die Analyse, den Entwurf und die Realisierung von Informationssystemen auf unternehmensweiter Basis oder in wesentlichen Bereichen eines Unternehmens. Die Methoden bauen dabei aufeinander auf und sind in gewisser Weise voneinander abhängig.

Heinrich [Hein91] hat eine Definition erarbeitet, die Information Engineering als wissenschaftliche Disziplin akzeptiert:

"Information Engineering ist eine Teildisziplin der Wirtschaftsinformatik, deren Erkenntnisobjekt die Methoden zur Gestaltung der Informationsinfrastruktur in Organisationen, insbesondere in Betriebswirtschaften, sind. Sie erarbeitet die Grundlagen zur Erklärung der Aufgaben des Informationsmanagements und der Methoden zu ihrer Unterstützung ('Erklärungsaufgabe'), paßt vorhandene Methoden an und entwickelt neue Methoden, sowohl als Einzelmethoden als auch als Methodenverbund, und die zur Methodenanwendung erforderlichen Werkzeuge ('Gestaltungsaufgabe'). Sie untersucht auch die Anwendung der Methoden und Werkzeuge in der Praxis, die durch einen ganzheitlichen, primär von 'oben nach unten' verlaufenden Ansatz gekennzeichnet ist, und setzt die Untersuchungsergebnisse zur Verbesserung der Methoden und Werkzeuge um."

Ziel ist ein Qualitätsmanagementkonzept, das im Rahmen der strategischen Planung der Informationsinfrastruktur entsteht und speziell auf die Belange des Information Engineering ausgerichtet ist. Es müssen dabei Vorstellungen entwickelt werden, wie die Zukunft der Informationsverarbeitung in Form von Vision, Mission, Zweck und Grundsätzen aussehen soll. Die Visions- und die Missionsaussagen enthalten in der Regel Informationen darüber wie sich die Organisation in Zusammenhang mit Produkten, Dienstleistungen, Technologie, Mitarbeitern und sonstigen Stakeholdern sehen will.

Das methodische Vorgehen dabei orientiert sich am Deming-Zyklus ("Plan-Do-Check-Act", [Demi86]). Über eine Reihe von Workshops werden die Vision und Politik mit der Geschäftsleitung und dem Informatikmanagement erabeitet und in einem Aktionsprogramm über einen Zeitraum von mindestens zwei Jahren über Zielvorgaben, Grundsätze und Prozeßanweisungen umgesetzt. Durch regelmäßige Prüfungen z.B. durch interne und externe ISO-9000-Audits, werden Schwachstellen gefunden und durch korrektive Maßnahmen behoben.

Dieses Qualitätsmanagementkonzept stellt einen Beitrag im Rahmen des normativen Managements dar [Blei91]. Es legt damit den Grundstein für eine Qualitätsvorstellung, die sich primär am Markt und an den Bedürfnissen, Wünschen und Erwartungen der Kunden ausrichtet.

Strategische Lösungsebene

Das Qualitätsmanagementkonzept wird durch drei Kategorien von Rahmenbedingungen und Maßnahmen auf strategischer sowie taktischer Ebene umgesetzt. Es sind dies Rahmenbedingungen für

- *Management*
  - Verbesserungen der Führungsarbeit
  - Einsatz eines Qualitätsmanagementsystems
  - Durchführen von Qualitätskostenanalysen
  - Anwendung von organisationsbezogenem Änderungsmanagement

- *Technologie*
  Technologiemanagement mit
  - Beobachtung der Technologieentwicklung,
  - Bestimmung des Technologiebedarfs,
  - Technologieentscheid,
  - eigentlichem Technologietransfer und
  - Technologiepflege

- *Mitarbeiter*
  - Qualifikation und anforderungsgerechtes Personalmanagement
  - Einbezug in die Prozeßentwicklung
  - Forcieren von Teamansätzen bei der Arbeitsgestaltung

Zuerst diskutieren wir Maßnahmen zur Verbesserung der eigentlichen Führungsarbeit. Die Begründung für die Verbesserung der Führungsarbeit besteht in folgenden Fakten:

- Qualität bedeutet Managementverantwortung und kann nicht delegiert werden.
- Vorbildfunktion (leadership) wird durch sichtbares, persönliches Engagement für Qualität wahrgenommen.
- Um aktive Führungsarbeit in Sachen Qualität zu leisten, sind das Verständnis und die Kenntnisse von Qualitätskonzepten, -methoden und -werkzeugen bei Führungskräften zu fördern (daher ist die Information, die Aus- und Fortbildung für Führungskräfte in Sachen Qualität unerläßlich).

Anschließend fordern wir, daß informationsverarbeitende Organisationen ein Qualitätsmanagementsystem nach ISO 9001 als Managementwerkzeug betreiben (ISO 9001 enthält die stärkste Anforderungsstufe an ein Qualitätsmanagementsystem und wird für Dienstleister und Informatikorganisationen von den Zertifizierungstellen vorgeschrieben). Derzeit sind in Europa ca. 80 000 Unternehmen zertifiziert und die Anzahl der Unternehmen, die auf dem Weg des Systemaufbaus sind, wird auf dreimal soviel geschätzt [Zahn95]. Es handelt sich daher um keine willkürliche Forderung, sondern um eine durch den Markt bedingte Entwicklung, die auch global feststellbar ist. Die Begründung für den Einsatz eines Qualitätsmanagementsystems beruht auf folgenden Fakten:

- Die Kundenzufriedenheit wird verbessert, da Produkte und Dienstleistungen entsprechend ihrer Anforderungen entwickelt und produziert werden.
- Die Zertifizierung nach ISO 9001 ist ein Marketinginstrument.
- Immer mehr Unternehmen fordern von ihren Auftragnehmern den Nachweis der Qualitätsfähigkeit in Form eines ISO-9001-Zertifikats.
- Die Internationalisierung der Märkte schreitet unaufhaltsam fort. Immer mehr Unternehmen in den USA und in Fernost sind durch den globalisierten Wettbewerb gezwungen, ein Qualitätsmanagementsystem auf der Basis von ISO 9001 zu betreiben.
- Die Mitarbeitermotivation wird gesteigert, da die Mitarbeiter effizienter arbeiten können.
- Im Bereich der Produkthaftung entstehen Vorteile.
- Die Qualitätskosten werden reduziert durch Reduktion der Nonkonformitätskosten (insbesondere durch Reduktion der Ursachen von Reklamationen und des Anteils an Überarbeitung).
- Die Häufigkeit von Audits durch den Auftraggeber wird reduziert.

Die Begründungen basieren auf einer Studie, die von Price Waterhouse durchgeführt wurde ([Engl93], [Frie94]). Darüber hinaus bietet ein effizient betriebenes Qualitätsmanagementsystem eine ideale Basis, um kontinuierliche Verbesserung zu betreiben. Die Norm ISO 9001 verlangt, daß jedes Jahr ein internes Systemaudit auf Veranlassung der Geschäftsleitung durchgeführt und alle drei Jahre das ISO-9001-Zertifikat durch ein externes Systemaudit erneuert wird. Diese Bedingungen stellen sicher, daß Qualitätsmanagement keine einmalige Aktion bleibt.

Als weiteres Gestaltungsmittel werden Qualitätskostenanalysen als essentielles Managementwerkzeug eingeführt, um die Umsetzung der Qualitätspolitik und der daraus abgeleiteten Qualitätsziele in der Informationsverarbeitung zu fördern. Die Begründung für die Messung und Analyse der Qualitätskosten beruht auf folgenden Fakten:

- Die Größe der Qualitätskosten kann benutzt werden, um die Aufmerksamkeit der Geschäftsleitung zu gewinnen und ihre Verpflichtung zur aktiven Umsetzung des Qualitätsmanagementansatzes zu bekommen.

- Die Berichterstattung über qualitätsrelevante Aktivitäten in Form von finanziellen Größen steigert die Bedeutung von Qualität in der Geschäftsleitung und stellt sicher, daß die gleiche Aufmerksamkeit erreicht wird wie durch andere Aktivitäten mit großer Auswirkung auf die Unternehmensleistung.
- Das Aufzeigen von Bereichen mit hohen Qualitätskosten liefert eine gute Ausgangsbasis für Verbesserungsprojekte und -maßnahmen.
- Das Wissen um Qualitätskosten und deren Entstehungsgründe ermöglicht Entscheidungen, die faktenbasiert sind. Der Nutzen von jeglichen Entscheidungen oder Maßnahmen kann entsprechend ihrer Wirkung auf die Qualitätskosten bewertet werden.

Die Begründung für das Änderungsmanagement besteht darin, daß Qualitätsmanagement mit folgenden Unternehmensbedingungen konfrontiert ist:

- großflächiger Einsatz neuer Technologien,
- Deregulierung und Globalisierung der Märkte,
- Intensivierung des Wettbewerbs,
- stark erhöhte Innovationsdynamik und drastisch verkürzte Produktlebenszyklen,
- Diskontinuitäten und Turbulenzen in Politik und Wirtschaftsleben,
- gestiegene Ansprüche der verschiedensten Interessensgruppen der Unternehmung,
- verschärfter Kampf um begrenzte Ressourcen,
- Zerfließen bisheriger Unternehmensgrenzen (Fusionen, Allianzen, Ventures).

Für einen qualitätsorientierten Umgang mit Technologien und Innovationen werden Maßnahmen des Technologiemanagements und -transfers empfohlen ([Hein92], [Hump89]). Begründet wird dies unter anderem durch Untersuchungen von Ulich, der feststellte, das ca. 80 % der CAD-/CAM-Projekte in der Schweiz nicht den gewünschten Erwartungen entsprachen und nicht den erwarteten Return of Investment brachten [Ulic92].

Die Qualifikation aller Beteiligten ist eine der kritischen Einflußgrößen bei den personellen Rahmenbedingungen. Als Voraussetzung für jegliche qualitätsverbessernde Maßnahme ist die Qualifikation aller Beteiligten zu prüfen. Bühner [Bühn93, Seite 47–48] hat nachgewiesen, daß zum Erreichen eines qualitätsorientierten Qualifikationsniveaus sechs qualitätsorientierte Lernziele relevant sind:

- Wissen erwerben
- Erkennen von Qualitätsproblemen
- Anwenden von Wissen in Problemsituationen

- Systematische Analyse komplexer Situationen
- Synthese, um eigene, neue Lösungsansätzen zu entwickeln
- Kritisches Beurteilen der eigenen Leistung hinsichtlich der vorgegebenen Ziele

Qualitätsmanagement ist mit Ausbildung und Fortbildung der Mitarbeiter unabdingbar verbunden. Die Normenreihe ISO 9000 berücksichtigt dieses Faktum mit dem Normelement 18. Dort wird unter anderem der Nachweis der Anforderungen für Schulungsbedarf und der durchgeführten Schulungsmaßnahmen verlangt. Im Modell des Europäischen Qualitätspreises (EQA), das auch als europäisches TQM-Modell bezeichnet wird, finden sich die Bewertungselemente Mitarbeiterzufriedenheit und Personalmanagement.

Weltklasse-Unternehmen wissen, daß es nicht länger genügt, die Kunden nur zufriedenzustellen, sondern daß die Kunden über ihre Produkte und Dienstleistungen begeistert sein sollten. Dies kann nur dann erreicht werden, wenn auch die Mitarbeiter davon begeistert sind. Mitarbeiterbeteiligung am (Qualitäts-)Prozeß ist eine notwendige Voraussetzung, um zu überzeugten und von der Qualität begeisterten Mitarbeitern zu gelangen. Die Mitarbeiterbeteiligung ist einer der wichtigsten Beiträge, den japanische Unternehmen im Rahmen ihrer Qualitätsprogramme/-konzepte geleistet haben.

Die Begründung der Mitarbeiterbeteiligung beruht auf folgenden Argumenten:

- Der Graben zwischen Mitarbeitern und Führungskräften wird durch Vertrauen, Kooperation und gemeinsame Ziele überwunden.
- Die individuellen Fähigkeiten werden entwickelt und durch Selbstführung und Führungsfähigkeit gestärkt. Dadurch wird auch das Verständnis für die "mission" geschaffen und das Vertrauen gefördert.
- Die Mitarbeitermoral und das Engagement werden erhöht.
- Die Kreativität und die Innovation werden gefördert, beides Voraussetzungen für einen Wettbewerbsvorsprung.
- Sie hilft den Mitarbeitern, die Qualitätsprinzipien zu verstehen und verankert diese Prinzipien in der Unternehmenskultur.
- Sie ermöglicht den Mitarbeitern, Probleme gleich am Ursprung zu lösen.
- Die Qualität und die Produktivität werden verbessert.
- Sie ist ein dominierendes Organisationsmodell unter Weltklasse-Unternehmen.

Untersuchungen von Ernst & Young [Huge90] haben gezeigt, daß ein Wechsel von einem traditionellen Managementsystem zu einem, das auf Qualitätsprinzipien beruht, zwei- bis zehnmal effektiver ist, wenn er in Form von Mitarbeiterbeteiligung und Mitarbeiterbefähigung erfolgt.

Operative Lösungsebene

Auf dieser Ebene stehen die Prozesse im Zentrum. Durch Managementverantwortung und mit ingenieurmäßigen Methoden werden die Prozesse zur Entwicklung und Pflege der Informationsinfrastruktur gestaltet. Dafür hat sich der Begriff Prozeßmanagement ([Imai86], [Harr91], [Hump89], [Chro92]) durchgesetzt. Die wesentlichen Aufgaben sind:

- Prozeß-Definition
- Prozeß-Verantwortung festlegen
- Prozeß-Messungen
- Prozeß-Kontrolle
- Prozeß-Benchmarking
- Prozeß-Verbesserung
- Prozeß-Innovation

Durch die Anwendung des Prozeßmanagements wird eine qualitativ hochwertige Erstellung und Pflege von Produkten und Dienstleistungen der Informationsverarbeitung sichergestellt.

Haist und Fromm [Hais89] verstehen unter einem Prozeß das Zusammenwirken von Menschen, Maschinen (z.B. Rechnern), Informationen und/oder Materialien und Verfahren, das darauf ausgerichtet ist, eine bestimmte Dienstleistung zu erbringen oder ein bestimmtes Endprodukt zu erzeugen.

Rombach [Romb90] definiert einen Prozeß im Kontext des Software Engineering als jede Aktivität, die ein Eingabeprodukt konsumiert und ein Ausgabeprodukt erzeugt. Als Beispiele nennt er den gesamten Lebenszyklus, jede Aktivität des Lebenszyklus oder die Ausführung eines Übersetzungsprogramms. Unter Produkt versteht er jedes Dokument, das in einem Projekt erzeugt wird, unbeschadet der Frage, ob es zur direkten Auslieferung an den Kunden bestimmt ist. Wir erweitern diese Aussagen zu einer Arbeitsdefinition mit dem Fokus Planung, Kosten und Qualität:

Ein Prozeß umfaßt jede Aufgabe, die innerhalb eines geplanten und budgetierten Arbeitspakets auszuführen ist. Jedes Arbeitspaket (und somit jeder Prozeß) konsumiert ein Eingabeprodukt mit bestimmten Anforderungen und führt zu einem (Ergebnis-)Produkt oder einer Dienstleistung, welches/welche definierten Anforderungen genügt. Ein Prozeß schafft einen Mehrwert für den Prozeßkunden und ist wiederholbar. Er ist gekennzeichnet durch einen Kunden-Lieferanten-Anforderungsfluß und einen Lieferanten-Kunden-Leistungsfluß. Das erweiterte Prozeßmodell ist in Abbildung 4 dargestellt.

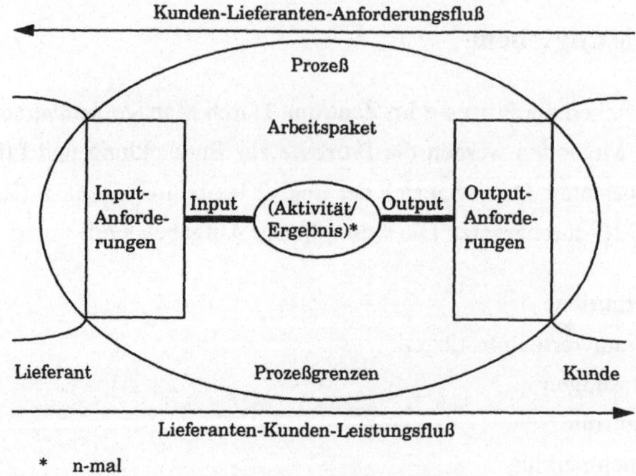

Abb. 4 Erweitertes Prozeßmodell

Beispiele für Prozesse und Subprozesse bei der Erstellung und Pflege von Informationssystemen sind:

- Strategischer Planungsprozeß für Software-/Informatikprodukte
- Projektmanagementprozeß
  - Strukturieren
  - Planen
  - Steuern und Kontrollieren
  - Berichten und Kommunizieren
  - Änderungen bewerten
  - Abschließen
- Entwicklungsprozeß
  - Sammeln von Kunden-/Benutzerinformationen
  - Ermitteln von Anforderungen
  - Design
  - Code erzeugen
  - Testen
  - Abnehmen
  - Benutzer ausbilden
- Evolutionsprozeß
- Qualitätsmagement-/Risikomanagementprozeß
- Konfigurationsmanagementprozeß
- Pflege der Kunden-/Benutzerbeziehung
- Lieferantenmanagement
- Finanzmanagement

Die Kundenorientierung eines Prozesses führt dazu, daß der Kunde/Benutzer als Empfänger der Prozeßergebnisse gesehen und die Zufriedenheit des Benutzers/Kunden als primärer Faktor zur Bewertung des Prozesses herangezogen wird.

Der Mensch als Benutzer, Mitarbeiter oder als Manager ist integraler Bestandteil von Prozessen. Es stellt sich die Frage, wie die Zuordnung der Prozesse zu den "ausführenden" Menschen geschieht.

Man faßt kleine Mengen von Aktivitäten zusammen zu Aufgaben. Die zusammengehörigen Aufgaben einer oder mehrerer Personen in einem Projekt werden als Rollen bezeichnet. Eine Rolle besitzt eine funktionale Verantwortung zur Erreichung eines gegebenen Ziels.

Es wird deutlich, daß die Zuordnung Mensch – Prozeß durch die beiden Zuordnungen Mensch – Rolle und Rolle – Prozeßbeschreibung vorgenommen wird. Eine Rolle ist also, entsprechend dieser Sichtweise, eine Abstraktion von Aktivitäten. Beispiele für Rollen bei der Erstellung und Pflege von Informationssystemen sind:

- Projektteamrollen wie z.B. Applikationsdesigner, Applikationsentwickler, Analytiker, Benutzer, Informationsarchitekt, Informationsplaner, Projektleiter, Technischer Spezialist, Tester, Wissensbasiskoordinator

- Projektunterstützungsrollen, z.B. Abnahmetester, Auditor, Information-Engineering-Manager, Moderator, (Prozeß-)Qualitätsberater, Reviewer, Sponsor, Trainer

Unter Prozeßengineering verstehen Haist und Fromm [Hais89] die Anwendung von Ingenieur- und Informationstechniken auf Prozesse (Geschäftsprozesse, informationsverarbeitende Prozesse). Insbesondere durch zunehmende Rechnerunterstützung und Automatisierung gewinnt das Prozeßengineering als Methode zur Formalisierung und Systematisierung von Prozessen an Bedeutung. Ein besonderes Interesse erlangt die explizite Modellierung einer Teilklasse von Information-Engineering-Prozessen, die sich mit der Entwicklung, Lieferung und der Evolution von Software beschäftigen. Die Relevanz einer expliziten Repräsentation und Standardisierung der in einer Projektumgebung existierenden Tätigkeiten wird besonders durch die vermehrte Bewertung von Softwareorganisationen mittels Capability-Maturity-Modellen (CMM) deutlich. Beispiele solcher Modelle sind:

- SEI-CMM,
- BOOTSTRAP [Maio92],
- Software Assessment Method (SAM) von British Telecom,
- Software Development Capability Assessment Method (SDCAM) von Bell Canada,
- Software Quality and Productivity Analysis (SQPA) von Hewlett Packard und

- ISO-9001.

Das ISO-Projekt SPICE [Dorl93] entwickelt einen internationalen Standard für Software-Prozeßbewertungen und -Verbesserungen, der die Erkenntnisse der obigen Modelle und Methoden berücksichtigt.

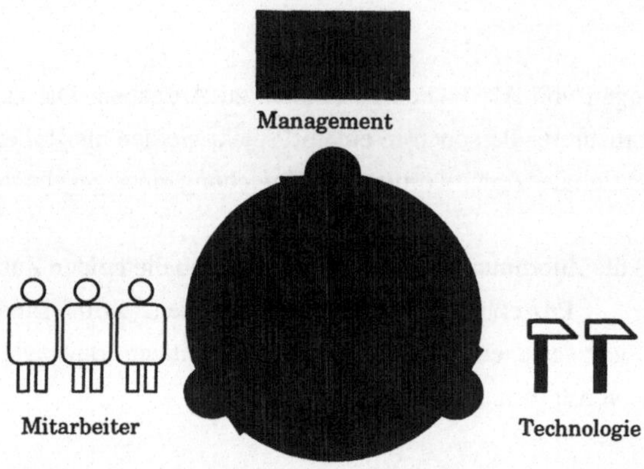

Abb. 5 Softwareprozeß

Erste Werkzeuge und Hilfsmittel zur Modellierung von Softwareprozessen sind Arcadia, HFSP, MVP und Process Weaver [Romb93]. Ein Beispiel einer rechnergestützten Werkzeugumgebung für Prozeßmodellierung, aber auch für die Projektabwicklung ist das Automated Methods Environment (AME) von Ernst & Young [E&Y93].

Humphrey [Hump89] vom Software-Engineering-Institut (SEI) der Carnegie Mellon University und seine Mitarbeiter haben die Charakteristiken von einem wirklich effizienten Softwareprozeß untersucht und analysiert. Ein wirklich effizienter Softwareprozeß muß die Beziehungen zwischen allen notwendigen Aufgaben, Werkzeugen und Techniken, die benutzt werden, und die Fähigkeiten der Entwickler, das Training und die Motivation der Mitarbeiter berücksichtigen. Humphrey definiert einen Softwareprozeß wie folgt (siehe Abbildung 5):

Ein Softwareprozeß ist eine Menge von Aktivitäten, Methoden, Arbeitstechniken und Transformationen, die Managern und Softwareingenieuren hilft, Informationstechnologie (insbesondere Werkzeuge) einzusetzen, um Software zu entwickeln und zu pflegen, die definierte Qualitätsziele erfüllt.

Das Prozeß-Fähigkeits-/Reifegradmodell, das am amerikanischen Software-Engineering-Institut entwickelt worden ist, unterstützt kontinuierliche Verbesserungen. Es beruht auf den Prinzipien und Erfahrungen anerkannter Qualitätsexperten, wie W. Shewart, E. Deming, J.

Juran und P. Crosby. Die fünf Reifegrade von Prozessen sind:

- der Initial- oder chaotische Prozeß,
- der wiederholbare Prozeß,
- der definierte Prozeß,
- der geführte Prozeß und
- der optimierende Prozeß.

Die fünf Grade definieren eine Ordinalskala, die zur Messung der Prozeßreife und zur Bewertung der Prozeßfähigkeit verwendet wird. Sie helfen einer Softwareorganisation, für ihre Verbesserungsaufwände/-anstrengungen Prioritäten festzulegen. Jeder Reifegrad umfaßt eine Menge von Prozeßzielen, die bei Erfüllung wesentliche Elemente eines Softwareprozesses stabilisieren.

Reifestufe	Merkmale	Verbesserungen	Ergebnis
5 optimierend	· kontinuierliche Prozeßverbesserung und -evolution · automatisierte Datensammlung, um Schwachpunkte zu finden · rigorose Defekt-Analyse und -Verhütung	Prozeßpflege auf hohem Niveau	Produktivität & Qualität
4 geführt	(quantitativ) · gemessener Prozeß · Minimum von Qualitäts- und Produktivitätsmetriken · Prozeßerfahrungsbasis	· Technologie-Change-Management · Problemanalyse · Problemverhütung	
3 definiert	(qualitativ) · Prozeß definiert und institutionalisiert · Prozeßgruppe etabliert	· Prozeßmessungen · Prozeßanalyse · Qualitätsplan mit quantitativen Zielen	
2 wiederholbar	(intuitiv) · Prozeß hängt von Einzelpersonen ab · minimale Prozeßkontrolle/-führung · hohes Risiko bei neuen Herausforderungen	· Training · Reviews/Testen · Prozeßgruppe/ -standards	
1 initial	(ad hoc, chaotisch) · Vorgehen, Schätzungen, Planung nicht formalisiert · keine wirksamen Führungsmechanismen · Schlüsselaufgaben nicht verstanden	· Projektmanagement · Qualitätssicherung · Konfigurationskontrolle	Risiko

Abb. 6 Das SEI-Reifegradmodell mit Verbesserungsmaßnahmen

Das Erreichen jedes Reifegrades etabliert unterschiedliche, aufeinander aufbauende Elemente eines Softwareprozesses. Dies führt zu einer Zunahme an Prozeßfähigkeit einer Softwareorganisation.

In Abbildung 6 sind Merkmale und Verbesserungsmaßnahmen des SEI-CMM dargestellt.

4 Schlußbemerkungen

Unsere Wirtschaft und unser gesellschaftliches Leben wird in einem solchen Maße von rechnergestützten Informationssystemen beherrscht, daß jeder von uns von diesem fundamentalen Veränderungsprozeß direkt oder indirekt betroffen ist. Nicht nur, daß Information und ihre Verarbeitung neben Kapital und Arbeit zum bestimmenden Faktor geworden ist, sondern auch der innovative und zugleich verändernde Einfluß auf alle uns umgebenden Arbeits-, Geschäfts-, ja sogar Lebensprozesse zeigt quantitative, aber auch qualitative Wirkung. Mit dem vorliegenden Qualitätsmanagementansatz soll auch eine kritische Einstellung aller Informationsnutzer und -erzeuger zu Information-Engineering-Produkten und -Dienstleistungen geschaffen werden.

Der vorliegende Ansatz trägt mit einem offenen und umfassenden Qualitätskonzept für die Informationsverarbeitung dem Bedarf und der Notwendigkeit Rechnung, das Erstellen und die Evolution von Informationssystemen auf einem qualitativ hohem Niveau durchführen zu können.

Anmerkungen

1. Unter Informationsinfrastruktur werden Einrichtungen, Mittel und Maßnahmen verstanden, welche die Voraussetzungen für die Produktion von Information und Kommunikation in einer Organisation schaffen (z.B. Software, Hardware, Personal, etc.).

Literaturverzeichnis

[Basi88] Basili, V.R.; Rombach, H.D.: The TAME Project: Towards Improvement-Oriented Software Environments. In: IEEE Transactions on Software Engineering 14, (1988) 6, S. 758–773.

[Blei91] Bleicher, K.: Das Konzept Integriertes Management. Das St. Galler Management Konzept. Campus, 1991.

[Boeh81] Boehm, B.: Software Engineering Economics. Prentice-Hall, 1981.

[Chro92] Chroust, G.: Modelle der Software-Entwicklung. Oldenbourg, 1992.

[Demi86] Deming, W.E.: Out of the Crisis. MIT Center for Advanced Engineering Study, Cambridge, 1986.

[Dorl93] Dorling, A.: SPICE: Software Process Improvement and Capability Determination. In: Software Quality Journal 2 (1993), S. 209–224.

[Engl93] Englert, N.; Pfriem, S.: Studie über den Nutzen von ISO 9000. Price Waterhouse, Frankfurt, Report, 1993.

[E&Y93] Ernst &Young: Automated Methods Environment (AME). Einführungsbeschreibung, 1993.

[Fink81] Finkelstein, C.; Martin, J.: Information Engineering. Technical Report, Savant Institute, 1981.

[Freu89] Freund, B.: Mit Qualität die Zukunft gestalten. Vortrag bei der Siemens AG in München/Perlach, 20. 4. 1989.

[Frie94] Friedrich, J.: Zertifizierung von Software-Qualitätsmanagementsystemen. In: Software Process Maturity, erste deutsche Konferenz zum Thema Softwareprozeßreife, Institute for International Research, München, Tagungsunterlagen, 26. – 27. Januar 1994.

[Hais89] Haist, F.; Fromm, H.J.: Qualität im Unternehmen. Hanser, 1989.

[Harr91] Harrington, H.J.: Business Process Improvement. McGraw-Hill, 1991.

[Hein91] Heinrich, L.J.: Information Engineering. In: Wirtschaftsinformatik 3, (1991).

[Hein92] Heinrich, L.J.: Informationsmanagement. 4. Aufl., Oldenbourg, 1992.

[Hump89] Humphrey, W.S.: Managing the Software Process. Addison-Wesley, 1989.

[Imai86] Imai, M.: Kaizen. Random House, 1986.

[Lewi58] Lewin, K.: Group Decisions and Social Change. In: Readings in Social Psychology, Henry Holt & Co., 1958, S. 197–211.

[Maio92] Maiocchi, M.: Esprit Project BOOTSTRAP: The European Kickoff of Higher Process Maturity in Software Development. In: Woda, H.; Schynoll, W. (Hrsg.): Lean Software Development. Proceedings, Stuttgart, 1992.

[Munr92] Munro-Faure, L.: Implementing Total Quality Management. Pitman, 1992.

[Öste92] Österle, H.; Brenner, W.; Hilbers, K.: Unternehmensführung und Informationssystem. Teubner, 1992.

[Rath88] Rathbone, M.P.; Vale, J.M.: Software Quality Management. In: Quality Assurance 14 (1988) 3.

[Rath90] Rathbone, M.P.: The Cost and Benefits Associated With the Introduction of a Quality System. In: Proc. of Sec. Int. Conf. on Software Quality Assurance, 1990.

[Romb90] Rombach, H.D.: Software Specifications: A Framework. SEI Curriculum Module SEI-CM-11-2.1, January 1990.

[Romb93] Rombach, H.D. et al.: Entwicklungsumgebungen zur Unterstützung von qualitätsorientierten Projektplänen. In: Softwaretechnik-Trends 13 (1993) 3.

[Segh92] Seghezzi, H.D.: Bewirtschaftung der Qualität – eine betriebswirtschaftliche Aufgabe. Dokumentation Betriebswirtschaft 1, 1992.

[Wall95] Wallmüller, Ernest: Umfassendes Qualitätsmanagement in der Informationsverarbeitung. Hanser, München 1995.

[Zeit91] Zeithaml, V.A. et al.: Qualitätsservice. Campus, 1991.

Ein Vorgehensmodell zur integrationsabhängigen Nutzeffektbetrachtung von IV-Systemen

Heinz Linß, Matthias Schumann

Zusammenfassung

In vielen Literaturstellen wird für die Informationsverarbeitung die vollständige Integration der Anwendungssysteme als Idealform dargestellt. Für manche Unternehmen ist die vollständige Integration sämtlicher Anwendungen evtl. nicht mehr wirtschaftlich. Aus diesem Grund ist eine differenzierte Nutzeffektbetrachtung notwendig, um die Integration zu identifizieren, die für ein Unternehmen mit dem größten Nutzen verbunden ist. Dazu stellt man die theoretisch möglichen Nutzeffekte, die mit einem IV-System bzw. der Integration verbunden sind auf, indem man sie in Form von Nutzeffekt-Wirkungsketten abbildet. Aus diesen werden sog. Referenzmodelle generiert. Mit den prototypischen Wirkungsketten lassen sich projektspezifische Wirkungsketten ableiten, in denen der Einfluß der Integration deutlich wird. Damit ist es für ein Unternehmen möglich, die Nutzeffekte von verschiedenen Integrationsalternativen umfassend zu vergleichen.

1 Einleitung

Umfangreichere IV-Systeme werden heutzutage kaum noch isoliert in einem Unternehmen eingesetzt. Es bestehen meistens Verbindungen zu anderen IV-Systemen. Plant ein Unternehmen im Rahmen eines Projekts z.B. ein neues IV-System einzuführen oder bestehende Anwendungen miteinander zu integrieren, stellt sich unter anderem die Frage, wie diese Lösung in die bestehende IV-Landschaft eingebunden werden soll. Ein Entscheidungskriterium sind die Nutzeffekte, die mit den möglichen Integrationszuständen nach der Realisierung verbunden sind. Ein Ziel dieses Beitrags ist es, eine Möglichkeit vorzustellen, um den Nutzen von verschiedenen Integrationszuständen zu beurteilen und miteinander vergleichen zu können. Die Nutzeffektbeurteilung setzt sich dabei aus einem Erfassen der relevanten Nutzeffekte und dem anschließenden Bewerten zusammen. Unter Hinzunahme der Kosten wird die Entscheidung unterstützt, eine Integrationsform mit dem größten Nettonutzen (Nutzen - Kosten) für das Unternehmen zu identifizieren. Dabei kann unter Umständen festgestellt werden, daß mit einer stärkeren Integration der Nettonutzen abnimmt und somit eine Überintegration vorliegt. Da die Kosten im allgemeinen leichter zu ermitteln sind als der Nutzen, sollen im weiteren ausschließlich die Nutzeffekte besondere Beachtung finden. Unter Nutzeffekten sind alle Effekte und Wirkungen zu verstehen, die von einem IV-System bzw.

einer Integration direkt oder indirekt verursacht werden. Aus diesem Grund werden die Begriffe Wirkung, Effekt und Nutzeffekt synonym verwendet, unabhängig davon, ob es sich um einen für das Unternehmen positiven oder negativen Effekt handelt.

Aus den verschiedenen Möglichkeiten, IV-Systeme miteinander zu integrieren, ergeben sich unterschiedliche, potentielle Projekte. Im folgenden wird ein Vorgehensmodell vorgestellt, um die Nutzeffekte dieser Projekte ermitteln, miteinander vergleichen und beurteilen zu können. Die Grundlage dafür sind sog. Wirkungsketten. Dazu erfaßt man die mit einem Projekt verbundenen direkten Effekte. Aus diesen direkten Wirkungen leiten sich weitere, indirekte Effekte ab, die wiederum mit anderen Wirkungen verbunden sind. Daraus ergeben sich logische Ursache-Wirkungsbeziehungen, die graphisch in Form von Nutzeffektketten darstellbar sind [Schu93, 174]. Die Wirkungsketten haben bezüglich der Integration den Vorteil, daß sie sowohl direkte und indirekte Effekte erfassen als auch qualitative Nutzeffekte, wie z.B. eine aktuellere Informationsbereitstellung oder eine höhere Qualität der Daten, darstellen und wenn möglich, in monetäre Effekte überführen [vgl. ReBa95, 120 ff.].

Für die Beurteilung der verschiedenen Integrationsmöglichkeiten bzw. der Projekte werden einmalig sog. Wirkungsketten-Referenzmodelle aufgestellt, die prototypische Nutzeffekte eines sehr stark integrierten IV-Systems beinhalten [in Anlehnung an GrKr92, 50 ff.; Schü94, 19 ff.]. Mit Hilfe des Vorgehensmodells können diese allgemeingültigen Ketten unternehmensindividuell, auf verschiedene Integrationszustände angepaßt werden. Dadurch wird ein Vergleich der verschiedenen Integrationszustände möglich.

2 Definition des Integrationszustands

Für die Nutzeffektbeurteilung sind die Integrationszustände der verschiedenen Projektalternativen bei Abschluß eines Projekts zu ermitteln. In einem Projekt wird dabei ein IV-System eingeführt und mit anderen verbunden bzw. bestehende IV-Systeme werden miteinander integriert. Um den Integrationszustand bei Projektende beschreiben zu können, ist es notwendig, die verschiedenen Merkmale und Ausprägungen eines Integrationszustands zu definieren.

Grundlage der hier verwendeten Begriffe ist die Definition von Schumann [Schu92, 6 ff.]. Sie unterscheidet die Haupt-Integrationsdimensionen *Gegenstand*, *Richtung* und *Reichweite*. Unter einem *Integrationsgegenstand* werden die Objekte verstanden, auf die sich die Integration bezieht bzw. die bei der Zustandsbeschreibung relevant sind. Sie unterteilen sich in *Daten*, *Funktionen* und *Programme*. Die *Integrationsrichtung* setzt sich aus der *horizontalen* und der *vertikalen* Integration zusammen. Die horizontale Integration verbindet dabei die verschiedenen Unternehmensbereiche, die sich aus der Aufbauorganisation ergeben, miteinander. Im Gegensatz dazu stimmt die vertikale Integration die unterschiedlichen Verdichtungs- und Detaillierungsgrade der Informationssysteme aufeinander ab [Krcm91, 7]. Bei der *Integrationsreichweite* trennt man im allgemeinen zwischen einer *inner-* und *zwischenbetrieb-*

lichen Integration. Diese sieben Begriffe beschreiben die theoretisch voneinander unabhängigen Integrationsdimensionen, mit denen sich ein Integrationszustand charakterisieren läßt.

Um angeben zu können, wie stark z.B. eine Datenintegration ausgeprägt ist, werden für jede Dimension eigene Integrationsgrade bestimmt. So unterscheidet z.B. die Datenintegration fünf verschiedene Grade, die von *keiner Datenintegration*, einer *manuellen Datenweitergabe mittels Datenträger* über einen *automatischen Datenaustausch* und eine *gemeinsame Datenbasis* bis zu einem *Unternehmensdatenmodell* reichen. Die Zahl der Integrationsgrade ist nicht einheitlich gewählt. Sie ergibt sich aus den spezifischen Eigenschaften der jeweiligen Dimensionen und variiert zwischen drei und fünf. Eine ausführliche Beschreibung der Integrationsgrade findet sich bei Linß [Linß95, 15 ff.].

Um einen Integrationszustand zu charakterisieren, bestimmt man für jede Integrationsdimension den entsprechenden Integrationsgrad. Die sieben Integrationsdimensionen beschreiben einen siebendimensionalen Zustandsraum, in dem ein Integrationszustand bei Projektende durch die Integrationsgrade eindeutig bestimmbar ist. Die Abbildung 1 zeigt diesen Zustandsraum, d.h. die Dimensionen sowie einen beispielhaften Zustand in Form eines grauen Polygons. Je stärker ein IV-System integriert ist, desto größer ist das Polygon.

Mit dem hier beschriebenen Integrationsbegriff läßt sich der Integrationszustand bei Projektende sehr detailliert charakterisieren. Durch einen Vergleich der verschiedenen Polygonzüge für die unterschiedlichen Einbindungsmöglichkeiten eines IV-Systems sind so die Integrationsunterschiede erkennbar.

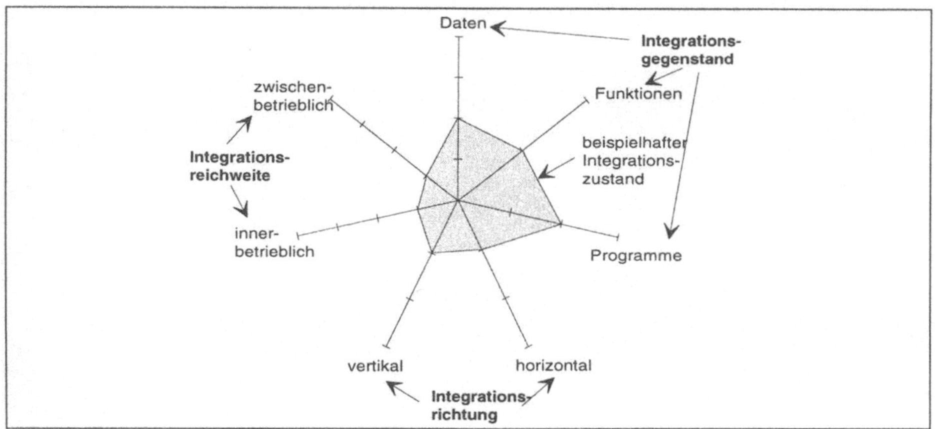

Abb. 1: Beschreibung eines Integrationszustands

Empirische Untersuchungen zeigen, daß in der Praxis nicht jeder beliebige Integrationszustand auftritt. So gibt es z.B. Abhängigkeiten zwischen einzelnen Integrationsgraden [vgl. Linß95, 191 ff.]. Für ein Unternehmen ergibt sich damit nur eine begrenzte Anzahl an potentiellen Projekten, d.h. Integrationszuständen.

3 Vorgehensmodell

3.1 Überblick

Ein Unternehmen, das einen geeigneten Integrationszustand identifizieren möchte, hat für jeden möglichen Integrationszustand, d.h. für jedes potentielle Projekt, jeweils die Nutzeffekte in Form von Wirkungsketten zu ermitteln. Dabei kann festgestellt werden, daß ein Teil der Effekte einzelfallunabhängig ist. Weiterhin umfassen stärker integrierte Zustände die Nutzeffekte von schwächer integrierten. Aus diesem Grund ist es sinnvoll, jeweils für einen bestimmten Typ von IV-System, der vollständig integriert ist, prototypische Nutzeffekte in Form von Wirkungsketten-Referenzmodellen aufzustellen. Diese Referenzmodelle umfassen damit die maximal möglichen Effekte. Wenn ein Projekt bei einer anschließenden Einzelfallbetrachtung einen geringeren Integrationsgrad aufweist, tritt entsprechend nur ein Teil der theoretisch möglichen Effekte auf. Sie können aus den vorab erstellten prototypischen Effekten abgeleitet werden. Dies verdeutlicht schematisch die Abbildung 2. Das Vorgehensmodell überführt dabei die allgemeingültigen prototypischen Wirkungsketten eines Referenzmodells in projektspezifische Wirkungsketten für einen bestimmten Integrationszustand und unterstützt das anschließende Bewerten der Effekte.

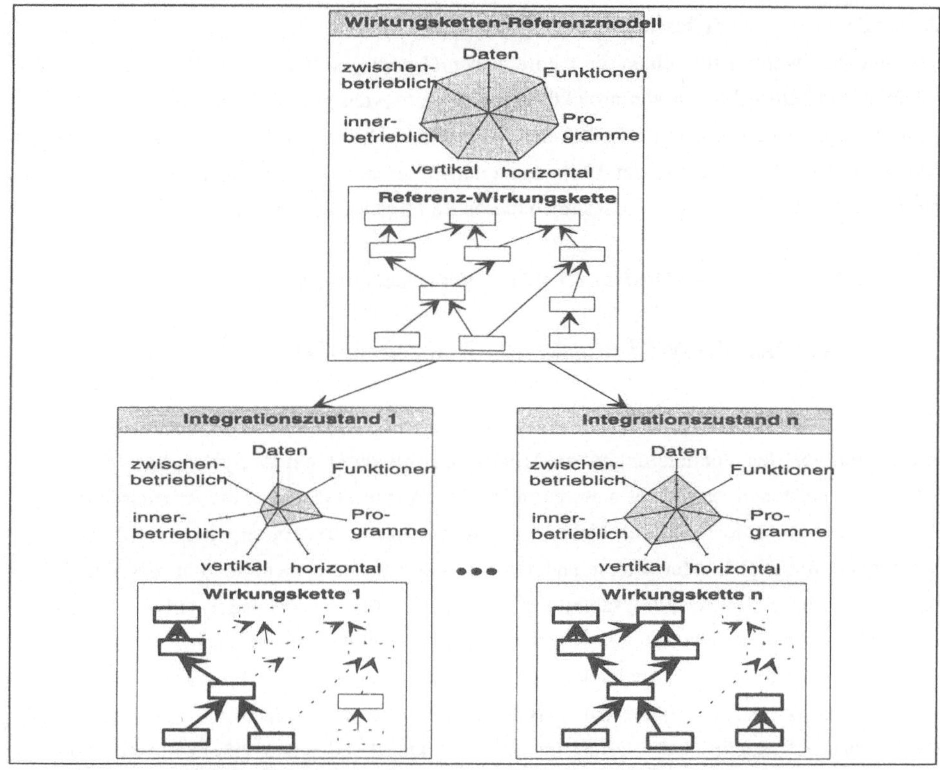

Abb. 2: Ableiten von integrationsabhängigen Wirkungsketten

Vor einem Einsatz des Vorgehensmodells sind deswegen einmalig die prototypischen Referenzketten für die in das Untersuchungsgebiet einbezogenen Anwendungsbereiche zu erstellen. Der anschließende Ablauf bei einer Nutzenbetrachtung besteht aus folgenden Hauptschritten:

- Bestimmen des entsprechenden Referenzmodells und damit Identifizieren der maximal möglichen Nutzeffekte eines IV-Systems.
- Ableiten von Teilketten aus den prototypischen Referenzketten, die für das zu betrachtende Unternehmen relevant sind. Daraus ergeben sich für jeden potentiellen Integrationszustand unterschiedliche Wirkungsketten (vgl. Abbildung 2).
- Bewerten und Vergleichen der integrationsabhängigen Wirkungsketten.

Das Vorgehensmodell wurde am Institut für Wirtschaftsinformatik prototypisch in Form des Informationssystems EDNA realisiert. Es enthält u.a. die Wirkungsketten-Referenzmodelle und unterstützt einen Anwender beim projektspezifischen Anpassen der Ketten sowie beim Bewerten der Nutzeffekte. Um dies zu ermöglichen, sind zur Zeit unter anderem ca. 300 Nutzeffekte, 600 Elementarketten und über 360 historische, bereits abgeschlossene Projekte aus der Literatur in einer Datenbank gespeichert. Der Zugriff und die Steuerung erfolgt für den

Anwender über eine graphische Benutzungsoberfläche.

Im folgenden werden zum einen die theoretischen Grundlagen beim Aufstellen der Referenzmodelle und beim Ableiten von projektbezogenen Ketten dargestellt. Daran schließt sich zum anderen eine Ablaufbeschreibung bei der integrationsabhängigen Nutzeffektbeurteilung an. Mit ihr soll die Einsatzweise der Wirkungsketten-Referenzmodelle verdeutlicht werden. Auf ein Bewerten der Effekte muß im Rahmen dieses Beitrags verzichtet werden.

3.2 Theoretische Grundlagen und Voraussetzungen

3.2.1 Erstellen der Wirkungsketten-Referenzmodelle

Das Erstellen der Wirkungsketten in den Referenzmodellen geschieht auf theoretischer Basis. Ausgehend von den Veränderungen am Arbeitsplatz, die durch ein IV-System bzw. durch die Integration entstehen, betrachtet man die möglichen Auswirkungen auf die Arbeitsschritte am Arbeitsplatz und die Abläufe. Neben diesen direkten Effekten ergeben sich indirekte Wirkungen im gleichen oder auch in anderen Unternehmensbereichen. So kann z.B. ein CAD-System, das in der Entwicklungsabteilung eingesetzt wird, Auswirkungen auf die Lagerhaltung haben. Um die Nutzeffekte zu strukturieren, wird der Ebenenansatz verwendet. Er unterscheidet Effekte auf Arbeitsplatzebene, bereichsbezogene Wirkungen, unternehmensweite Nutzeffekte sowie Effekte auf zwischenbetrieblicher Ebene [PiRe84, 106; Schu92, 63 ff]. Bei dieser Vorgehensweise erfaßt man alle Effekte, die sich sowohl am Einsatzort eines IV-Systems als auch in anderen Bereichen ergeben. Entsprechend sind auch Verbindungen zu anderen IV-Systemen zu betrachten. Dadurch erhält man z.B. für ein in der Fertigung eingesetztes System zur Personalzeiterfassung ebenfalls die Effekte, die auftreten, wenn die Personalzeitdaten in einem System zur Lohn- und Gehaltsabrechnung weiterverwendet werden [vgl. Lübn93, 32 ff.]. Zusammen mit den Nutzeffekten ermittelt man die kausalen Zusammenhänge und Abhängigkeiten zwischen den Wirkungen. Auf diese Weise entstehen die prototypischen Wirkungsketten für ein stark integriertes IV-System. Sie werden im Prototypen EDNA hinterlegt.

3.2.2 Anpassen der Wirkungsketten-Referenzmodelle

Die Referenzmodelle umfassen die maximal, theoretisch möglichen Effekte. Für die verschiedenen potentiellen Projekte bzw. Integrationszustände, die ein zu betrachtendes Unternehmen durchführen bzw. erreichen kann, sind aus den Referenzketten projektspezifische Ketten abzuleiten. So ist zu prüfen, ob bestimmte Systemeigenschaften im Unternehmen überhaupt verwendet werden und die damit verbundenen Nutzeffekte auftreten [vgl. auch Ples91, 50].

Um die prototypischen Wirkungsketten der Referenzmodelle individuell anzupassen, sind verschiedene Vorgehensweisen denkbar. Eine Möglichkeit besteht darin, die Wirkungsketten manuell zu reduzieren. Man stellt dazu fest, mit welchen Unternehmensbereichen das IV-System nicht verbunden werden soll und eliminiert anschließend die Nutzeffekte dieser Bereiche aus den Ketten. Weiterhin sind Effekte zu entfernen, die offensichtlich nicht zutreffen.

Eine wesentliche Schwierigkeit besteht darin, die Nutzeffekte zu identifizieren, die für das zu betrachtende Unternehmen nicht relevant sind. Der Anwender hat häufig keine Erfahrung, welche Nutzeffekte z.B. mit bestimmten Integrationsgraden verbunden sind. Aus diesem Grund empfiehlt sich ein Vorgehen, bei dem auf historische Daten aus bereits abgeschlossenen Projekten zurückgegriffen wird [in Anlehung an Noth87]. Diese Daten enthalten sowohl Informationen über die mit dem Projekt verbundenen Nutzeffekte als auch über den Integrationszustand. Bei diesen Projekten lassen sich in einer ex-post-Betrachtung die aufgetretenen Nutzeffekte mit ihren Ausprägungshöhen ermitteln. Ebenso ist der Integrationszustand eindeutig bestimmbar. Die Effekte aus den historischen Projekten dienen als Hilfe, um die entsprechenden Wirkungsketten für die verschiedenen Integrationszustände aus dem Referenzmodell abzuleiten.

Diese Vorgehen hat den Vorteil, daß durch das Referenzmodell eine gemeinsame Vergleichsbasis für die integrationsabhängigen Ketten besteht. Die praxisrelevanten Integrationszustände erhält man aus den historischen Projekten, die mit dem Anwendungssystem des entsprechenden Referenzmodells verbunden sind. Ebenso zeigen diese Projekte, welcher Teilbereich in den Referenzketten dem jeweiligen Integrationszustand entspricht (vgl. auch Abbildung 2).

Das Anpassen der Referenzketten auf den Einzelfall geschieht dann in zwei Schritten:

- Auf Basis des Referenzmodells ermittelt man für vergleichbare Projekte aus der Vergangenheit die integrationsbezogenen Wirkungsketten. Dazu findet ein Abgleich der Nutzeffekte aus dem Projekt mit dem dazugehörigen Referenzmodell statt. Auf diese Weise erhält man neben der Kettenstruktur zusätzliche Effekte als Teilketten des Referenzmodells, die nicht direkt im Projekt beschrieben sind. Dieser Schritt wird von EDNA unterstützt. Das Ergebnis ist eine Wirkungskette für einen bestimmten Integrationszustand, die neben den Effekten aus den Projektbeschreibungen weitere anwendungssystem- und integrationsspezifische Wirkungen enthält.
- Anschließend ist diese projektspezifische Kette auf den individuellen Einzelfall zu übertragen. Dabei ist die vorliegende Kette bereits bezüglich des Integrationszustands angepaßt. Es sind einzelne Nutzeffekte zu überprüfen und die Ausprägungshöhen anzugleichen.

Für einen Vergleich der verschiedenen Wirkungsketten von unterschiedlichen Integrationszuständen sind die Nutzeffekte in den Ketten zu bewerten und soweit möglich, in monetäre Größen zu überführen [Schu92, 217 ff.; Linß95, 80 ff.].

3.3 Ablauf bei der Nutzeffektbetrachtung

Der Ablauf bei der integrationsabhängigen Nutzeffektbetrachtung soll an einem durchgehenden Beispiel verdeutlicht werden. Dabei wird von einem fiktiven Unternehmen ausgegangen, das prüfen möchte, welche Auswirkungen sich ergeben, wenn die Bestellannahme und die Auftragsabwicklung mit seinen Abnehmern über einen elektronischen Datenaustausch (EDI) realisiert wird [vgl. Pfei92, 17 ff.]. Hier gibt es verschiedene Varianten, das System im eigenen Unternehmen und mit den Kundenunternehmen zu integrieren. Im Vordergrund der Nutzeffektbetrachtung stehen Wettbewerbsvorteile.

In EDNA ist u.a. ein Wirkungsketten-Referenzmodell für die Bestellannahme und Auftragsabwicklung enthalten. Zu diesem Referenzmodell sind zahlreiche historische Projekte hinterlegt, mit denen unterschiedliche Integrationszustände realisiert wurden. Für eine erste Analyse, welche Effekte mit den verschiedenen Integrationsmöglichkeiten erreichbar sind, sollen drei Beispiele ausgewählt werden:

1) Im ersten Beispiel (①) handelt es sich um ein Unternehmen, das vorwiegend den Großhandel beliefert. Zu dem Hauptabnehmer besteht bereits eine EDI-Verbindung. Weitere Verbindungen zu anderen Abnehmern sind in Vorbereitung. Die eingehenden Daten werden ausschließlich für administrative Tätigkeiten verwendet. Dazu gehört das Bearbeiten der Bestellungen, der Lieferscheine und der Rechnungen. Der Einsatzbereich des IV-Systems beschränkt sich auf einen Unternehmensbereich [z.B. Hobe93, 31]. Der Nutzenschwerpunkt liegt hier bei operativen Effekten. Da das Unternehmen mit dem IV-System allerdings als Vorreiter in der Branche gilt, erwartet man ebenfalls einen Wettbewerbsvorteil.
2) Im Unterschied zum Beispiel ① bestehen beim zweiten Beispiel (②) bereits EDI-Verbindungen zu einem großen Teil der Abnehmer. Weiterhin ist das IV-System im starken Maße in den Arbeitsablauf des Herstellers eingebunden, so daß große organisatorische Änderungen notwendig waren. Die operativen Aufgaben führt das IV-System weitgehend selbständig aus, während die Mitarbeiter qualitativ höherwertige Aufgaben übernehmen. Den Kundenunternehmen wird weiterhin die Möglichkeit angeboten, die EDI-Anwendung an ihr Warenwirtschaftssystem anzubinden. Durch den zusätzlichen, dem Kunden entstehenden Nutzen, soll dieser stärker an das Beispielunternehmen gebunden werden [z.B. IBM94, 49 f.].
3) In einem dritten Beispiel (③) existiert ebenfalls eine EDI-Verbindung zu den Abnehmern. Hier steht allerdings eine Handelskooperation zahlreicher Großhändler im Mittelpunkt, die über das IV-System z.B. den gemeinsamen Wareneinkauf, die Fakturierung, die Lagerverwaltung und das Marketing abwickelt. In diesem Beispiel stellt das IV-System eine Verbindung zwischen den Großhändlern, den Abnehmern und den Lieferanten her [z.B. Müll94, 22 ff.]. Die hohe zwischenbetriebliche Integration der Händler ermöglicht z.B. eine größere Verhandlungsmacht gegenüber den Lieferanten [vgl. auch Bowe90, 36

ff.]. Zusätzlich können dem Kunden aufgrund der günstigeren Einkaufsmöglichkeiten bessere Konditionen geboten werden. Dadurch ergeben sich große Wettbewerbsvorteile.

Für diese drei beispielhaften Projekte sollen im folgenden die aus dem Referenzmodell abgeleiteten Wirkungsketten zusammen mit dem Integrationszustand dargestellt werden. In der Abbildung 3 sind die Integrationszustände der Beispiele dargestellt. Ein Vergleich verdeutlicht, daß die Integrationsstärke von Beispiel ① über ② bis ③ zunimmt. So spiegelt sich z.B. die Einbindung mehrerer Unternehmensbereiche aus dem Beispiel ② im Gegensatz zu ① in der höheren innerbetrieblichen Integration wider. Die stärkere Verknüpfung der Abläufe ist dagegen in der Funktionsintegration ersichtlich. Durch die stärkere Einbindung des IV-Systems wird bei ② eine höhere vertikale Verdichtung der Informationen für planerische Tätigkeiten ermöglicht. Eine wesentliche Eigenschaft von Beispiel ③ sind die sehr eng miteinander verbundenen Unternehmen. Dies verdeutlicht die zwischenbetriebliche Integration in Abbildung 3.

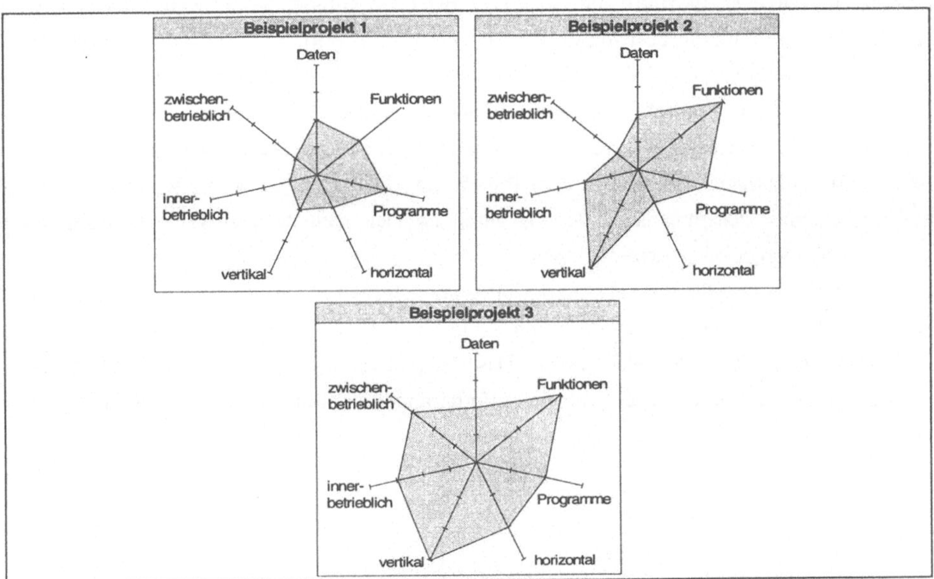

Abb. 3: Integrationszustände der Beispielprojekte

Zusammen mit den Projektbeschreibungen liegen auch die bei den Projekten beobachteten Nutzeffekte vor. Mit ihnen leitet man aus dem entsprechenden Wirkungsketten-Referenzmodell die Nutzeffektketten ab. Dazu identifizieren die Projektnutzeffekte einen Teil der Referenzeffekte in den Wirkungsketten. In den Kettenstrukturen sind zusätzliche Nutzeffekte vorhanden, die nicht im Projekt erwähnt sind. Sie ergänzen die Nutzeffektbetrachtung. Es handelt sich unter anderem um Effekte, die bei der Projektbeschreibung z.B. vergessen oder übersehen wurden bzw. um negative Effekte.

Auf diese Weise entstehen für die drei Beispielprojekte die Abbildungen 4 bis 6 [Wege94, 49 ff.]. In den Nutzeffektketten sind die direkt beschriebenen Effekte eines Projekts grau hinterlegt. Eine verstärkte Umrandung deutet weiterhin auf eine integrationsspezifische Wirkung hin, die sich direkt aus dem Integrationszustand ergibt.

Bei einem Vergleich der Darstellungen erkennt man, daß die Ketten von Beispiel ① größtenteils in den Ketten von Beispiel ② enthalten sind und die Wirkungsketten von Beispiel ② wiederum bei Beispiel ③ auftreten. Aus diesem Grund werden die übereinstimmenden Nutzeffekte, die bereits in einem Projekt mit einer niedrigeren Integrationsform genannt sind, mit einer unterbrochenen Linie markiert.

Ein Vergleich der Nutzeffektketten in den Abbildungen 4 bis 6 verdeutlicht die unterschiedlichen Schwerpunkte der Beispielprojekte, die sich aus den verschiedenen Integrationsformen ergeben. So liegt bei ① ein einfach integriertes Bestellsystem vor, das vorwiegend Kosteneffekte und Produktivitätseffekte, in Form von Zeiteinsparungen, im Einsatzbereich der Anwendung aufweist. Es sind kaum Wettbewerbseffekte vorhanden, die wahrscheinlich nur eine kurzfristige Wirkung besitzen dürften. Im Beispiel ① erfolgt keine Integration der Anwendung mit anderen Unternehmensbereichen. Daraus ergibt sich ein großes Nutzenpotential, das z.B. von Beispiel ② ausgeschöpft wird. Dauerhafte und deutlich mehr Wettbewerbseffekte werden erst mit einer noch höheren Integrationsform erreicht, wie sie Beispiel ③ besitzt. Hier ist zu berücksichtigen, daß sich in dem Projekt im Unterschied zu den anderen Projekten mehrere Händler zusammenschließen. Dadurch ergeben sich zusätzliche Wirkungen, die weder bei ① noch bei ② auftreten können.

In bezug auf die gestellte Aufgabe ist die Integrationsform von Beispiel ② scheinbar am geeignetsten. Im Vergleich zu ① ergeben sich sowohl im Unternehmen als auch auf zwischenbetrieblicher Ebene deutlich mehr Effekte. Das Beispiel ③ besitzt zwar mehr Wettbewerbseffekte, dies wird aber durch ein für die Anforderungen überdimensioniertes IV-System erkauft.

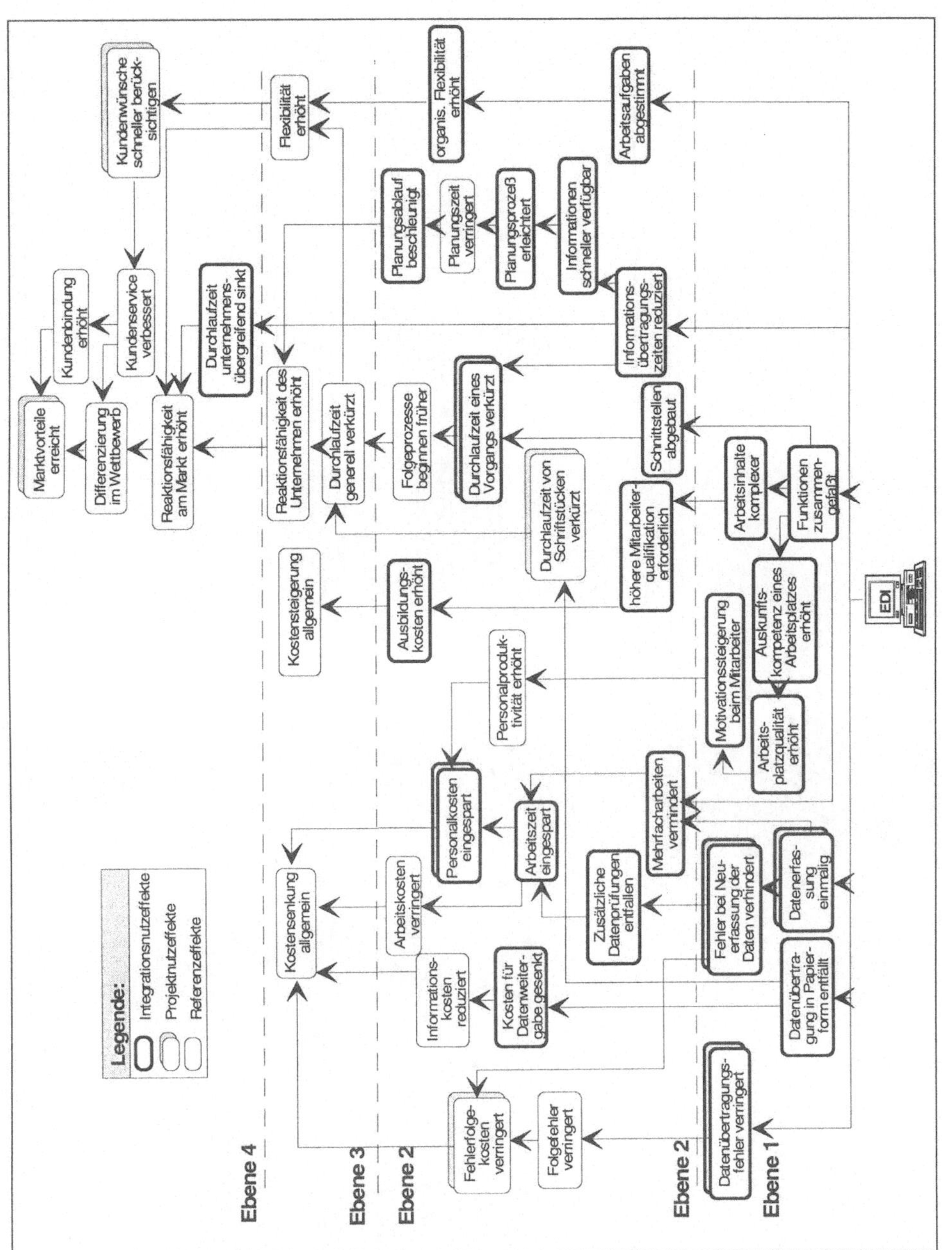

Abb. 4: Nutzeffektkette des Beispielprojekts ①

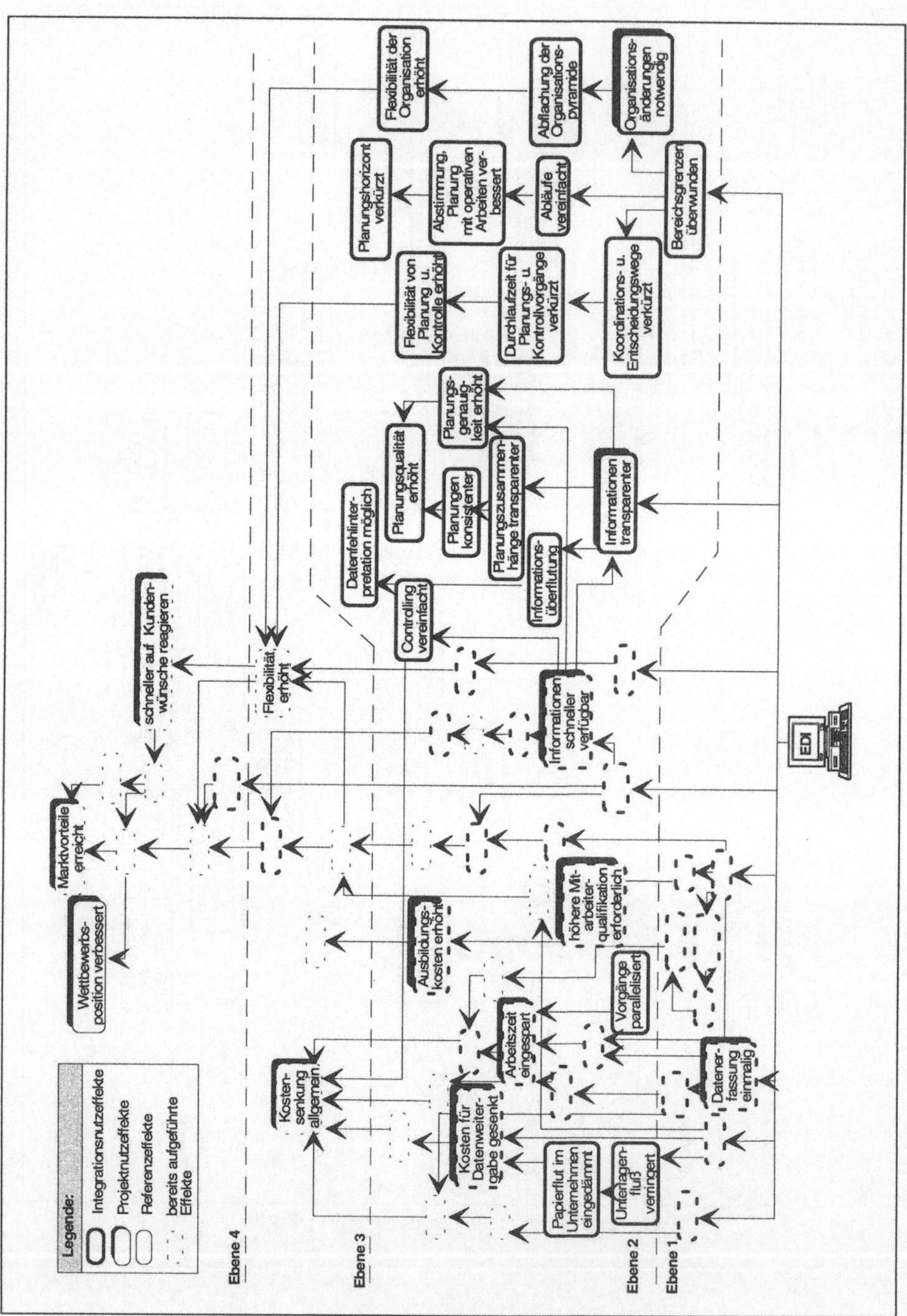

Abb. 5: Nutzeffektkette des Beispielprojekts ②

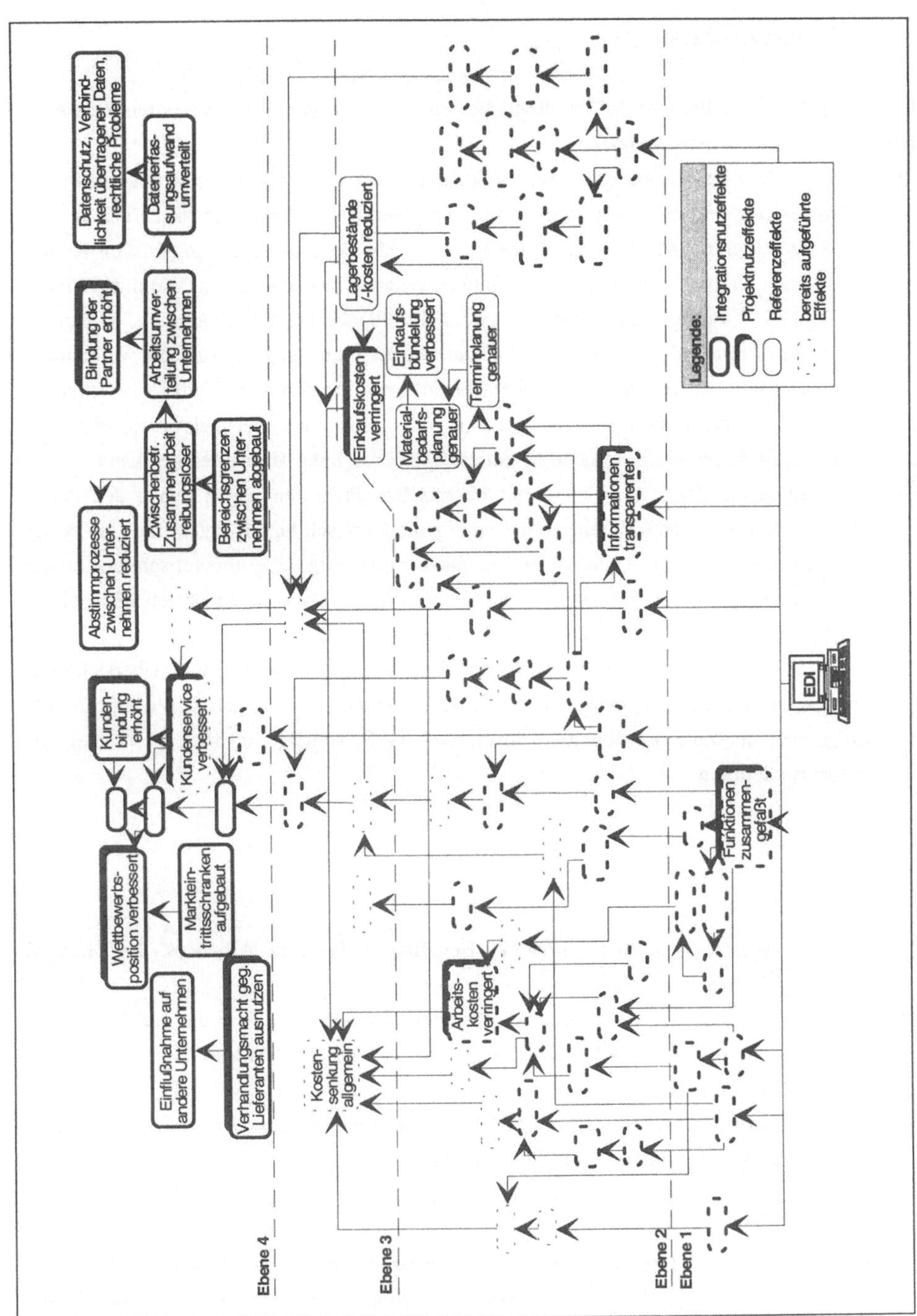

Abb. 6: Nutzeffektkette des Beispielprojekts ③

4 Zusammenfassung

Die Beispiele aus Abschnitt 3.3 verdeutlichen die Vorteile der Wirkungsketten-Referenzmodelle und des Vorgehensmodells:

- Beim Erstellen der theoretischen Referenzketten wird eine einheitliche Nomenklatur für die Nutzeffekte verwendet. Aus diesen prototypischen Ketten leiten sich anschließend verschiedene integrationsspezifische Wirkungsketten ab. Da diese unterschiedlichen Ketten den gleichen Ursprung haben, sind sie leicht miteinander zu vergleichen. Die integrationsspezifischen Wirkungsketten besitzen zudem die gleiche Detaillierungsstufe. Weiterhin sind übereinstimmende Effekte untereinander mit der gleichen Kettenstruktur verbunden. Es ist also sehr gut möglich, die Unterschiede zwischen den verschiedenen Wirkungsketten zu identifizieren. Daraus erkennt ein Anwender beispielsweise, welchen zusätzlichen Nutzen ein Unternehmen mit einer höheren Integration erreichen kann.
- Beim projektspezifischen Ableiten mit historischen Projekten liegen neben den Nutzeffekten, die durch das Referenzmodell ergänzt und kritisch hinterfragt werden, auch der Integrationszustand vor. Dadurch ist es nicht notwendig, alle theoretisch denkbaren Kombinationen der Integrationsgrade in bezug auf ihren Nutzen zu prüfen. Es genügt, einige praxisrelevante Integrationszustände zu untersuchen.
- Durch ein Darstellen der Nutzeffekte in den Wirkungsketten ist eine hohe Übersichtlichkeit gewährleistet. Neben den positiven Effekten werden auch negative Wirkungen aufgezeigt und der Zusammenhang zu bestimmten IV-Systemeigenschaften bzw. Integrationsformen deutlich.

Literatur

[Bowe90] Bowersox, D.J.: The Strategic Benefits of Logistic Alliances. In: Harvard Business Review 68 (1990) 4, S. 36 - 45.

[GrKr92] Grabowski, H.; Krzepinski, A.: Methodisch unterstützte Planung und Integration von CAD/CAM-Verfahrensketten, Teil 2: Das PRISMA-Referenzmodell. In: CIM-Management 8 (1992) 1, S. 50 - 56.

[Hobe93] Hoberg, U.: Der Verzicht auf EDI-Anwendung führt Zauderer auf den Holzweg. In: Computerwoche 20 (1993) 30, S. 31.

[IBM94] O.V.: Mit EDI gehen keine Daten baden. In: IBM Nachrichten 44 (1994) 316, S. 49 - 50.

[Krcm91] Krcmar, H.: Integration in der Wirtschaftsinformatik - Aspekte und Tendenzen. In: Jacob, H.; Becker, J.; Krcmar, H. (Hrsg.): Integrierte Informationssysteme. Schriften zur Unternehmensführung Band 44, Wiesbaden 1991, S. 3 - 18.

[Linß95] Linß, H.: Analyse der Nutzeffekte von verschiedenen Integrationsformen der

Informationsverarbeitung - Vorgehensmodell und empirische Ergebnisse. Dissertation zur Erlangung des wirtschaftswissenschaftlichen Doktorgrades, Universität Göttingen, Göttingen 1995.

[Lüb93] Lübnitz, M.: Wirtschaftlichkeitsuntersuchungen zum Einsatz einer Betriebsdatenerfassung - Ein Praxisbeispiel. Diplomarbeit an der Universität Göttingen, Göttingen 1993.

[Müll94] Müller, K.-U.: Baustoffe im Verbund. In: PC-NETZE o.Jg. (1994) 4, S. 22 - 24.

[Noth87] Noth, T.: Unterstützung des Managements von Software-Projekten durch eine Erfahrungsdatenbank. Berlin et al. 1987.

[Pfei92] Pfeiffer, H.K.: The Diffusion of Electronic Data Interchange. Heidelberg 1992.

[PiRe84] Picot, A.; Reichwald, R.: Bürokommunikation: Leitsätze für den Anwender. München 1984.

[Ples91] Pleschak, F.: Die Bewertung von CIM-Investitionen. In: io Management Zeitschrift 60 (1991) 7/8, S. 49 - 52.

[ReBa95] Retter, G.; Bastian, M.: Kombination einer Prozeß- und Wirkungskettenanalyse zur Aufdeckung der Nutzenpotentiale von Informations- und Kommunikationssystemen. In: Wirtschaftsinformatik 37 (1995) 2, S. 117 - 128.

[Schu92] Schumann, M.: Betriebliche Nutzeffekte und Strategiebeiträge der großintegrierten Informationsverarbeitung. Berlin u.a. 1992.

[Schu93] Schumann, M.: Wirtschaftlichkeitsbeurteilung für IV-Systeme. In: Wirtschaftsinformatik 35 (1993) 2, S. 167 - 178.

[Schü94] Schüle, H.: DV-Unterstützung beim Planen und Einführen von CIM-Lösungen. Heidelberg 1994.

[Wege94] Wegert, S.: Nutzeffektbetrachtungen zu verschiedenen Integrationsformen der Informationsverarbeitung. Diplomarbeit an der Universität Göttingen, Göttingen 1994.

Verläßlichkeit als ein Kriterium für gesellschaftliche Akzeptanz von IT-Systemen

Irene Krebs, Thomas Engler

Zusammenfassung

Die Entwicklung von Software im allgemeinen und die Schaffung komplexer, integrierter Softwareprodukte im besonderen erfordern einen hohen Aufwand sowohl vom Entwickler als uch vom Anwender. Oft erfüllen die Produkte nicht die in sie gesetzten Erwartungen. Um das Risiko gering zu halten, werden Allgemein- oder Teillösungen erarbeitet und eingesetzt, die sich nur unvollständig zur Lösung kundenspezifischer Probleme eigen und keine Akzeptanz über einen längeren Zeitraum finden.
Um so mehr ist es an der Tagesordnung, durch geeignete theoretische Ableitung von Systembeschreibungsmitteln für integrierte Informationssysteme verläßliche Systeme für den Anwender zu entwickeln. Dabei ist vor allem besonderes Augenmerk auf die erste Phase der Entwicklung integrierter Informationssysteme zu legen, nämlich die Erfassung und Beschreibung der ganzheitlichen, unternehmensweiten, semantischen Ausgangssituation mittels Vorgangskettendiagrammen und eine verläßliche, allumfassende Dokumentation.
Das im Projektverlauf entwickelte Anwendungskonzept eines integrierten Informationssystems der Stadtverwaltung Cottbus zeigt deutlich die vielfältigen Rationalisierungsmöglichkeiten, die einem historisch gewachsenen Verwaltungsbetrieb innewohnen. Das vorgeschlagene Konzept ist aber nicht nur für diesen Verwaltungsbereich relevant, sondern kann in gleicher Weise für andere Dienstleistungsunternehmen eingesetzt werden.

1 Einleitung

In den letzten Jahren haben sich die Forschungs- und Technologiebereiche, insbesondere die Mikroelektronik, Informatik und Kommunikationstechnik, am dynamischsten entwickelt. Allerdings hat der mit dieser Entwicklung in Zusammenhang stehende Innovationsschub in Dienstleistungsunternehmen eine rezessive Tendenz. Die Erlangung von Marktvorteilen ist nicht mehr nur durch einfache Computerisierung von Einzelarbeitsplätzen oder Teilbereichen zu erreichen, sondern nur über optimal dem Unternehmensmodell angepaßte, integrierte Informationssysteme möglich.
Im Zusammenhang mit dieser Entwicklung müssen sich Softwareentwickler von Anbietern allgemeiner Komplettlösungen, die für den Endanwender keinen sofortigen, meßbaren Nutzen

erzeugen, zu *Serviceunternehmen* modifizieren, die in Zusammenarbeit mit ihren Kunden bis ins Unternehmensmodell hinein optimale, anwenderspezifische Informationssysteme zu realisierbaren Preisen anbieten, entwickeln und pflegen können.

Soll die Entwicklung dieser komplexen Anwendungslösungen nicht in uneffektiver, handwerklicher Kleinarbeit mit ungewissem Ausgang erfolgen, so muß ein wissenschaftlich abgeleitetes, umfassendes Informationsmodell die Grundlage der Arbeit sein. Es ist deshalb unumgänglich, sich vor Projektbeginn mit einem ausgewählten Architekturmodell näher zu befassen. Es legt die zu beschreibenden Elemente des Informationssystems sowie eine einheitliche Beschreibungssprache fest und liefert mit dem Vorgehensmodell eine praktische Anleitung zur Gestaltung des Entwicklungsprozesses. Ein Kernproblem bildet dabei die Erfassung der semantischen Ausgangssituation in einer für die weitere informationstechnische Bearbeitung zweckmäßigen Form. Das bedeutet, daß ein zu implementierendes integriertes Informationssystem nur dann vom Anwender voll akzeptiert wird, wenn in *gemeinsamen* Sitzungen aufgrund fachlicher Kompetenz ein *Vertrauensverhältnis zwischen Anwender und Entwickler eines Informationssystems* entsteht, so daß eine gemeinsam diskutierte Schwachstellenanalyse zu einem verläßlichen Prozeßmodell führen kann.

Basierend auf einem Vertrag zwischen der BTU Cottbus und dem Oberbürgermeister der Stadt Cottbus werden im Rahmen eines Projektes Forschungsleistungen für ein integriertes Informationssystem erbracht, welches als Bestandteil des gesamten Stadtverwaltungsinformationssystems unter Berücksichtigung aller vorhandenen Schnittstellen fungieren soll. Dabei ist es für die Stadtverwaltung Cottbus wesentlich, daß aufgrund erbrachter Vorleistungen durch die Universität eingeschätzt werden kann, mit welchem Engagement und vor allem Know How die anstehenden Aufgaben erledigt werden. Auch dies trägt sehr zum gegenseitigen Vertrauensverhältnis bei.

2 Gesamtkonzept

Die Integration von unterschiedlichen EDV-Systemen ist in Industriebetrieben unter dem Schlagwort *CIM* bereits zu einem strategischen Element der Unternehmensführung geworden. Dagegen haben sich in Dienstleistungsunternehmen neben der Bürokommunikation und Büroautomation nur wenige aktuelle Konzepte durchgesetzt. Deutlich wird diese Situation vor allem dann, wenn ein Dienstleistungsbetrieb die folgenden Probleme gelöst wissen will:

1. Die Beseitigung von Altlasten durch Re-Engineering (einschließlich Einbeziehung in ein integriertes Informationssystem) oder Erneuerung.
2. Die Einführung von integrationsgerechter Standardsoftware.
3. Die Anpassung der Standardsoftware an die unternehmensspezifischen Besonderheiten, möglichst verbunden mit Einweisung bzw. Ausbildung der zukünftigen Bediener und Anwender.

4. Die äußerst penible und detaillierte Analyse der organisatorischen Abläufe im Unternehmen, um die zukünftige gesellschaftliche Akzeptanz des integrierten Informationssystems im Dienstleistungsunternehmen zu erreichen.

Zweifellos führten gerade diese angesprochenen Problemkreise auch in der Stadtverwaltung Cottbus zu der Überlegung, die Rationalisierung von Verwaltungsvorgängen in den Vordergrund zu stellen. Dabei bestand und besteht die dringende Notwendigkeit, die Vorteile einer zentralen Datenhaltung zu nutzen, die große Zahl von technischen Insellösungen im Unternehmen miteinander zu integrieren, so daß ein Datenaustausch zwischen den einzelnen Teilsystemen möglich wird. (siehe Abb. 3.1)

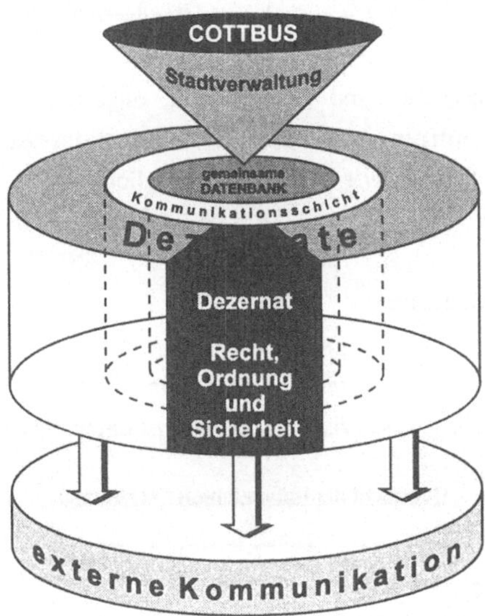

Abb. 3.1 Gesamt DV-Konzept der Stadtverwaltung Cottbus

Eine wesentliche Aufgabe ist in diesem Zusammenhang die Beschreibung der vorhandenen Schnittstellen des Diskursbereiches *Straßenverkehrs*- und Zulassungsamt *Cottbus*, und zwar sowohl innerhalb des Dienstleistungsunternehmens Stadtverwaltung *Cottbus* als auch übergreifend zu diversen anderen Kontaktbereichen.(siehe Abb. 1.2)

Dezernat
Recht, Ordnung und Sicherheit
Rechts-
amt
...
Ordnungs-
amt
Intern
Informationssystem
Straßenverkehrs-
und
Zulassungsamt
Extern
Kraftfahrt-Bundesamt
FLENSBURG
Oberfinanz-
direktion
POLIZEI

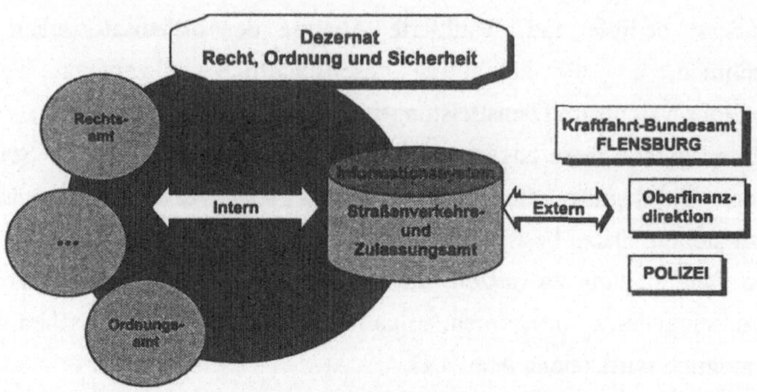

Abb. 3.2 Schnittstellendarstellung

Durch eine intensive Interview- und Belegtechnik, angewendet in vielen gemeinsamen Sitzungen mit dem zukünftigen Anwender des Informationssystems, wird eine (relativ) *sichere Beschreibung* der *Schnittstellen* nach außen möglich.

3 Untersuchte Bereiche

Im Diskursbereich *Straßenverkehrs- und Zulassungsamt Cottbus* machte es sich erforderlich, insgesamt 16 verschiedene organisatorische Einheiten zu untersuchen.(siehe Abb 4.1)

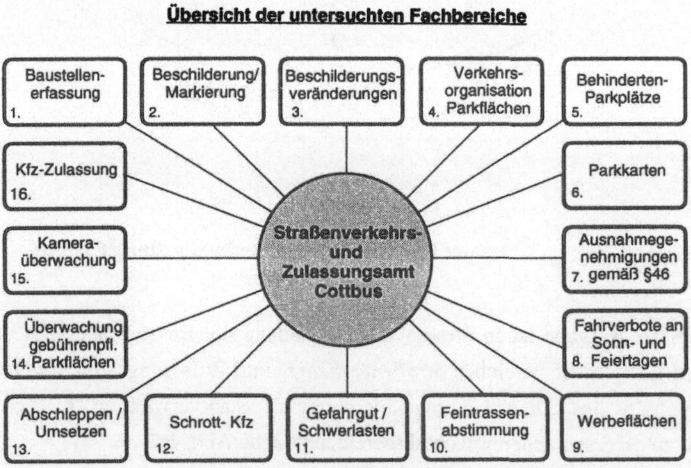

Übersicht der untersuchten Fachbereiche
Straßenverkehrs-
und
Zulassungsamt
Cottbus
Baustellen-
erfassung
1.
Beschilderung/
Markierung
2.
Beschilderungs-
veränderungen
3.
Verkehrs-
organisation
4. Parkflächen
Behinderten-
Parkplätze
5.
Parkkarten
6.
Ausnahmege-
nehmigungen
7. gemäß §46
Fahrverbote an
Sonn- und
8. Feiertagen
Werbeflächen
9.
Feintrassen-
abstimmung
10.
Gefahrgut /
Schwerlasten
11.
Schrott- Kfz
12.
Abschleppen /
Umsetzen
13.
Überwachung
gebührenpfl.
14. Parkflächen
Kamera-
überwachung
15.
Kfz-Zulassung
16.

Abb. 4.1 Diskursbereiche des Straßenverkehrs- und Zulassungsamtes Cottbus

Dabei zeigten sich in der bestehenden Büroorganisation vor allem folgende gravierende

Schwachstellen:

- **Mehrfachaufwand:**
  Informations- und Datenbestände, Karteien und Register werden bis zu siebenfach geführt und müssen mit großem Aufwand aktualisiert werden.
- **Doppelarbeit:**
  Jeder Sachbearbeiter in einer Organisationseinheit muß sich immer wieder erneut in einen Vorgang einarbeiten.
- **Arbeitsunterbrechungen:**
  Oft sind Rückfragen bei anderen Organisationseinheiten für die weitere Bearbeitung erforderlich, wobei - bedingt durch die schriftliche Form - ein Vorgang oft für mehrere Wochen unterbrochen wird. Das bedeutet wiederum im Anschluß eine erneute Einarbeitung in den Vorgang.
- **Medienbrüche:**
  Für die weitere Bearbeitung von Informationen ist die Übertragung auf verschiedene Datenträger unumgänglich, ohne daß dabei irgendeine Wertschöpfung erfolgt.
- **Fehlentscheidungen:**
  Aufgrund unterschiedlicher Informationsstände kommen Sachbearbeiter zum gleichen Vorgang zu verschiedenen Ergebnissen bzw. Lösungen.

Ein erweitertes Aufgabenspektrum, eine weitaus größere Datenmenge als bisher und die Notwendigkeit zur konsequenten Sparsamkeit von Verwaltungsmitteln machten eine weitere Bewältigung der Aufgaben mit Mitteln der manuellen Informationsverarbeitung unmöglich. Vor allem geht es hierbei um die Erbringung qualitativ höherwertiger Dienstleistungen durch das Vermeiden von Bearbeitungsfehlern, um die Beherrschung der anwachsenden Informationsflut, aber auch um eine verbesserte Motivation der Mitarbeiter des Amtes, indem diese sich endlich bisher nicht lösbaren Aufgaben aufgrund fehlender Zeit widmen können. Dieser Effekt wird deutlich, wenn man den Anteil an derzeit bearbeitbaren Vorgänge in den Fachbereichen Abschleppen/Umsetzen und Kameraüberwachung denen nach Einführung des integrierten Informationssystems zusätzlich möglichen Vorgänge gegenüberstellt. (siehe Abb. 4.2)

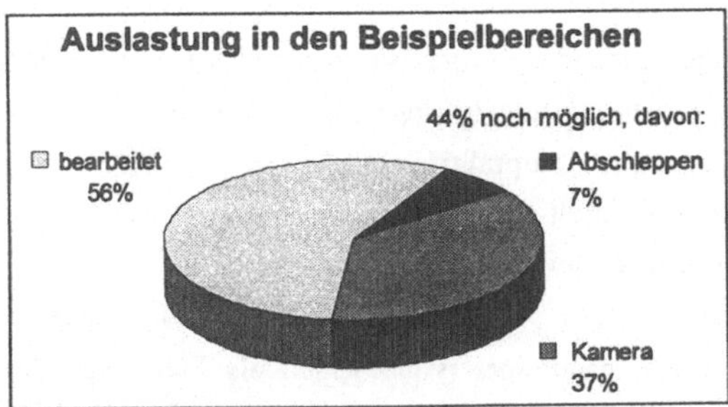

Abb. 4.2 Mögliche Auslastung der Bereiche Abschleppen/Umsetzen und Kameraüberwachung bei Einsatz eines Informationssystems

Nicht zuletzt wird durch die Einführung eines integrierten Informationssystems sichergestellt, daß künftige Erweiterungen bzw. Änderungen und Ergänzungen ohne Schwierigkeiten möglich sind. Ein wesentliches Moment für die Akzeptanz des Informationssystems ist u.a. auch die *Verläßlichkeit*, die z.B. in den folgenden Punkten zum Ausdruck kommt:

- transparente Beschreibung des Systems in allen Hierarchien,
- Verbesserung der Datenhaltung durch ein leistungsfähiges Datenbanksystem, erweiterte Möglichkeiten der Informationsgewinnung über das Datenmaterial, Verkürzung der Durchlaufzeiten von Vorgängen,
- neue Möglichkeiten der Informationsverarbeitung (Bild, Sprache), kontrollierte Zugriffe und kontrollierte Weiterleitung von Informationen, immense Zeit- und Kostenersparnis,
- Beschleunigung der Vorgangsbearbeitung sowie der Nachrichtenübermittlung.

Ziel der integrierten Informationsverarbeitung ist es, die vom Standpunkt der Leitung der Straßenverkehrs- und Zulassungsbehörde mehr oder weniger künstlichen Grenzen zwischen den einzelnen Organisationseinheiten in ihren negativen Auswirkungen zurückzudrängen. Dadurch wird der Informationsfluß ein Abbild der tatsächlichen Zusammengehörigkeit aller Vorgänge im Diskursbereich.

Dabei kann der manuelle Inputaufwand auf ein Minimum reduziert werden, weil im Rahmen einer integrierten Konzeption der größte Teil der Daten in maschinell lesbarer Form zur Verfügung steht.

Zur Erhöhung der Akzeptanz beim Anwender Stadtverwaltung gehört auch, daß durch die Reduzierung der manuellen Eingaben in das integrierte Informationssystem sich die Gefahr der Erfassungsfehler vermindert. Hinzu kommt die Tatsache, daß im Falle inkorrekt gespeicherter Daten diese mit besonders großer Wahrscheinlichkeit bald entdeckt sind, weil die Daten eben vielfach Verwendung finden.

4 Erläuterung am Beispiel "Abschleppen / Umsetzen von Kfz"

Eine der 16 zu untersuchenden Organisationseinheiten des Diskursbereiches ist das *Abschleppen/ Umsetzen ordnungswidrig abgestellter Kraftfahrzeuge*.

Die derzeitige Datenverarbeitung umfaßt:

- Erstellung Kurzprotokoll und Fotodokumentation,
- Registratur in den Nachweisbüchern,
- Halterermittlung über Kraftfahrt-Bundesamt Flensburg bzw. über Kfz-Zulassungsstelle, Anschreiben von Firmen als Fahrzeughalter zur Ermittlung der Fahrzeugführer, Ausstellen der Verwarnungsgeldbescheide und Leistungsbescheide,
- Amtshilfeersuchen über Einwohnermeldeämter bei Wohnanschriftänderung, Führung Nachweis Eingang / Ausgang über Anhörungen und Antwortschreiben der

Straßenverkehrsbehörde,

- Erarbeitung Antwortschreiben auf Anhörung,
- Erarbeitung Antwortschreiben auf Widersprüche von Rechtsanwälten,
- Erarbeitung von Aufforderungen zur Abholung des Fahrzeuges,
- Übersicht (Statistik) über bearbeitete Ordnungswidrigkeiten.

Die Rationalisierungseffekte der Prozeß- oder Vorgangskettenorganisation treten im Normalfall nur bei ihrer konsequenten Gestaltung auf, d.h. beim Versuch der Optimierung von Teilvorgängen innerhalb der Kette kann der Gesamteffekt verpuffen.

Deshalb spielt die Auswahl einer geeigneten, zu dem einzusetzenden Architekturmodell konsistenten Methode zur Vorgangskettendarstellung und -analyse des Gesamtablaufs innerhalb des Designs komplexer integrierter Informationssysteme eine wichtige Rolle. Hier entschied man sich für die von Prof. SCHEER entwickelte Vorgangskettendiagrammtechnik (mit entsprechenden Erweiterungen) als Basis für die anschließende Modellierung des integrierten Informationssystems.(siehe Abb. 3.1)

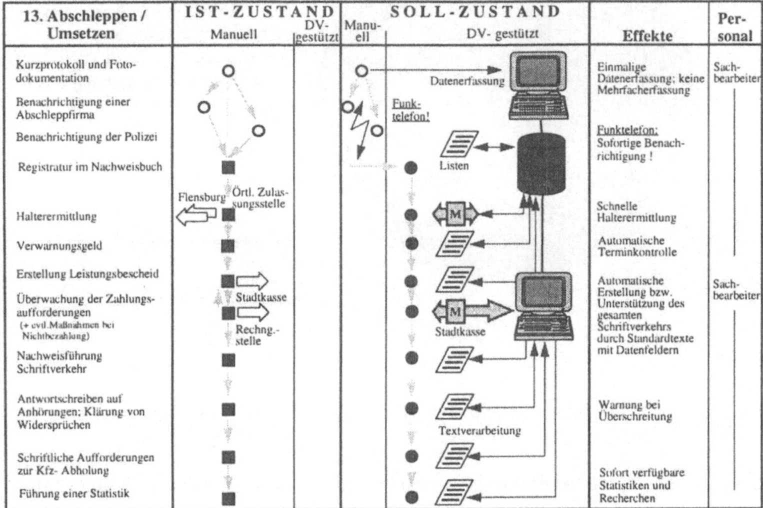

Abb. 5.1 Vorgangskettendiagramm des Bereiches Abschleppen/Umsetzen ordnungswidrig abgestellter Kfz

5 Beschreibung der integrativen Effekte korrespondierender Organisationseinheiten im Informationssystem

Wie bereits eingangs beschrieben, gibt es in dem heterogenen DV-Umfeld der Stadtverwaltung Cottbus sowohl interne Korrespondenzen zwischen den einzelnen Organisationseinheiten des betreffenden Amtes bzw. zwischen einzelnen Ämtern als auch externe Verbindungen des Stadtverwaltungsinformationssystems. Bezogen auf das vorgenannte Beispiel bedeutet dies, daß es im Falle der Notwendigkeit Informationsflüsse zu folgenden Einrichtungen geben kann:

- Halter eines Fahrzeugs (extern),
- Kontakt zur Kfz-Zulassungsstelle (intern/extern),
- Kontakt zum Kraftfahrt-Bundesamt Flensburg (extern),
- Anschreiben von Firmeneignern (extern),
- Amtshilfeersuchen über das Einwohnermeldeamt (intern/extern),
- Kontakt mit dem bestellten Rechtsanwalt (extern),
- Informationsübermittlung zur Stadtkasse (intern).

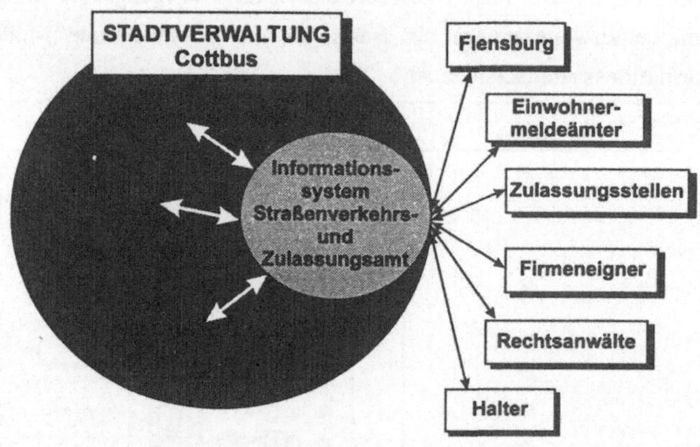

Abb. 6.1 Interne und Externe Informationsflüsse

Das geschilderte Beispiel verdeutlicht anschaulich den Informationsfluß innerhalb nur einer Organisationseinheit der Straßenverkehrs- und Zulassungsbehörde. Analog bestehen bei allen weiteren 15 Organisationseinheiten dieser Cottbuser Behörde sowohl innerhalb der jeweiligen Organisationseinheit als eben auch nach außen Informations- und Kommunikationsbeziehungen. Um so wichtiger ist es, bereits mit Beginn einer Ist-Analyse eine dem Anwender gegenüber verständliche Darstellung der relevanten Informations- und Kommunikationsbeziehungen zu finden, um frühestmöglich bis hin zum Abschluß eines Projektes das Vertrauen des Auftraggebers und somit auch dann die Akzeptanz für das Produkt zu erhalten.

Literatur

- Scheer, A. -W.: *Architektur integrierter Informationssysteme,* Grundlagen der Unternehmensmodellierung, Berlin. Heidelberg, New York u.a.: Springer-Verlag, 1991
- Ferstl, O.K., Sinz, E.J.: *Objektmodellierung betrieblicher Informationssysteme,* in: Wirtschaftsinformatik, 32 (1990), Heft 6, S. 567-581
- Scholz-Reiter, B.: *CIM-Informations-und Kommunikationssysteme,* Oldenbourg, 1990 Müller-Ettrich, G. (Hrsg.): Fachliche Modellierung von Informationssystemen, Addison-Wesley, 1993

Strategieunterstützung in RADD

Margita Altus, Bernhard Thalheim

Zusammenfassung

In diesem Artikel wird gezeigt, wie der Benutzer unserer Datenbankentwurfsumgebung RADD bei der Auswahl einer passenden Entwurfsstrategie und in der Anwendung dieser Strategie unterstützt wird. Das RADD-System basiert auf dem Higher-order Entity-Relationship Modell, realisiert einen konstruktiven Zugang zum Datenbankentwurfsprozeß und findet in Abhängigkeit von einer Menge von Auswahlkriterien eine Entwurfsstrategie. Der RADD-Systembenutzer wird entsprechend seiner Langzeit- und Kurzzeitcharakteristik klassifiziert und seine Eigenschaften, seine Fähigkeiten, seine Erfahrungen und seine Ausbildung beeinflussen die Wahl der Entwurfsstrategie. Eine Entwurfsstrategie besteht aus mehreren Entwurfsprimitiven und Kontrollpunkten für die Konsistenzerhaltung im Entwurfsprozeß. An einem Beispiel werden einige Entwurfsschritte demonstriert und die Realisierung mit Graphproduktionen beschrieben.

1 Die Unterstützung von Entwerfern im Datenbankentwurfsprozeß

Der effiziente Einsatz einer Datenbank hängt sehr stark von Entwurfsentscheidungen ab. Um ein effizientes Verhalten einer Datenbank zu ermöglichen, muß ein Entwerfer (oder eine Gruppe von Entwerfern) die einfachste Struktur mit Anwendungsoperationen, die ein einfaches Verhalten und eine effiziente Implementation besitzen, finden. Außerdem sollen die Struktur die Anwendung 'natürlich' wiederspiegeln, die Semantik vollständig und einfach erzwingbar sein, eine einfache Anfrage unterstützbar sein und der Entwurf erweiterbar sein. Einerseits ist die Inputinformation im Entwurfsprozeß sehr informal, andererseits soll der Entwurf in einer formalen Sprache erfolgen, die es gestattet, Struktur, Semantik, Funktionalität und Verhalten einer Anwendung eindeutig zu definieren. Die Kompliziertheit eines Entwurfs ist u.a. durch die Anzahl der Attribute, Entitäten und Beziehungen, durch die Kompliziertheit der Integritätsbedingungen und der Operationen bestimmt. Insbesondere in größeren Anwendungen ist ein Entwerfer oft überfordert.

Deshalb wird eine Unterstützung durch entsprechende Werkzeuge notwendig.

Die *Qualität* eines Datenbankentwurfes hängt deshalb zum einen stark von der Professionalität und der Erfahrung des Entwerfers ab, zum anderen aber auch von der Unterstützung durch entsprechende CASE-Werkzeuge. Diese Unterstützung wird insbesondere für große Entwürfe und einen Entwurfsprozeß in Entwerfergruppen benötigt. Hinzu kommt, daß Entwerfer unterschiedliche Herangehensweisen bevorzugen, mitunter auch in Abhängigkeit vom Anwendungsgebiet. Mit diesen Anforderungen sind die meisten CASE-Werkzeuge überfordert, insbesondere Werkzeuge der ersten und zweiten Generation [BaCN92][1]. Das CASE-System (DB^2) [Thal92] verfügt über ein Logbuch, das die vollständige Nachzeichnung einer Entwicklung eines Entwurfes erlaubt. Damit konnte eine Vielzahl von Entwurfsstrategien, die in den über 90 Benutzergruppen dieses Werkzeuges angewandt werden, analysiert werden. Einige Benutzer bevorzugen z.B. eine Top-down-Strategie, während andere eine spezifische Bottom-up-Strategie verwenden. Die meisten Benutzer passen jedoch ihre Entwurfsstrategie an den aktuellen Entwurfsstand an. Es wird z.B. mit einem modularen Ansatz ein Skelett entwickelt, danach im Wechsel bottom-up oder top-down verfeinert. Eine abschließende Sichtenintegration versucht die Konsistenz herzustellen. Diese Analyse zeigt, daß eine Wahl der Entwurfsstrategie abhängt von:

- den Fähigkeiten, Fertigkeiten und der Ausbildung der Entwerfer,
- dem zugrundegelegten Entwurfsmodell,
- der Kompliziertheit der Anwendung, insbesondere der Strukturierbarkeit, Modularisierbarkeit und der Komplexität der Semantik und der Operationen, und
- der Größe der Entwicklergruppe.

Dementsprechend wurden in der Industrie Richtlinien entwickelt, mit deren Hilfe verschiedene Entwurfsstrategien manuell entwickelt werden konnten (z.B. [ISOT91]).

In dieser Arbeit stellen wir Komponenten des Entwurfswerkzeuges RADD (*R*apid *A*pplication and *D*atabase *D*evelopment) vor, das an einen Entwerfer und seine Entwurfstechniken anpaßbar ist, das ihn bei der Wahl seiner Entwurfsstrategie berät und das in der Lage ist, die Konsistenz der Entwurfsentscheidungen zu prüfen. Damit ist RADD ein Entwurfswerkzeug der dritten Generation. Es kann den gesamten Entwurfsprozeß begleiten. Der erste Entwurfsschritt kann noch in natürlicher (deutscher) Sprache erfolgen. In einem moderierten Dialog wird schrittweise ein Skelett des Entwurfes entwickelt. Es kann die gesamte Entwurfsinformation in einem erweiterten Entity-Relationship-Modell, das nicht nur die Darstellung der Struktur erlaubt, sondern auch die Darstellung von Integritätsbedingungen, Operationen, Sichten und Anfragen, integriert spezifiziert werden. Dieser Entwurf kann im System in die Sprachen zur logischen und physischen Repräsentation von weitverbreiteten Datenbankverwaltungssystemen übersetzt werden und anhand dieser Auswahl auch durch Tuningtechniken optimiert werden. Ein Kern dieses Systemes ist die Strategieberatung, -generierung und -anpassung. Bevor im Abschnitt 3 dieser Teil des Systems vorgestellt wird, werden im folgenden die Eigenschaften des erweiterten Entity-Relationship Modells auf dem das RADD-System basiert skizziert. Im Abschnitt 4 werden Teile der Klassifikation der RADD-Systembenutzer vorgestellt und eingeordnet. Im Abschnitt 5 werden Mechanismen zur Adaption von Entwurfsstrategien vorgeschlagen. Der Abschnitt 6 beschreibt Entwurfsschritte an einem Beispiel. Diese Arbeit wird mit einem Ausblick beendet.

2 Das erweiterte Entity-Relationship Modell

Die graphische Spezifikationssprache basiert auf einem erweitertem Entity-Relationship Modell, *H*igher-order *E*ntity-*R*elationship *M*odell (HERM, [Thal94]). Es enthält die folgenden strukturellen Modellierungskonstrukte: *Einfache Attribut-Typen* und *genestete Attribut-Typen* (komplexe Attribut-Typen können mit Tupel, Mengen- oder List-Konstruktoren definiert werden). *Entity-Typen* werden durch Attribut-Typen charakterisiert und durch eine Teilmenge ihrer Attribute identifiziert. *Cluster* sind die Vereinigung von Typen. *Relationship-Typen erster Ordnung* sind Assoziationen von Entity-Typen oder Cluster von Entity-Typen. *Relationship-Typen höherer Ordnung* sind Assoziationen von Relationship-Typen geringerer Ordnung, sie können durch Attribute charakterisiert werden und über beliebig viele Komponenten definiert sein. Das Beispiel in Abschnitt 6 (Figure 7) enthält einen Relationship-Typen 2.Ordnung, 'Heilung'. Dieser Typ ist von 2.Ordnung, da er zwei unäre Relationship-Typen von 1.Ordnung und sonst nur Entity-Typen als Komponenten hat.

Schwache Entity-Typen und IS-A Relationship-Typen werden in HERM ohne zusätzliche Konstrukte dargestellt. Es ist möglich Rollennamen für Typen zu spezifizieren. Neben den strukturellen Eigenschaften können Semantik und Verhalten von Datenobjekten modelliert werden: Integritätsbedingungen wie Kardinalitäten und Primärschlüssel, funktionale Abhängigkeiten, Inklusions- und Exklusionsabhängigkeiten, Operationen und bedingte Operationen.

3 Ein Zugang zur Entwicklung adaptierbarer Strategien

In der Literatur wurde eine Vielzahl von Einzelstrategien propagiert. Meist basieren diese Strategien auf relationalen Modellen. Es existieren kaum Vergleiche der benutzten Strategien. Eine Ausnahme stellt [BaCN92] dar. Der Datenbankentwurfsprozeß ist weniger ein Prozeß, in dem Wissen über die Anwendung abgebildet wird, sondern eher ein *Prozeß der Konstruktion.* Demzufolge kann dieser Prozeß auf die Informationseinheiten abgebildet werden, die die Anwendung beschreiben: Struktur, Semantik, Operationen, Sichten mit den Schnittstellen, Operationsfolgen, Spezifikation von Verhalten, Einbettung in die Betriebs- und rechentechnische Umgebung. Je nach Reihenfolge der Informationsgewinnung kann man struktur-orientierte, integritäts-orientierte und prozeß-orientierte Entwurfsstrategien unterscheiden. In der Praxis wird der *struktur-orientierte Entwurf* oft favorisiert. Bei ihm wird zuerst die Struktur einer Datenbankanwendung vollständig beschrieben, die um Integritätsbedingungen und Operationenfolgen (einfache Transaktionen) angereichert wird. Beobachtet man den Datenbankentwurfsprozeß, dann stellt man fest, daß die Informationsmenge ständig zunimmt. Auch Korrekturen an Entscheidungen führen zu einer *Informationserweiterung.* Bezüglich der Spezifikation kann man den Entwurfsprozeß als einen Prozeß der Revision und Verfeinerung auffassen.

Der Entwurfsprozeß findet in Schritten statt. Eigenschaften dieser *Schritte* sind nach [Yao85] die Erhaltung des Inhaltes, der Semantik der Anwendung und der Minimalität. Außerdem können Entwurfsschritte *Konsistenzkontrollen* nach sich ziehen. Die Entwurfsschritte können auf *primitive Schritte* (Entwurfsprimitive) zurückgeführt werden. Da die Entwurfsinformation selbst in einer entsprechenden Datenbank abgelegt werden kann, ist eine Zurückführung dieser Schritte auf Datenbankoperationen möglich (Auswahl, Vereinigung, Zusammenfassung, Zerlegung, Instantiierung, Klassifizierung). Diese Behandlung führt jedoch zu einer Fülle von Details. Da der Revisionsprozeß im wesentlichen durch eine Zurückführung auf vorhergehende Entwürfe dastellbar ist, können wir uns auf die Betrachtung der Verfeinerungsoperationen [SSTh95] einschränken. Weiterhin können wir uns an die in der Typtheorie übliche Darstellungsform anlehnen. Damit sind als *Entwurfsprimitive* im wesentlichen folgende Operationen zu unterstützen:

- *Komposition:* Für einen Typenkonstruktor und Komponententypen wird ein neuer Typ generiert.
- *Dekomposition:* Ein Typ wird mittels eines Typendestruktors in neue Typen zerlegt.
- *Erweiterung:* Es wird ein neuer Typ konstruiert.

Hinzu kommen noch Steueroperationen und Hilfsoperationen.

In der Literatur [BaCN92, Flem89, YasT89] werden im wesentlichen fünf verschiedene Entwurfsstrategien diskutiert: *Top-down-Entwurf*, *Bottom-up-Entwurf*, *Inside-out-Entwurf*, *Gemischter Entwurf*, *Modularer Entwurf*. Betrachtet man diese Strategien im Detail, dann fällt jedoch auf, daß sie von verschiedenen Ansätzen ausgehen.

- *Entwurfsrichtung:* Bottom-up-Entwurf verwendet im wesentlichen Kompositionsoperationen, Top-down-Entwurf dagegen Dekompositionsoperationen.
- *Steuerung des Entwurfes:* Inside-out-Strategien gehen von einer Nachbarschaftsfunktion aus, die benutzt wird, um die nächsten zu betrachtenden Konzepte auszuwählen.
- *Modularität des Entwurfes:* Für den gemischten Entwurf wird ein Skelett zuerst entworfen, das dann weiter verfeinert wird. Analog geht der Modulare Entwurf vor. Der Sichten-orientierte Entwurf ist eine spezielle Variante des modularen Entwurfs.

Damit kann eine Entwurfsstrategie aus den verschiedenen Ansätzen zusammengesetzt werden. So sind z.B. relationale Strategien auf der Grundlage des Syntheseansatzes Bottom-up-Strategien, die meist keine Nachbarschaftsfunktion verwenden, aber in denen funktionale Abhängigkeiten einen semantischen Zusammenhang (Modularität) ausdrücken.

Außerdem kann nun durch entsprechende Komposition eine einzelne Strategie durch verschiedene Teilstrategien unterlegt werden. So ist z.B. im modularen Entwurf die Verfeinerung sowohl durch einen Bottom-up-Zugang als auch durch einen Top-down-Zugang erreichbar.

Zusammenfassend stellen wir fest, daß

- sich Entwurfsschritte auf Entwurfsprimitive zurückführen lassen,
- sich Entwurfsstrategien durch eine Kombination von verschiedenen Ansätzen zusammensetzen lassen und
- sich einzelne Schritte wiederum rekursiv durch Strategien unterlegen lassen.

4 Benutzerklassifikation

Der Benutzer der Datenbankentwurfsumgebung wird entsprechend seinem Entwurfswissen, seinen Eigenschaften und Fähigkeiten, seinem Anwendungswissen, seinem Wissen über die zu nutzenden Systeme und schließlich Voreinstellungen bzgl. der Eingabe-, Ausgabe- und Dialogarten klassifiziert und er wird unter Beachtung dieser *Klassifikation* unterstützt. Daraus folgt, ein aktiver Benutzer einer Datenbankentwurfsumgebung ist durch eine Menge von relativ unveränderlichen Attributen und durch eine Menge von veränderlichen Attributen charakterisiert. Im Datenbankentwurfskontext sind alle Attribute, abgesehen von dem Wissen über Entwurfskonzepte und Entwurfsstrategien, die zur Benutzerklassifizie-

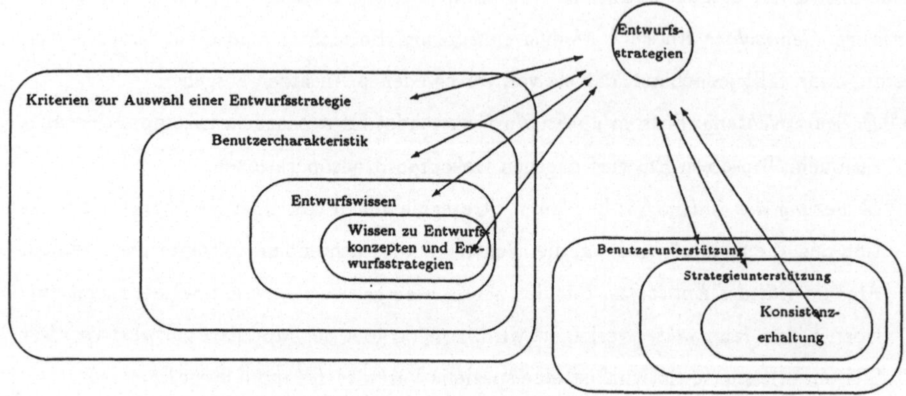

Abbildung 1: Einordnung der Benutzercharakteristik

rung beitragen relativ unveränderliche, stereotypische Eigenschaften. Über einen langen Zeitraum betrachtet sind auch diese *stereotypischen Benutzerattribute* veränderlich, wir bezeichnen sie deshalb als *Langzeit-Benutzercharakterisierung.* Somit, können wir davon ausgehen, das der Wissenszuwachs bzgl. Entwurfskonzepte und Entwurfsstrategien bei dem Benutzer andere Veränderungen bzgl. der Benutzercharakterisierung überlagert. Er beeinflußt die *Kurzzeit-Benutzercharakterisierung.*

Der Informationszuwachs bzgl. der Anwendung steht selbst im Mittelpunkt des Entwufsprozesses und wird darum nicht vordergründig als veränderliche Komponente der Benutzercharakteristik betrachtet. Bei der Entwicklung und Bewertung einer Datenbankentwurfsumgebung ist zu beachten, daß jede Entwurfsinformation während des Entwurfsprozesses vom Benutzer gefiltert wird. Der Benutzer des RADD-Sytems wendet sein Wissen bzgl. Entwurfskonzepte und Entwurfsstrategien innerhalb eines relativ unveränderlichen Rahmens an: die Spezifikation der Entwurfsinformationen erfolgt mit dem HERM, der Benutzer arbeitet in einer Entwicklergruppe fester Größe und schließlich die objektiven Gegebenheiten der Anwendung. Dieser feste Entwurfsrahmen und die Benutzercharakteristik liefern die Kriterien, die die Auswahl einer Entwurfsstrategie bestimmen.

Die Auswahlkriterien für eine Entwurfsstrategie beeinflussen sich untereinander. Einerseits beeinflußt die Größe der Anwendung die Größe der Entwicklergruppe. Andererseits verfügt eine Gruppe mit wenig Entwicklern, die aber viele gemeinsame Erfahrungen und Fachkenntnisse in einem festen Entwurfsrahmen hat, über genügend Fähigkeiten, große und komplexe Anwendungen zu entwickeln. Erfahrungen im Datenbankentwurf mit speziellen Entwurfsmodellen können für einen Benutzer von Vorteil oder von Nachteil sein. Das

Entwurfswissen des Benutzers ist Bestandteil der Benutzercharakteristik (Abb.4) und ist wie folgt unterteilt [Altu94]:

- positive Entwurfserfahrungen bzgl. der Anwendung
  - konzeptueller Entwurfsprinzipien
  - von Entwurfsstrategien
  - unterschiedlicher Datenbankentwurfsmodelle
- negative Entwurfserfahrungen
  - in der Fehlersuche und Fehlerbeseitigung
  - in der Entwurfsplanung
  - bei Entwurfsentscheidungen
  - bei der Entwurfsbewertung
  - bei der Konstruktion eines Entwurfes
  - in der Konzeptualisierung (Abstraktionstechniken)
  - bzgl. Effektivität des Entwurfs
  - bzgl. Erweiterbarkeit des Entwurfs
  - bzgl. Kooperation
- spezielle Entwurfskenntnisse in
  - der Wissensrepräsentation (alle bekannten Wissensrepräsentationstechniken)
  - der Wissensakquisition bzgl.
    - der Entwurfsstrategien
    - der Entwurfskonzepte (Realisierungen von Abstraktionskonzepten)

Die Charakteristik eines Benutzers ist durch ein *explizites* Benutzermodell repräsentiert. Die Akquisition der Benutzercharakteristik kann explizit vollständig in einem Dialog erfolgen oder der Benutzer wählt ein vorgegebenes stereotypisches Benutzermodell und ändert eventuell einzelne Werte bzgl. der Benutzercharakteristik.

5 Mechanismen der Adaption in RADD

Zur Benutzeradaption gehört die Ableitung geeigneter Adaptionsformen (z.B. kontextsensitive Hilfe, Entwurfsprimitive, Entwurfsstrategien, Unterstützung zur Konsistenzerhaltung, Fehlersuche und Fehlerbeseitigung), die Dimension der Adaption (z.B. der Grad der Unterstützung, die Länge von Fehlernachrichten, der Umfang von Hilfsfunktionen) und schließlich der Umfang und Stil von Informationen bzgl. der Adaptionsmechanismen, die der Benutzer konsumiert.

Im allgemeinen wird jeder implementierten und ableitbaren Entwurfsstrategie ein Gewicht zugeordnet. Die Wichtung $G_i(k_j)$ ordnet dem Auswahlkriterium k_j einen Wert zwischen -1 und 1 bzgl. der Entwurfsstrategie S_i zu. Dieses Gewicht ist ein Maß für die Anwendbarkeit der Entwurfsstrategie S_i bei Gültigkeit des Auswahlkriteriums k_j. Daraus folgt, das die Benutzercharakteristik als echte Teilmenge aller Auswahlkriterien das Finden einer initialen Entwurfsstrategie beeinflußt. Nachdem die initiale Entwurfsstrategie in Abhängigkeit von den Auswahlkriterien gefunden wurde wird der Benutzer mit den Primitiven und einer Menge von Kontrollpunkten, die mit dieser Strategie verbunden sind unterstützt. Die Generierung von Graphgrammatikproduktionen unterstützt den Entwerfer bei der konsistenten Entwicklung eines Entwurfs. Hierbei handelt es sich um interne Schritte die Bestandteil der Unterstützung sind. Jedes konsistente Schema ist ein Wort der Graphgrammatik. Einerseits wird der Benutzer an den Kontrollpunkten vollständig auf alle zu prüfenden Stellen im Schema hingewiesen, um den konsistenten Entwurf fortsetzen zu können. Andererseits werden ihm die entsprechenden Aktionen und Tools im Menue bereitgestellt.

6 Ein Beispiel

In diesem Abschnitt werden einzelne Entwurfsschritte der *Modifizierte Relationale Datenbankentwurfsstrategie* an einem Beispiel skizziert. Für einen vollständigen Entwurfsprozeß müssen weitere Entwurfsschritte analog zu den hier dargestellten Schritten folgen. Die im Beispiel angewandte Entwurfsstrategie ist eine Kombination von Inside-out-Entwurf und Bottom-up-Entwurf mit Richtungswechsel zwischen bottom-up und top-down. Sie wird hier aus der Sicht eines Apothekers demonstriert.

Die Datenbank soll folgende Informationen enthalten:

- bekannte Medikamente mit ihren Komponenten (Faktoren), die für Patienten zur Heilung bekannter Krankheiten verordnet werden,
- Patienten, bei denen bekannte Krankheiten auftreten,
- Ärzte, die bekannte Krankheiten bei Patienten diagnostizieren und Medikamente verordnen,
- bekannte Krankheiten und eine Liste von Faktoren (Medikamente oder Komponenten von Medikamenten), die diese Krankheiten heilen, verursachen oder verstärken.

Die Beschreibung eines Entwurfsschrittes enthählt folgende Informationen:

- eine Informale Beschreibung des Entwurfsschrittes,
- die Entwurfsprimitive bzgl. des HERM-Schemata,
- die Graphoperationen bzgl. Repräsentationsgraph (die speziellen Graphproduktionen,

die sich auf das Beispiel beziehen und die entsprechenden generischen Graphproduktionen),

- zusätzliche Kontrolloperationen bzgl. des Referenzgraphen, also des HERM-Schemata.

In den graphischen Darstellungen zu Punkt 3 sind Randknoten mit iR_{index} oder eR_{index} bezeichnet. Randknoten sind Knoten des Schemata, die zum Rand der zu ersetzenden Stelle des Schemata gehören. Die zu ersetzende Stelle im Schema muß zur linken Seite der Graphproduktion isomorph sein. Die linke Seite der Graphroduktion ist jeweils ein einzelner Knoten in dem die Knoten der rechten Seite der Graphproduktion eingeschlossen sind. Jede Kante zwischen einem Knoten der rechten Seite der Graphproduktion und einem Randknoten liefert eine Einbettungsregel für die rechte Seite der Produktion in dem Orginalschema.

Jede Graphproduktion enthält eine Menge von Kanten als Vorschrift zur Einbettung in das Orginalschema und eine Menge von Kanten, die die Knoten der rechten Seite der Graphproduktion verbindet, und keine weiteren Kanten. Attribute sind nur durch ihren Bezeichner dargestellt. Knoten, die entweder Entity-, Relationship- oder Attributtypen repräsentieren sind kreisförmig dargestellt.

1.Entwurfsschritt (Bottom-up-Primitive)

- Aus der Sicht des Apothekers steht die Entität 'Medikament' im Zentrum aller betrachteten Konzepte, darum beginnt die Modellierung mit dem Entity-Typ 'Medikament'.
- generate (Medikament),
- Der erste Knoten erhält den Label 'Medikament' und wird als Startknoten der Graphgrammatik festgelegt (Abb.2).
- keine Kontrolloperationen.

Abbildung 2: Der Startknoten der Graphgrammatik (Apothekersicht)

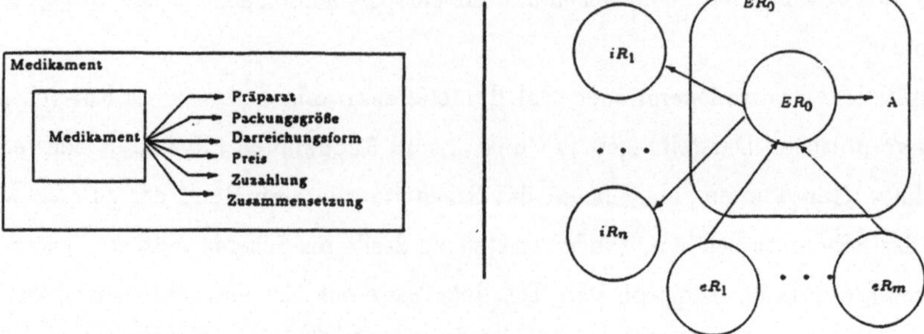

Abbildung 3: Links: vereinfachte Darstellung für die wiederholte Anwendung der generischen Graphoperation, die rechts abgebildet ist.

2.Entwurfsschritt (Top-down-Primitive)

- Die für den Entity-Typ 'Medikament' relevanten Eigenschaften aus der Sicht des Apothekers werden als Attribute modelliert, wobei die Attribute. die zur Identifikation eines Medikaments notwendig sind und Attribute, die ein Medikament zusätzlich charakterisieren, separat gekennzeichnet werden. In diesem Schritt wird auch entschieden, welche Attribute atomar oder zusammengesetzt (z.B.eine Menge) sind. Die Spezifikation der Domainen der einzelnen Attribute wird verzögert, da der Entwurf weitestgehend monoton ablaufen soll und löschen von Attributen in folgenden Schritten vermieden werden soll. 'Zusammensetzung' wird als nicht atomares Attribut erkannt.
- Identifikation:
  extend (Medikament, Präparat), extend (Medikament, Packungsgröße),
  extend (Medikament, Darreichungsform),
  markPrimaryKey (Präparat, Packungsgröße, Darreichungsform).
  Charakterisierung:
  extend (Medikament, Preis), extend (Medikament, Zuzahlung),
  extend (Medikament, Zusammensetzung),
  markAtomic (Präparat, Packungsgröße, Darreichungsform, Preis, Zuzahlung).
- Abb.3 zeigt die im 2.Entwurfsschritt erzeugte spezielle Graphproduktion (links) und die generische Graphproduktion für die Operation extend(E,A) bzw. extend(R,A) (rechts). Die Markierung eines Attributes als Schlüsselattribut ist eine einfache Graphproduktion, da sich bei ihrer Anwendung die Struktur des Graphen nicht ändert, sondern nur die Gestalt des Attributknotens. Das Ergebnis ist in Abb.4 dargestellt.
- keine Kontrolloperationen.

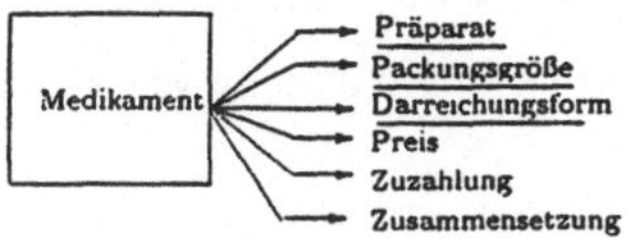

Abbildung 4: Das Ergebnis des 2.Entwurfsschrittes

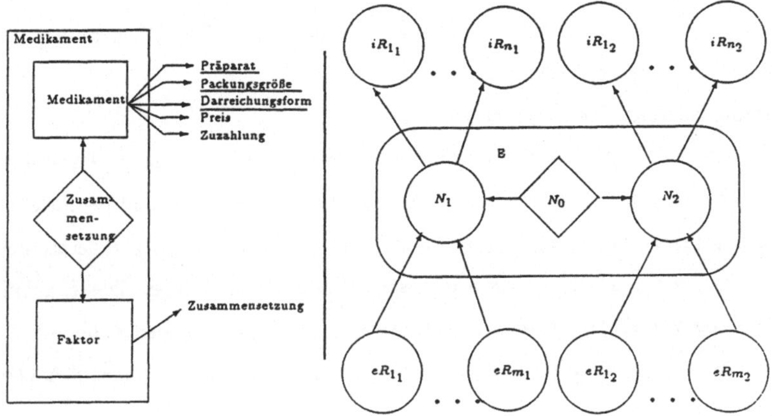

Abbildung 5: Links: Dekomposition von 'Medikament', rechts: die generische Graphoperation

3.Entwurfsschritt (Top-down-Primitive)

- Der Benutzer entscheidet, die Zusammensetzung eines Medikamentes nicht als Attribut, sondern als Relationship-Typ zwischen dem Medikament und seinen Bestandteilen (Faktoren) zu modellieren. Das Attribut 'Zusammensetzung' aus dem 2.Entwurfsschritt wird als 'Kommentar' zu den Bestandteilen übernommen. Die identifizierenden Attribute der Entity-Typen 'Medikament' und 'Faktor' werden überprüft bzw. gekennzeichnet. Abschließend werden in diesem Entwurfsschritt die Domainen der atomaren Attribute spezifiziert. Neben dem Primärschlüssel muß auch im Dialog mit dem Benutzer geprüft werden, ob die Default-Werte für die Kardinalitäten zutreffen bzw. geändert werden müssen und ob die Inklusionsabhängigkeiten zwischen dem Relationship-Typ 'Zusammensetzung' und seinen Komponenten 'Medikament' und 'Faktor' erfüllt werden.

Die Liste von Kontrolloperationen bezieht sich auf die hier skizzierten Entwurfsschritte. Sofern bereits während der vorangegangenen Entwurfsschritte im Dialog mit dem Benutzer zusätzliche semantische und operationale Information erfaßt worden wäre, so müßten auch diese Informationen erneut geprüft werden. Es deutet sich an, daß der

Aufwand für die Konsistenzerhaltung mit der Zunahme der Entwurfsinformationen sehr schnell ansteigt und ohne Unterstützung von einem normalen Benutzer nicht zu bewältigen ist.

- decompose(Medikament,
  Medikament[Präparat, Packungsgröße, Darreichungsform, Preis, Zuzahlung] x
  Medikament[Zusammensetzung],
  Medikament[Präparat, Packungsgröße, Darreichungsform, Preis, Zuzahlung],
  Medikament[Zusammensetzung],
  Zusammensetzung, Medikament, Faktor)
  Da das Dekompositions-Primitiv für unser Beispiel eine sehr lange Parameterliste enthält, sei hier das entsprechende allgemeine Primitiv genannt und beschrieben: decompose($E, t_0, \pi_{e_1}, ..., \pi_{e_n}, N_0, N_1, ..., N_n$), wobei $e_1, ..., e_n$ Projektionsterme sind und $t_0 = e_1 \times ... \times e_n$, also t_0 ist das Kartesische Produkt von $e_1, ..., e_n$. Das Ergebnis der Anwendung von diesem Primitiv sind neue Entity-Typen mit den Labels $N_1, ..., N_n$ und ein n-stelliger Relationship-Typ mit dem Label N_0 über $N_1, ..., N_n$ [Thal94].
  rename (Zusammensetzung, Kommentar),
  extend (Faktor, Fid), markPrimaryKey (Fid), markAtomic (Kommentar, Fid),
  specifyDomain (Präparat, Packungsgröße, Darreichungsform, Preis, Zuzahlung, Kommentar, Fid).
- Abb.5 zeigt die im 3.Entwurfsschritt erzeugte spezielle Graphproduktion (links) und die generische Graphproduktion für die Operation decompose($E, t_0, \pi_{e_1}, \pi_{e_2}, N_0, N_1, N_2$) (rechts). Die Umbenennung eines Attributes ist wieder eine einfache Graphproduktion, da sich bei ihrer Anwendung die Struktur des Graphen nicht ändert, sondern nur der Label des Knotens ('Zusammensetzung' → 'Kommentar'). Die Darstellung wird hier abgekürzt: die Erweiterung des Entity-Typen 'Faktor' um das identifizierende Attribut 'Fid' wird durch zwei Graphoperationen realisiert (siehe 2.Entwurfsschritt, auch Abb.6, links). Das Ergebnis ist in Abb.6 (rechts) dargestellt.
- checkPrimaryKey (Medikament, Präparat, Packungsgröße, Darreichungsform),
  checkCharacterization (Präparat, Packungsgröße, Darreichungsform, Preis, Zuzahlung).
  checkPrimaryKey (Zusammensetzung, Medikament.Präparat, ...,
  Medikament.Darreichungsform, Faktor.Fid),
  checkMaxCard (Zusammensetzung, Medikament),
  checkMinCard (Zusammensetzung, Medikament),
  checkMaxCard (Zusammensetzung, Faktor),

checkMinCard (Zusammensetzung, Faktor),

checkIncDep (Zusammensetzung.Medikament[Präparat, Packungsgröße, Darreichungsform] ⊆

Medikament[Präparat, Packungsgröße, Darreichungsform]),

checkIncDep (Zusammensetzung.Faktor[Fid] ⊆ Faktor[Fid]),

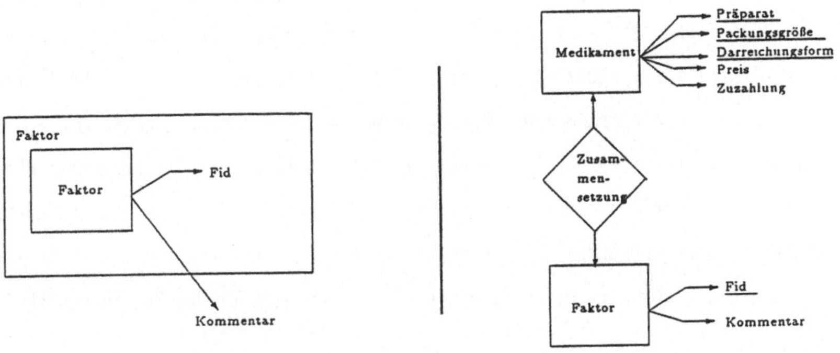

Abbildung 6: Links: Erweiterung von 'Faktor' um 'Fid', rechts: das Teilschema nach dem 3.Entwurfsschritt

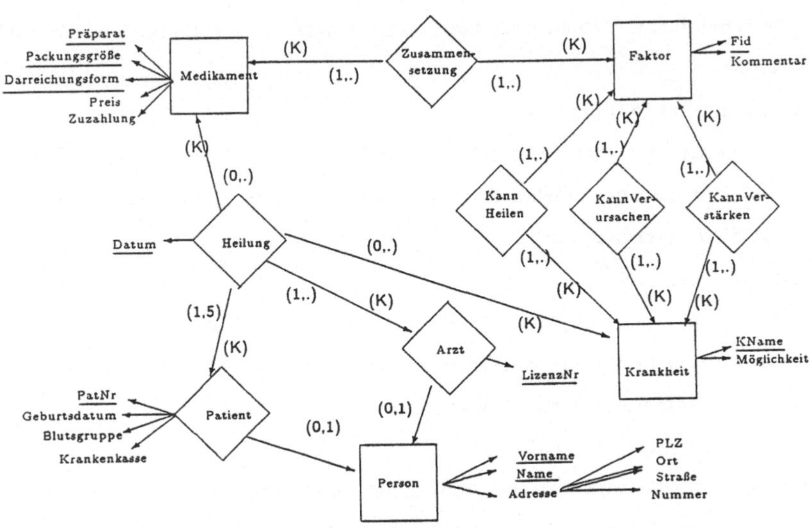

Abbildung 7: Die Medizindatenbank aus der Sicht eines Apothekers

Die Abb.7 zeigt das Ergebnis des Entwurfsprozesses, wobei die Kardinalitäten - (Minimum, Maximum) - und Informationen zu den Primärschlüsseln - (K) - eingeblendet sind.

Das Schema enthält 21 atomare Attributtypen und einen nicht atomaren Attributtypen, das zusammengesetzte Attribut 'Adresse'. Der Primärschlüssel des unären Relationship-Typs 'Patient' setzt sich nur aus einem Attribut zusammen ('PatNr'). Dagegen setzt sich der Primärschlüssel des Relationship-Typs 'Heilung' aus sieben Attributen zusammen, einem eigenen Schlüsselattribut ('Datum') und den Schlüsselattributen der Komponenten ('PatNr', 'LizenzNr', 'KName', 'Präparat', 'Packungsgröße', 'Darreichungsform'). Im allgemeinen gilt, wenn die Kante, die einen Relationship-Typen T_0 und eine Komponente T_1 verbindet, mit dem Symbol '(K)' gekennzeichnet ist, so ist die Menge der Schlüsselattribute von T_1 eine Teilmenge der Attributemenge des Primärschlüssels von T_0. Dem entsprechend läßt sich in Abb.7 die Menge der Attribute, die den Primärschlüssel eines Typen bilden, für jeden Typen ableiten. Das Beispiel enthält nur many-to-many Beziehungen, abgesehen von den unären Teiltyp-Beziehungen 'Patient' und 'Arzt'. Im folgenden werden die Kardinalitäten für diese unären Beziehungen und für die Beziehung 'Heilung' beschrieben.

comp(Heilung, Medikament) = (0, .)

Es gibt bekannte Medikamente, die über einen sehr langen Zeitraum nicht verordnet wurden (Min-Card(Heilung, Medikament) = 0), aber ein Medikament kann auch in sehr vielen Fällen für unterschiedliche Krankheiten, die bei verschiedenen Patienten auftreten, von unterschiedlichen Ärzten verordnet werden (Max-Card(Heilung. Medikament) = ., unendlich).

comp(Heilung, Patient) = (1, 5)

Es wird angenommen, daß jeder Patient mindestens wegen einer, aber höchstens fünf bekannten Krankheiten in Behandlung ist, für welche ihm mindestens ein Medikament von einem Arzt verordnet wurde.

comp(Heilung, Arzt) = (1, .)

Es wird angenommen, daß jeder Arzt in mindestens einem, aber möglicherweise in sehr vielen (unendlich) Fällen eine bekannte Krankheit diagnostiziert und dem betroffenden Patienten mindestens ein Medikament verordnet.

comp(Heilung, Krankheit) = (0, .)

Es gibt bekannte Krankheiten, die über einen sehr langen Zeitraum bei keinem Patienten aufgetreten sind (Min-Card(Heilung, Krankheit) = 0), aber eine Krankheit kann auch in sehr vielen Fällen bei unterschiedlichen Patienten auftreten, von unterschiedlichen Ärzten diagnostiziert und mit verschiedenen Medikamenten behandelt werden (Max-Card(Heilung, Krankheit) = ., unendlich).

comp(Arzt, Person) = (0, 1)

comp(Patient, Person) = (0, 1)

Aus der Sicht des Apothekers sind Personen entweder Ärzte oder Patienten. Daraus folgt, entweder zu jedem Eintrag in 'Person' existiert genau ein Eintrag in 'Arzt' oder genau ein Eintrag in 'Patient'.

7 Ausblick

Der HERM-Zugang zur Datenbankmodellierung ist Grundlage des RADD Systemes. Ein Benutzer kann interaktiv schrittweise die Struktur, Semantik und die Funktionalität einer Datenbank entwerfen, verändern und darstellen. Anschließend kann der Entwurf in das relationale Modell, in das hierarchische Modell oder in das Netzwerk-Modell übersetzt werden. Entsprechend den verschiedenen Typen relationaler Datenbankverwaltungssysteme können verschiedene relationale Übersetzungen gewählt werden. Entsprechend der Charakteristiken der Zielsysteme können die Entwürfe optimiert werden. Der Entwurf ist sowohl in natürlicher, graphischer als auch formaler Sprache möglich. Das System soll sich an die Arbeitsweise des Entwerfers anpassen, den Entwerfer in seiner Arbeit effektiv unterstützen und beraten und ihn auf problematische Teile seines Entwurfs aufmerksam machen.

Die Strategieunterstützung im RADD System ist vorläufig auf eine vollständige Neuentwicklung einer Anwendung ausgelegt. In analoger Weise können jedoch auch *Erweiterungsstrategien* für bereits vorliegende Entwürfe abgeleitet werden. Die Möglichkeit der Unterstützung ist gegeben, sobald es gelingt, für den vorliegenden Entwurf eine Gruppierung vorzunehmen, die eine Erweiterung zuläßt ohne daß weitere Gruppen betroffen sind. Die Gruppierung kann durch entsprechende Graphgrammatikregeln unterstützt werden. Die Modifikation bzw. Erweiterung des Schemata findet dann in analoger Art statt wie für den Neuentwurf.

Außerdem arbeitet die RADD-Entwicklergruppe z.Z. an Zugängen zur *Wiederverwendung* von vorhandenen Entwürfen. Diese Wiederverwendung hängt in starkem Maße von einer formalen Beschreibbarkeit des Inhaltes und der Bedeutung der bisherigen Entwürfe ab.

Anmerkungen

1 Eine kurze, unvollständige, in unserer Gruppe untersuchte Liste von verbreiteten Werkzeugen umfaßt die Systeme Accell, ADISS-Designer, AD/VANCE, Aris, Axiant, Bachmann/Database Administrator, Bonapart, CA-ADS/Online, CA-Ideal, CASE Designer, CASE Generator, case/4/0,

Colonel, COMIC, DatAid, DataView, $(DB)^2$, DBleaf, DBMain, DBMOD, DDB CASE, DDEW, Delta Developers Workbench, EasyCASE, Enter Case, ErDesigner, ERWin/SQL, ERWin/DBF, ERWin/ERX, Excelerator, Focus, Front & Center, GainMomentum, Gambit, Hypersript Tools, Ideo, IDEF, IEF, IEW, InfoModeler, Informix-4GL Rapid Development System, InfoPump, Ingres/Windows4GL, Innovator, JAM, Maestro II, Magic, MTS, Natural, ONatural, Oracle CA-SE, Ossy, PackRat, Paradigm Plus, PFXplus, Pose, PowerHouse, ProdMod-Plus, Progress 4GL, RIDL*, QBEVision, ROSI-SQL, S-Designor, SECSI, Silverrun, SIT, SQL Forms, StP/IM, Superbase Developer Edition, SuperNOVA, System Architect, TAXIS, TeamWork, TI Information Engineering, UnifAce, VCS, Velocis, XPlain und ZIM.

Literatur

[Altu94] *Altus, M.:* Second Intermediary Report, RADD, Modeling of Structure, Semantic and Behavior of Databases: HERM+, Part 1: Data Dictionary & User Support. Computer Science Institute, Cottbus Technical University, 1994.

[BaCN92] *Batini, C.; Ceri, S.; Navathe, S.:* Conceptual Database Design, An Entity-Relationship Approach. Benjamin Cummings, Redwood, 1992.

[Flem89] *Fleming, C.C.; Halle, von B.:* Handbook of Relational Database Design. Addison-Wesley, Reading, 1989.

[ISOT91] *ISOTEC:* Methoden des Fachkonzepts. Plönzke Informatik GmbH, Wiesbaden 1991

[McC89] *McCoy, K.F.:* Highlighting a User Model to Respond to Misconceptions. In: Kobsa, A.; Wahlster, W. (Eds.): User Models in Dialog Systems. Springer Verlag, 1989, p.233–254.

[McTe93] *McTear, M.F.:* User Modelling for adaptive computer systems: a survey of recent development. In: Artificial Intelligence Review 7, Kluwer Academic Publishers. Printed in the Netherlands. 1993, p.157–184.

[SSTh95] *Schewe, B.; Schewe, K.-D.; Thalheim, B.:* Objekt-orientierter Entwurf betrieblicher Informationssysteme. Informatik - Forschung und Entwicklung, Springer-Verlag, 1995.

[Thal92] *Thalheim, B.:* Design with the database design system $(DB)^2$. In: Fourth Int. Conference Putting into Practice Methods and Tools for Information System Design (ed. H. Habrias), Nantes, France, 1992, p.155 – 174.

[Thal94] *Thalheim, B.:* Database Design Strategies. Computer Science Institute, Cottbus Technical University, D-03013 Cottbus, 1994.

[Yao85] *Yao, S.B.:* Principles of Database Design, Volume I: Logical Organizations. Prentice-Hall, 1985.

[YasT89] *Yaseen, M.; Thalheim, B.:* Practical Database Design Methodologies. Kuwait University, Faculty of Science, 1989, 256p.

Realisierung von effizienten Geschäftsprozessen

Peter Jaeschke

Zusammenfassung

Es wird die tool-unterstützte INCOME/Methode vorgestellt, welche die effiziente Gestaltung von Geschäftsprozessen fördert und die vergleichende Analyse und Bewertung der modellierten Abläufe ermöglicht. Die Methode und ihre Ergebnisse können als Grundlage für den Entwurf und die Realisierung von Informationssystemen dienen.
Die Modellierung und die Simulation von Geschäftsprozessen erfolgt unter den unterschiedlichsten Zielsetzungen: Strategische Informationssystemplanung, Business Reengineering, Optimierung und Verbesserung, Qualitätssicherung, Anwendungsentwicklung, Einführung von Standardsoftware.

1 Einleitung

Da der Markt von den Unternehmen starke Kundenorientierung und weitreichende Flexibilität fordert, wird die *Information* zur *strategischen Ressource* für die Leistungserstellung [Sch90]. Ihr erfolgreicher Einsatz wird durch redundante und inkonsistente Datenhaltung eingeschränkt bzw. verhindert. Deshalb ist Ihr Einsatz unternehmensweit zu planen und zu koordinieren. Die Erfolgsmeldungen hinsichtlich der Durchführung von Projekten zur Erstellung von Datenmodellen für große Anwendungsbereiche oder von Unternehmensdatenmodellen und dem anschließenden Einsatz der resultierenden Informationssysteme sind gemischt, da

- die betrieblichen Abläufe bzw. die Geschäftsprozesse nicht so gestaltet werden, daß sie effizient und effektiv durch die Informationssysteme unterstützt werden können,
- nicht analysiert wird, *welche* Teile bzw. Aspekte der Geschäftsprozesse, effizient und effektiv durch die Informationstechnologie unterstützt werden können, und *welche nicht*,
- eine gesteigerte Effektivität und Effizienz nur schwer nachzuweisen ist,
- die gegebene Organisationsstruktur den Geschäftsprozeß nicht geeignet unterstützt.

Der effiziente und effektive Einsatz von Ressourcen einschl. der strategischen Ressource Information setzt effiziente und effektive *Geschäfts- und Produktionsprozesse* voraus. Diese, sowie ein ausgeprägtes Qualitätsbewußtsein, sind die Grundlage für das Bestehen im Wettbewerb. In der Industrie, bei Dienstleistungsunternehmen und in der öffentlichen Verwaltung sind Geschäftsprozesse zu analysieren, zu optimieren und zu dokumentieren. INCOME stellt Tools und eine Methode zur *Analyse*, *Simulation* und *Realisierung* von Geschäftsprozessen zur Verfügung. Die Auswirkungen eines evtl. Redesigns der Geschäftsprozesse und der

Unterstützung durch Informationstechnik lassen sich durch die *Simulation* abschätzen.

Die Geschäftsprozeßmodellierung und die Simulation der Geschäftsprozesse läßt sich im Rahmen der *strategischen Informationssystemplanung* [Mart89, Sche92] einsetzen. Auf der Basis des Geschäftsprozeßmodells lassen sich die Bereiche festlegen, die durch entsprechende Anwendungs- und Informationssysteme zu unterstützen sind und für die der Informationsbedarf zu planen ist. Die Effizienz der Unterstützung sowie die Effizienz der Geschäftsprozesse selbst läßt sich durch Simulationsstudien prüfen und nachweisen. Die Modellierung und Simulation von Geschäftsprozessen wird unter Berücksichtigung weiterer oder auch alternativer Zielsetzungen durchgeführt, die sich miteinander kombinieren lassen:

Business Reengineering / Business Process Reengineering [HaCh94, Varh94]

Die Geschäftsprozesse werden bei der Restrukturierung des Unternehmens neu gestaltet und dokumentiert. Die Simulation [Ober91, ObSc93, ScOb93] läßt sich zum Nachweis der verbesserten Wirtschaftlichkeit, der korrekten Verwendung bzw. Eignung der definierten Business Rules [KnHe93], für Machbarkeitsuntersuchungen, zur Prozeßoptimierung, zur Verifizierung und Validierung der modellierten Abläufe einsetzen.

Qualitätssicherung

Für den Aufbau und die Pflege eines Qualitätssicherungssystems nach DIN ISO 9000 ff. werden Abläufe dokumentiert. Sie werden simuliert, um zu überprüfen, ob das erstellte Modell und die darin definierten Business Rules der Realität entsprechen und um Verbesserungsvorschläge bzgl. ihrer Effektivität und Effizienz zu bewerten.

Anwendungsentwicklung

Das Geschäftsprozeßmodell bildet die Grundlage für die Entscheidung, welche Aspekte des Geschäftsprozesses durch Anwendungssysteme zu unterstützen sind. Die erstellten Prozeßmodelle lassen sich z.B. als Grundlage für mit Oracle CASE [BaLo92, Bark90] erstellte Anforderungsmodelle einsetzen und im Rahmen der Anwendungsentwicklung weiterverwenden.

Einführung von Standardsoftware

Falls für den realisierten Geschäftsprozeß ein Referenzmodell verfügbar ist, kann dieses zur Visualisierung der Standardlösung herangezogen werden; außerdem besteht die Möglichkeit, quantifizierbare Aussagen zum erwarteten Prozeßverhalten zu treffen.

2 Einführung in die INCOME/Methode

Die INCOME/Methode [LNO89, PROM94, PROM95] definiert ein Vorgehen zur konsistenten Modellierung von Geschäftsprozessen und stellt Instrumente zur Qualitätssicherung und Simulation zur Verfügung. Eine detaillierte Analyse der Geschäftsvorfälle und deren schrittweise Integration im Prozeßmodell sind möglich.

Die INCOME/Methode versteht unter einem *Geschäftsprozeß* [HaCh94, Varh94] eine Menge von Vorgängen, für die ein oder mehrere Eingaben benötigt werden. Voraussetzung für einen Geschäftsprozeß ist sein wertschöpfender Charakter.

2.1 Modellierung von Geschäftsprozessen

Die umfassende und integrierte Modellierung (Abb. 1) eines Geschäftsprozesses setzt die Berücksichtigung verschiedener Aspekte voraus; den Ablauf als solchen, die Objekte im Ablauf, die eingesetzten Ressourcen und die unterstützende Organisationsstruktur.

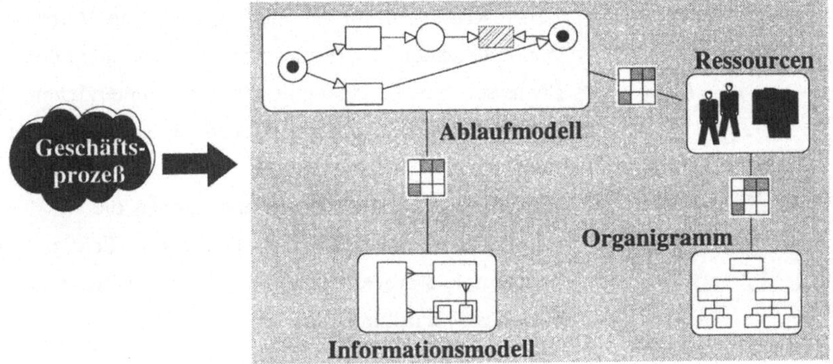

Abb. 1: Modellierung von Geschäftsprozessen mit INCOME

Den zentralen Bezugspunkt des Geschäftsprozeßmodells bildet das *Ablaufmodell*, das mittels Petri-Netzen [Reis86, Genr87, Star90, RoWi91] dokumentiert wird. Darin sind die Aktivitäten des Geschäftsprozesses zusammen mit den *Business Rules* abgebildet. Ein Konzept zum Umgang mit Prozeßrestriktionen und Ausnahmesituationen steht zur Verfügung.

Zur Definition objektbezogener Business Rules müssen die Attribute und die Beziehungen der Objekte untereinander bekannt sein. Diese Angaben sind im *Informationsmodell* hinterlegt und werden im Ablaufmodell referenziert. Das Informationsmodell wird unter Verwendung des Entity/Relationship-Modells [Chen76, Bark90] erstellt.

Zur Abbildung der *Aufbauorganisation* stehen *Organigramme* zur Verfügung. Darin können die Details von Organisationseinheiten und die verfügbaren *Ressourcen* definiert werden. Die *Ressourcendefinition* beinhaltet Aussagen über die Qualifikationen, Einsatzbereiche und die Verfügbarkeiten sowie individuelle Kostensätze. Der Ressourcenverbrauch wird durch Zuordnung der Ressourcen zu Aktivitäten des Ablaufmodells festgelegt.

2.2 Aktivitäten der INCOME/Methode

Im folgenden wird die *geschäftsvorfallorientierte* Variante der INCOME/Methode (Abb. 2) vorgestellt. Diese Methode ist flexibel, beinhaltet von der Projektzielsetzung abhängige Varianten und läßt sich deshalb in unterschiedlichen Projekttypen und in Kombination mit anderen Methoden und Vorgehensmodellen anwenden. Die Modellierung kann in Abhängigkeit von der Zielsetzung entweder die bestehende Organisationsstruktur berücksichtigen oder die Schaffung einer völlig neuen Organisation zur Folge haben.

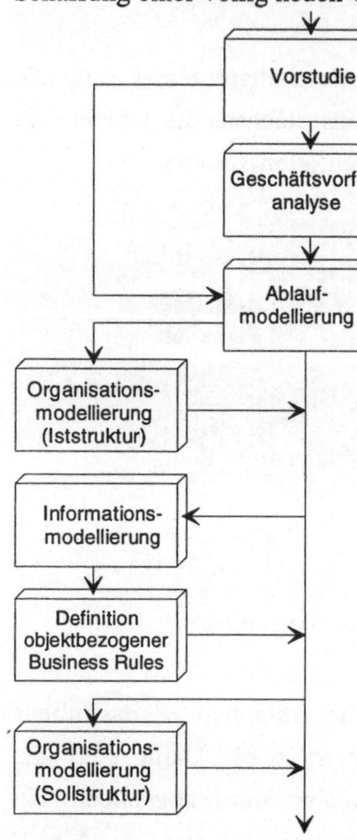

Abb. 2: *Geschäftsvorfallorientierte* INCOME/Methode

Vorstudie

In der Vorstudie werden die strategische Zielsetzung des Projekts und die Randbedingungen festgelegt, sowie die zu untersuchenden Geschäftsprozesse identifiziert. Hierbei ist z.B. festzustellen, ob die Zielsetzung durch Verbesserung der bestehenden Prozesse erreicht werden kann oder ob die Prozesse einem Reengineering zu unterziehen sind. Aufgrund dieser Angaben werden die einzusetzende Variante der INCOME/Methode und deren auszuführende Aktivitäten festgelegt. Zusätzlich müssen die für den Geschäftsprozeß relevanten strategischen Erfolgsfaktoren bestimmt und prozeßspezifisch quantifiziert werden.

Geschäftsvorfallanalyse

Ein Geschäftsprozeß beinhaltet im allgemeinen mehrere *Geschäftsvorfälle*, die jeweils durch ein oder mehrere bestimmte Ereignisse ausgelöst werden. Für jeden Geschäftsvorfall werden Vorgänge zur Behandlung der Ereignisse definiert. Geschäftsvorfälle können auch als Auslöser weiterer Geschäftsvorfälle fungieren. Zur Modellierung der Geschäftsvorfälle werden einfache Petri-Netze eingesetzt, die bereits analysiert werden können und eine Simulation unter Berücksichtigung der zugewiesenen Ressourcen erlauben.

Ablaufmodellierung

Die Geschäftsvorfallmodelle werden in einem Geschäftsprozeßmodell integriert. Letzteres enthält alle Vorgänge und zeigt deren kausale Abhängigkeiten auf. Die für die Untersuchung relevanten Ressourcen werden zugewiesen. Das Ablaufmodell wird als Hierarchie von Petri-Netzen dargestellt. Mit Hilfe der Simulation lassen sich die dynamischen Aspekte des Prozesses überprüfen, visualisieren und bewerten.

Organisationsmodellierung (Iststruktur)

Das erstellte Geschäftsprozeßmodell wird in das Modell der bestehenden Aufbauorganisation eingebettet, indem die benötigten Ressourcen den entsprechenden Organisationseinheiten zugewiesen werden. Die Auswertung dieser Zuordnungen erlaubt eine Beurteilung der Fähigkeit der Organisation zur effizienten Durchführung des Geschäftsprozesses.

Informationsmodellierung
Zur Definition objektbezogener Business Rules wird ein Informationsmodell vorausgesetzt. Mit Hilfe von Entity/Relationship-Diagrammen werden Objekte, Beziehungen und Attribute beschrieben, die im Ablaufmodell referenziert werden können. Die Informationsmodellierung beschränkt sich hier auf die für das Geschäftsprozeßmodell und die Business Rules *relevanten* Modellelemente.

Definition objektbezogener Business Rules
Die Regeln für die Durchführung eines Vorgangs eines Geschäftsprozesses beinhalten kausale Abhängigkeiten zwischen Vorgängen sowie zeitliche und objektbezogene Bedingungen. Zur Definition objektbezogener Business Rules werden die Elemente des Informationsmodells referenziert. Das in dieser Weise erweiterte Ablaufmodell bildet die Grundlage zur Prozeßoptimierung, indem durch Simulation verschiedene alternative Abläufe bzw. Business Rules miteinander verglichen werden.

Organisationsmodellierung (Sollstruktur)
Auch hier wird die Organisationsstruktur durch ein Organigramm und die Zuweisung von Ressourcen modelliert. Im Gegensatz zur Iststruktur ist das Ziel hier die zukünftige, den Geschäftsprozeß optimal unterstützende Organisationsstruktur.

3 Modellierung eines Geschäftsprozesses

Wie in der folgenden Fallstudie gezeigt wird, läßt sich die INCOME/Methode einsetzen, um Geschäftsprozesse neu zu gestalten. Im Anschluß an die Geschäftsprozeßmodellierung wurde ein CASE-Projekt zur Entwicklung eines unterstützenden Informationssystems aufgesetzt.

3.1 Vorstudie

In einer Vorstudie wurde der Geschäftsprozeß Akquisition aufgrund des starken Wachstums des Unternehmens und einer Umorientierung auf neue Geschäftsfelder als Problembereich identifiziert: Der vor Jahren definierte Prozeß war nur durch einen intensiven Personaleinsatz und stark redundante Datenhaltung aufrechtzuerhalten. Außerdem wurde der Geschäftsprozeß den Informationsbedürfnissen eines aktiven Marketing nicht mehr gerecht.

3.2 Geschäftsvorfallanalyse

Zunächst wurden die Ereignisse ermittelt, die Geschäftsvorfälle auslösen. Es konnten insgesamt fünf Geschäftsvorfälle identifiziert werden: neue Adressen bearbeiten, Infoanforderung bearbeiten, bei Interessenten nachfassen, Interessenten besuchen, gelöschte Interessenten bearbeiten. Die Geschäftsvorfälle wurden in Form von Petri-Netzen (z.B. Abb. 3) definiert.

Mit Petri-Netzen werden Geschäftsvorfälle in aktive und passive Elemente zerlegt. Die durch Rechtecke dargestellten aktiven Elemente repräsentieren Vorgänge oder Aktivitäten; sie werden als *Transitionen* bezeichnet. Passive Elemente, *Stellen* genannt, werden zur Modellierung von Objektspeichern verwendet. In den Objektspeichern werden durch Aktivitäten Objekte eingefügt (□→O), gelesen (□—O), modifiziert (□↔O), oder aus den Objektspeichern werden Objekte entfernt (O→□).

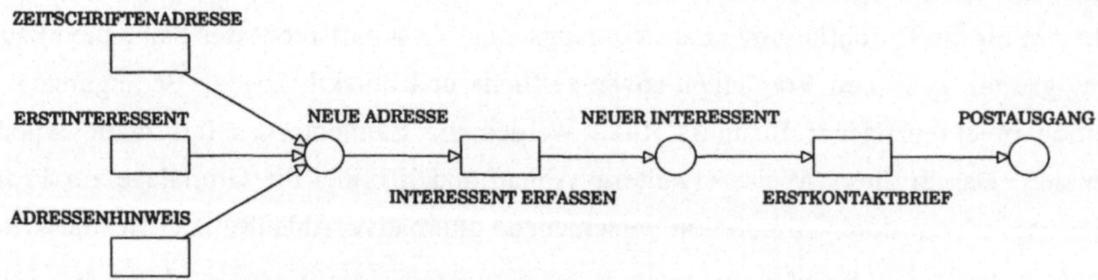

Abb. 3: Geschäftsvorfall Neue Adressen bearbeiten

Das für das Bearbeiten neuer Adressen erstellte Petri-Netz (Abb. 3) zeigt, ausgehend vom Objektspeicher NEUE ADRESSE, eine sequentielle Aneinanderreihung von Vorgängen. Während des Erstellens eines Erstkontaktbriefs, kann für einen neuen Interessenten bereits ein anderer Interessent erfaßt werden, und es kann aufgrund eines Hinweises eine neue Adresse in den Prozeß eingebracht werden.

3.3 Ablaufmodellierung

Bei der Ablaufmodellierung werden die erstellten Netze miteinander verknüpft. Diese Verknüpfung wird im allgemeinen bezüglich gleicher Objektspeicher vorgenommen. Dadurch werden die kausalen Abhängigkeiten zwischen den Geschäftsvorfällen transparent.

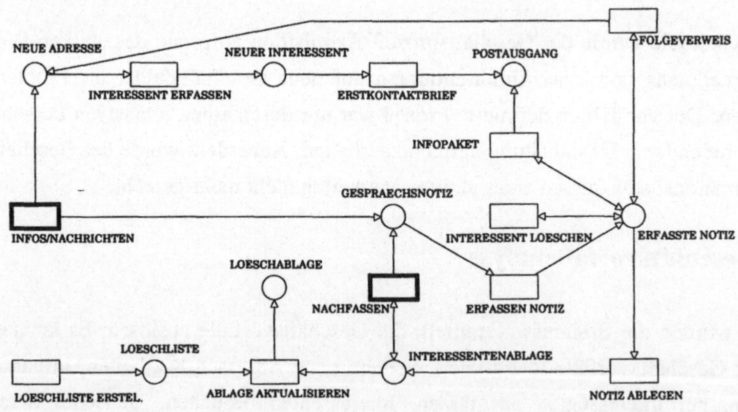

Abb. 4: Übersichtsnetz des Ablaufmodells

Abb. 4 zeigt das Übersichtsnetz des Ablaufmodells für den Geschäftsprozeß Akquisition, der durch eine Petri-Netz-Hierarchie beschrieben wird, die sich, ausgehend vom Übersichtsnetz Akquisition, in den verfeinernden Netzen zu den Aktivitäten Nachfassen (Abb. 5) und Infos/Nachrichten fortsetzt. Graphisch wird eine Verfeinerung durch eine Fettdarstellung des Aktivitätensymbols angezeigt.

Das Ablaufnetz der Abb. 5 ist die Verfeinerung der Aktivität Nachfassen in Abb. 4; die Verknüpfungen zum übergeordneten Netz werden durch fett gezeichnete Objektspeicher dargestellt. Das Netz enthält zwei schraffiert dargestellte Transitionen, sogenannte *Restriktionen*, die die Inhalte der verbundenen Objektspeicher überprüfen. Falls die Bedingung einer Restriktion, die besagt das ein unzulässiger bzw. unerwünschter Systemzustand eingetreten ist, erfüllt ist, wird dies als Verletzung der Restriktion interpretiert.

Die Restriktionen des dargestellten Netzes werden verletzt, wenn der vorgegebene Termin für einen Anruf bzw. einen Besuch um eine bestimmte Frist überschritten ist. In einer zugehörigen Ausnahmebehandlung könnte geprüft werden, ob der Termin verschoben werden kann oder ob der Anruf bzw. Besuch vorrangig durchzuführen ist.

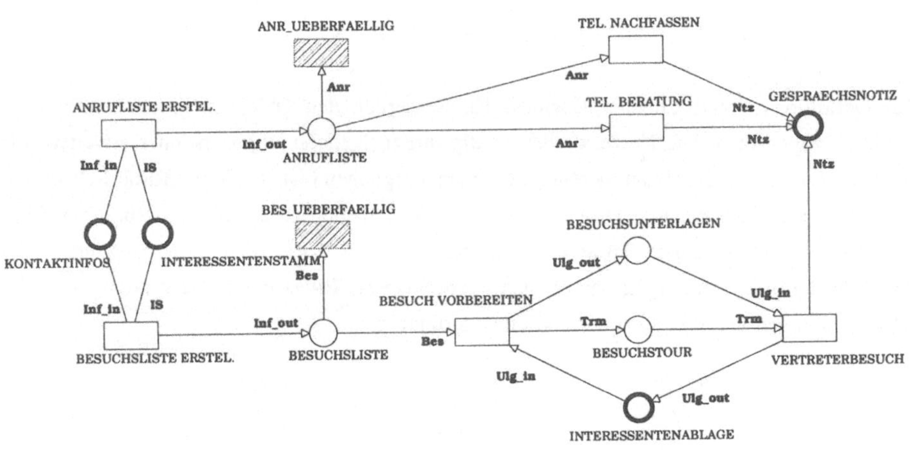

Abb. 5: Verfeinerndes Netz des Vorgangs Nachfassen

3.4 Informationsmodellierung

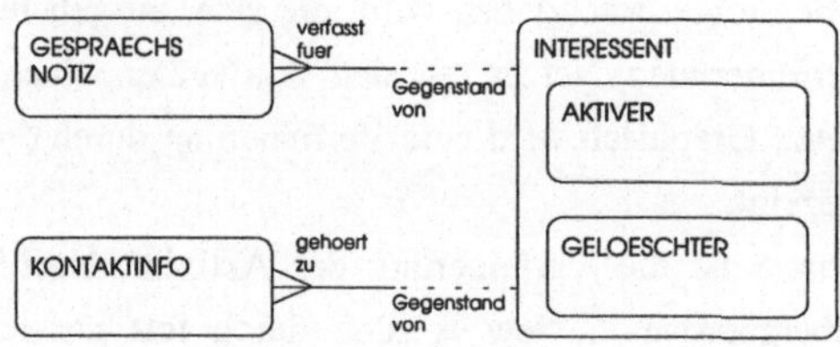

Abb. 6: Entity/Relationship-Diagramm

Die objektbezogenen Business Rules des Geschäftsprozesses wurden auf der Basis des in Abb. 6 dargestellten Informationsmodells definiert. Es wurde auf die von Oracle CASE verwendete Entity/Relationship-Notation zurückgegriffen [Bark90]. Die Komplexität der Objektbeziehungen ergibt sich aus der Darstellung der Kanten: gebrochene Linien stehen für optionale Beziehungen, der Krähenfuß für eine Mehrfach-Beziehung.
Im Informationsmodell werden durch Subtyp-Bildung aktive und gelöschte Interessenten unterschieden. Für Interessenten werden Gesprächsnotizen erfaßt und Kontaktinfos verwaltet. Es werden nur die für die Definition der Business Rules relevanten Attribute angegeben.

3.5 Definition objektbezogener Business Rules

Zur Definition objektbezogener Business Rules werden den Objektspeichern Entities und Attribute zugeordnet. Die Netze werden häufig um zusätzliche Objektspeicher erweitert, die zur Definition kausaler Abhängigkeiten zwischen Vorgängen bislang nicht erforderlich waren. Abb. 7 zeigt die Zuordnungen für die Ein- und Ausgabeobjektspeicher des Vorgangs TEL. BERATUNG. Basierend auf diesen Zuordnungen können Bedingungen zur Ausführung der Aktivität definiert werden: Es lassen sich auch Business Rules unter Verwendung von Zufallsverteilungen und komplexen Funktionen definieren.

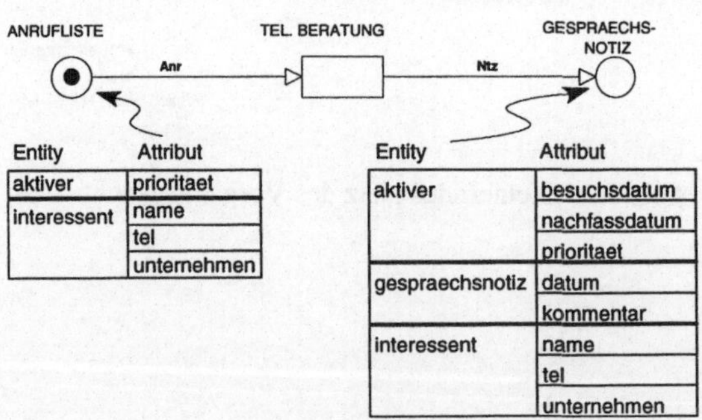

Abb. 7: Entity- und Attributzuordnungen für Objektspeicher

4 Simulation und Simulationsergebnisse

Die Simulation unterstützt zum einen die Untersuchung der erstellten Prozeßmodelle auf inhaltliche Mängel und zum anderen deren quantitative Beurteilung. Die Bewertung von Geschäftsprozeßmodellen unter Berücksichtigung von Zeit-, Kosten- und Ressourcenaspekten wird durch Simulationsstudien unterstützt. Die Simulation umfaßt verschiedene Funktionen: die Anwendung und die Durchführung von Aktivitäten, die graphische Animation der Abläufe sowie die Auswertung von Simulationsläufen.

4.1 Simulation

Ausgangspunkt der Simulation ist eine Anfangsbelegung der Objektspeicher, von der ausgehend durch Anwendung der Petri-Netz-Transitionsregel und der Business Rules Abläufe „durchgespielt" werden. Bei der *interaktiven Simulation* wählt der Benutzer in jedem Simulationsschritt aus den aktivierten Aktivitäten die zu schaltenden aus. Die Auflösung von Konflikten erfolgt durch den Benutzer. Bei der *automatischen Simulation* werden Konflikte durch das Simulationswerkzeug aufgrund einer gegebenen Strategie - Kantenwahrscheinlichkeiten, Prioritätenregeln, Business Rules - eigenständig gelöst.
Bei der Simulation werden konkrete Objekte in das Prozeßmodell eingebracht. Diese Simulationsdaten können unter Anwendung gängiger Verteilungen generiert oder aber aus konkreten Datenbeständen (SQL-Datenbanken, ASCII-Dateien, Spreadsheets etc.) extrahiert werden. So können unterschiedlich modellierte Abläufe z.B. bei der Abarbeitung des letztjährigen Auftragsbestandes im 1. Quartal miteinander verglichen werden.

4.2 Animation

Die Abläufe werden graphisch animiert. Die Verwendung anwendungsspezifischer Symbole für Aktivitäten, Objektspeicher und Objekte erleichtert bei der Animation das Verständnis für den modellierten Geschäftsprozeß. Zu dieser Zielsetzung trägt auch die Zuordnung von Aktionsbausteinen zu Aktivitäten bei, d.h. beim Ausführen einer Aktivität können bestehende Anwendungen, Prototypen oder Bilder aufgerufen werden.

4.3 Auswertung von Simulationsläufen

Zur flexiblen Auswertung von Simulationsläufen werden Objektspeicherbelegungen und Aktivitäten aufgezeichnet. Abb. 8 zeigt exemplarisch einige graphische Auswertungen, die zur Überprüfung der Qualität des Geschäftsprozesses oder zum Vergleich verschiedener Optimierungsansätze dienen.

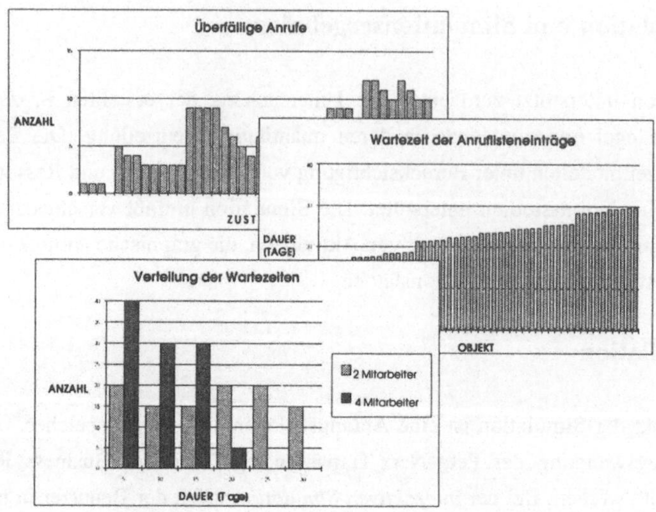

Abb. 8: Auswertungen von Simulationsläufen

Zahlreiche Fragestellungen müssen mit graphischen und tabellarischen Auswertungen untersucht werden, um Schwachstellen zu analysieren bzw. optimale Modellvarianten auszuwählen. Insbesondere sind Auswertungen im Bereich von Kosten- und Zeitaspekten und bzgl. der Auslastung von Ressourcen und Organisationseinheiten erforderlich. Die Überwachung von Terminen und Fristen, Liege-, Vorbereitungs-, Durchführungs- und Umrüstzeiten kann in die Simulation integriert und ausgewertet werden. Analog lassen sich Prozeßkosten überwachen und auswerten; Dauern und Kostensätze können aktivitätenbezogen oder auch aktivitäten- und objektbezogen definiert werden. Erst die Möglichkeit zu solchen Auswertungen macht eine Analyse und Optimierung des erstellten Geschäftsprozeßmodells unter den Gesichtspunkten von Effizienz und Effektivität möglich. Die Ergebnisse lassen sich zur Ressourcenplanung und zur Prozeßkostenrechnung einsetzen.

Geschäftsprozeßoptimierung

Die Simulation ist ein wichtiges Instrument der Qualitätssicherung und fördert die Kommunikation im Rahmen der Projektarbeit. Darüber hinaus kommt ihr bei der Geschäftsprozeßoptimierung zentrale Bedeutung zu. Die Modellierung und der Vergleich alternativer Abläufe und Business Rules in bezug auf *Echtdatenbestände* unterstützt die Geschäftsprozeßoptimierung. Der (Teil)Prozeß wird in verschiedenen Alternativen und mit verschiedenen Business Rules modelliert; die Simulationsläufe werden unter Berücksichtigung von Zeit- und Kostenaspekten sowie knappen Ressourcen ausgewertet und verglichen. Neu gestaltete Geschäftsprozesse ziehen oft Änderungen an Aufbau- und Ablauforganisation des Unternehmens nach sich. Die Simulation ermöglicht es, den Nutzen einer solchen Reorganisation transparent zu machen.

Bewertung von Simulationsläufen
Die Aus- und Bewertung der Simulationsläufe muß äußert kritisch erfolgen. Die Interpretation der Ergebnisse ist zunächst nur bzgl. des modellierten Geschäftsprozeßmodells und nicht bzgl. des modellierten Realweltausschnitts möglich. Die Übertragung der Ergebnisse auf die Realwelt ist nur insoweit möglich, als daß die Übereinstimmung zwischen Modell und Realwelt ausreichend validiert ist.

5 Realisierung von Geschäftsprozessen

Vorrangiges Ziel der INCOME/Methode ist die Erstellung eines vollständigen und konsistenten Modells eines effizienten Geschäftsprozesses. Die Umsetzung (Abb. 9) des Modells erfolgt über ein Bündel organisatorischer Maßnahmen. In vielen Fällen ist auch die Neu- oder Weiterentwicklung unterstützender Anwendungssysteme erforderlich.
Workflow:
INCOME Prozeßmodelle lassen sich einfach unter Verwendung von Workflow Management Systemen realisieren. Das Ablaufmodell beinhaltet die integrierte Steuerung der in der Organisation vorhandenen Workflows. Diese Steuerung kann, zusammen mit der Organisationsstruktur, in Workflow-Modelle gängiger Workflow Management Systeme umgesetzt werden. Das Workflow-System sollte so gewählt werden, daß Altanwendungen eingebunden werden können und sein Einsatz nicht die vollständige Neuentwicklung der Anwendungen erfordert. Im Workflow können sowohl Standardsoftware als auch im Rahmen konventioneller CASE-Projekte entwickelte Anwendungen eingebunden werden.

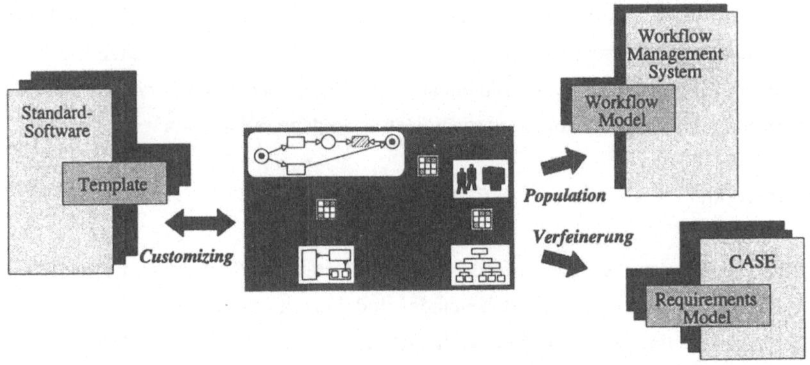

Abb. 9: Realisierung von Geschäftsprozessen

Standardsoftware:
Für die Prozeßrealisierung durch die Nutzung von Standardsoftware bietet es sich an, bei der

Prozeßmodellierung bereits auf Templates bzw. Referenzmodelle zurückzugreifen, welche die implementierten Prozesse beschreiben, und durch deren Anpassung ein entsprechendes Customizing durchzuführen und die Einbettung in das organisatorische Umfeld vorzubereiten.

CASE:

Die mit der INCOME/Methode erstellten Geschäftsprozeßmodelle können in CASE-Projekten weiterverwendet werden und bilden die Ausgangsbasis für die Anforderungsanalyse. Eine vollständige Integration steht sowohl für die Oracle CASE Methode [Bark90, BaLo92], die ähnlich dem Information Engineering Ansatz [Mart89, Mar90a/b] gegliedert ist, als auch für die Oracle CASE-Tools zur Verfügung. Die Phasen der Oracle CASE Methode sind die Phasen der *strategischen Planung*, der *Anforderungsanalyse*, des *Systementwurfs* und der *Konstruktion*. In der Strategiephase werden die Unternehmensziele und die kritischen Erfolgsfaktoren bestimmt. Es wird untersucht, in welcher Weise auf Informationssystemen basierende Technologien eingesetzt werden können, um die Effizienz des Unternehmens zu steigern. Es wird ein Überblick über die Aufbauorganisation und den strategischen Informationsbedarf erstellt. *Im Zuge der Integration mit der INCOME/Methode wird die Strategiephase durch die INCOME/Methode ersetzt.*

Dieses Vorgehen wird von der Tool-Kombination Oracle CASE und INCOME durchgehend unterstützt. Für jeden Phasenübergang stehen Utilities zur Verfügung, welche die Ergebnisse der vorhergehenden Phase umsetzen und für die weitere Bearbeitung aufbereiten. Das Geschäftsprozeßmodell bildet den Ausgangspunkt für die *Anforderungsanalyse*, der dann die Umsetzung im Rahmen des *Systementwurfs* und die eigentliche Implementierung im Rahmen der *Konstruktionsphase* folgt. In der *Strategiephase* werden die Teile des Geschäftsprozesses identifiziert, für die Software-Systeme entwickelt werden sollen. Die entsprechenden Teilmodelle bilden die Grundlage für Anforderungsmodelle, die während der *Anforderungsanalyse* noch ergänzt werden. Außerdem läßt sich aus der Petri-Netz-Hierarchie die Funktionshierarchie des Anwendungssystems generieren. Der *Datenbankentwurf* bildet dann die Grundlage für die Generierung der Anwendungsdatenbank; das Ergebnis des *Modulentwurfs* sind die für die Generierung der Programmodule verwendeten Modulspezifikationen.

5.1 Analyse

In der Analysephase werden die Anforderungen im Detail ermittelt. Das Informationsmodell wird basierend auf Interviews, Datenbestands- und Formularanalysen verfeinert und in die dritte Normalform transformiert. Ein wichtiger Ansatzpunkt zur Qualitätssicherung ist die Definition fachlicher Identifikatoren, mit denen der Anwender die Ausprägungen eines Entity-Typs identifizieren kann. Ist dies nicht möglich, so fehlen normalerweise entweder Attribute oder Beziehungen, die eine solche Identifikation ermöglichen. Weitere Qualitätskontrollen können verwendet werden, um z.B. Entities ohne Attribute, ohne Identifikatoren oder ohne textuelle Beschreibungen zu bestimmen.

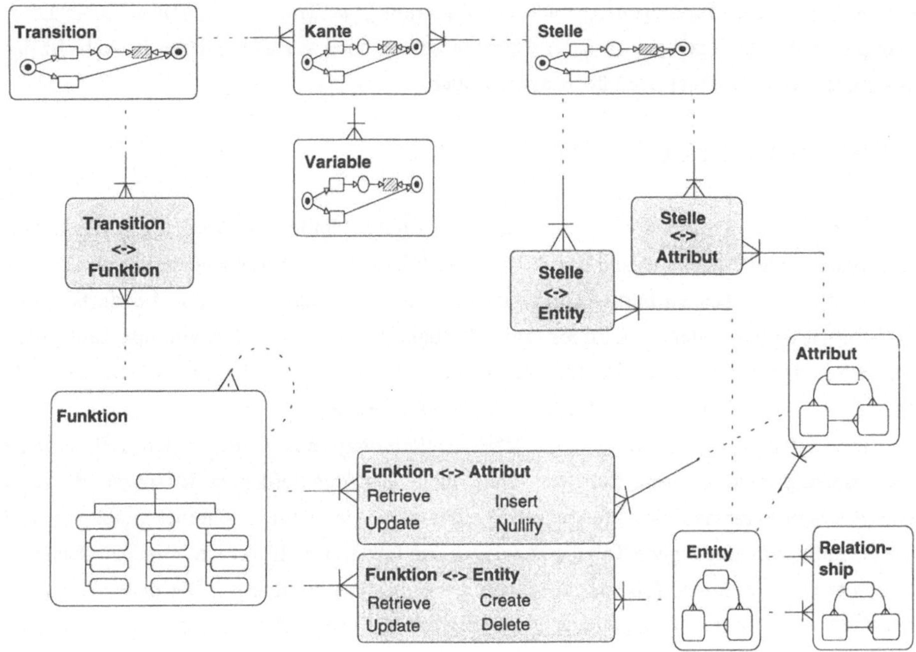

Abb. 10: Integriertes schematisches Metamodell

Auf Basis der erstellten Ablaufmodelle, die in Form von Petri-Netz-Hierarchien vorliegen, wird eine Funktionshierarchie generiert. Die Zusammenhänge sind Abb. 10 schematisch dargestellt. In einem Petri-Netz werden Stellen und Transitionen durch Kanten verbunden, die mit Variablen beschriftet sind. Die in den Stellen abgelegten Objekte werden durch die Zuordnung von Entities und Attributen aus dem Informationsmodell beschrieben. Zwei Entities können durch eine Relationship verbunden werden. Im Rahmen der Anforderungsanalyse wird eine Funktionshierarchie angelegt, die Funktionen werden den Transitionen zugeordnet.

Die unterschiedlichen Modellkomponenten sind durch entsprechende Zuordnungsmatrizen zu einem integrierten Modell zusammenzuführen bzw. die bereits bestehenden Zuordnungsmatrizen zu überarbeiten. Es wird z.B. spezifiziert, welche Funktion wie auf welche Entities und welche Attribute zugreift. Die zulässigen Operationen sind *create*, *retrieve*, *update* und *delete* für Entities und *insert*, *retrieve*, *update* und *nullify* für Attribute. Diese Informationen werden bei der Generierung der Funktionshierarchie auf Basis der Ablaufmodelle aus den Zuordnungen der Entities und Attribute zu den Stellen abgeleitet.

Die Zuordnungsmatrizen können für zusätzliche Qualitätsprüfungen verwendet werden. Normalerweise muß für jedes Entity jeweils eine Funktion bzw. Transition existieren, die es anlegt, eine weitere, die es verändert, eine, die es löscht, und viele, die darauf zugreifen. Alternativ können diese Operationen auch ganz oder teilweise in einer Funktion oder Transition kombiniert werden. Im Gegenzug muß jede Funktion bzw. Transition mindestens ein Entity manipulieren. Überlegungen dieser Art können analog auch auf alle anderen in Abb. 10 dargestellten Zuordnungsmatrizen übertragen werden.

5.2 Systementwurf

In der Phase des Systementwurfs wird aus dem Entity/Relationship-Modell ein relationales Datenbankmodell abgeleitet und das Ablaufmodell bzw. die Funktionshierarchie werden verwendet, um die später zu implementierenden Module zu spezifizieren. Für die Vorbereitung der Entwurfsphase stehen Utilities zur Verfügung, die eine Standardumsetzung eines Entity/Relationship-Modells in ein relationales Datenbankmodell durchführen bzw. die Module der Anwendung aus der Funktionshierarchie ableiten.
Es ist festzulegen, welche Entities in welche Tabellen umgesetzt werden sollen. Z.B. kann für einen Supertyp und alle seine Subtypen eine Tabelle angelegt werden, in der sowohl die Attribute des Supertypen und der Subtypen in Spalten umgesetzt werden. Alternativ läßt sich auch für jeden Subtyp eine eigene Tabelle angelegen. Im letzteren Fall werden in jeder Tabelle die Attribute des jeweiligen Subtyps mit denen des Supertyps kombiniert. Die erste Alternative empfiehlt sich, wenn im allgemeinen die Zugriffe auf alle Subtypen gleichzeitig erfolgen, hingegen kann die zweite Alternative dann eingesetzt werden, wenn nur die lesenden Zugriffe auf alle gemeinsam und die manipulierenden Zugriffe nach Subtypen getrennt erfolgen. Zusätzliche Entscheidungskriterien können die Überwachung von Nullwerten, obligatorischen Beziehungen oder die (Nicht-)Existenz eines gemeinsamen Identifikators sein. Außerdem können im Falle einer Denormalisierung einer Tabelle zusätzliche Entities zugeordnet werden. Nach der Ausarbeitung und der Überarbeitung der Entity/Tabellen-Zuordnung werden die Tabellen generiert und die Spalten aus den Attributen der zugeordneten Entities abgeleitet. Primärschlüssel, Eindeutigkeitsbedingungen und Fremdschlüssel werden aufgrund der Identifikatoren und der Beziehungen bestimmt. Die Schlüsseldefinitionen müssen bezüglich kaskadierender Veränderungs- und Löschoperationen geprüft und überarbeitet werden. Für Primärschlüssel und Eindeutigkeitsbedingungen ist festzulegen, ob sich ihre Werte im Lauf der Zeit ändern können oder nicht. Abb. 11 zeigt das Metamodell nach der Entwurfsphase. Durch die Zweistufigkeit dieses Vorgehens wird eine hohe Flexibilität erreicht.

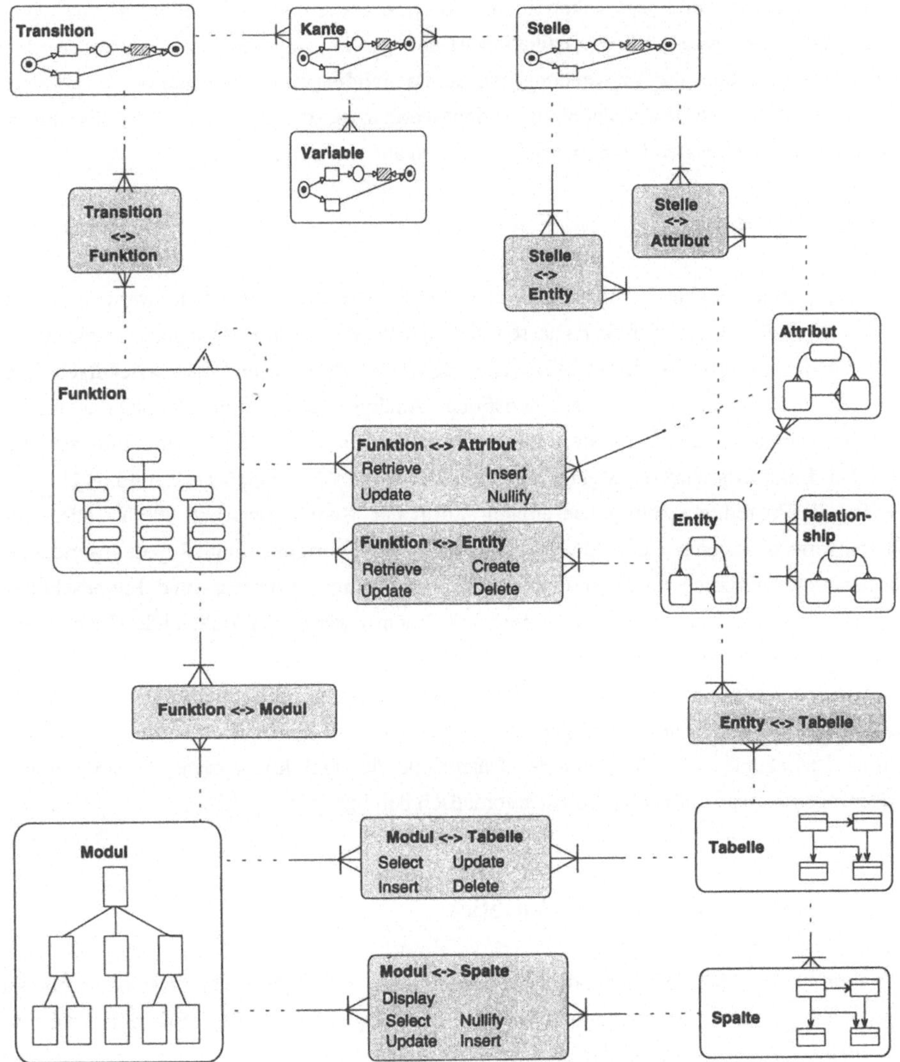

Abb. 11: Schematisches Metamodell nach der Standarderzeugung der Modulspezifikationen

Modulspezifikationen (im folgenden kurz Module) können auf Basis der Funktionshierarchie generiert werden; verschiedene Funktionen werden aufgrund ähnlicher Entity-Verwendungen kombiniert. Der Grad dieses Ähnlichkeitskriteriums kann über Parameter festgelegt werden. Aus den Funktions/Entity- bzw. Funktions/Attribut-Zuordnungen werden die Modul/Tabellen- bzw. Modul/Spalten-Zuordnungen erzeugt. Für Tabellen können die Verwendungen - *insert*, *update*, *delete*, *select* - und für Spalten die zulässigen Operationen - *insert*, *update*, *display*, *nullify* - festgelegt werden (Abb. 11).

Veränderungen der Modulspezifikation sind notwendig, um das Maskenbild und das Layout der Berichte anzupassen. Die Spezifikation ist anzupassen, wenn auf eine Tabelle mehrfach zugegriffen wird oder die Verwendung von Summenbildungen erforderlich ist. Wenn einem Modul weitere Funktionen manuell zugeordnet werden, besteht die Möglichkeit, die entsprechenden Matrizen aus den Funktionsverwendungen automatisch abzuleiten.

5.3 Konstruktion

In der Konstruktionsphase können die Oracle CASE Generatoren verwendet werden, um ausführbaren Code zu generieren. Es lassen sich Oracle Forms-Anwendungen, Oracle Menu-Anwendungen, Oracle Reportwriter-Berichte, SQL*Plus-Berichte und die notwendigen SQL-Skripte zum Anlegen der Datenbank generieren. Analog lassen sich die Benutzerhandbücher und die technische Dokumentation auf Basis der im Dictionary abgelegten Informationen erstellen. Einerseits wird die Menühierarchie aufgrund des Modulnetzwerks und andererseits werden die Prozeduren zum gegenseitigen Aufruf der Module generiert. Die Tabellen- und Spaltenverwendungen werden für die Generierung von Formular- und Reportanwendungen ausgewertet, zusätzlich wird der Code zur Überwachung der Primär- und Fremdschlüssel sowie der Eindeutigkeitsbedingungen generiert. Ebenso werden kaskadierende Updates oder Löschoperationen unterstützt.

Die Datenbankadministration einschließlich der Definition von Constraints kann mit Hilfe des DDL-Command-Generators durchgeführt werden. Es kann jederzeit ein Abgleich zwischen Online Datenbank und dokumentierter Datenbank durchgeführt werden; die notwendigen Änderungen können auf beiden Seiten automatisch durchgeführt werden.

6 Zusammenfassung und Ausblick

Der Einsatz der INCOME/Methode zur Modellierung und Analyse von Geschäftsprozessen wurde anhand einer Fallstudie beschrieben. Die Möglichkeiten der INCOME-Tools zur Simulation und zur Geschäftsprozeßoptimierung wurden kurz aufgezeigt, auf die Notwendigkeit und die Möglichkeit der Analyse des Einsatzes von Ressourcen und der Untersuchung von Zeit- bzw. Kostenaspekten durch Simulationsstudien wurde hingewiesen. Die Analyse und Optimierung der Prozesse sollte prinzipiell im Vordergrund stehen, um die Geschäftsprozesse so zu planen, daß sie sowohl durch Informationssysteme als auch durch die Organisationsstruktur wirkungsvoll und ökonomisch sinnvoll unterstützt werden können.

Die INCOME/Methode schafft die Grundlagen, um den effizienten und effektiven Einsatz von Informationssystemen zu planen und um diese Informationssysteme zu realisieren. Die Varianten der INCOME/Methode lassen sich flexibel in unterschiedlichen Projekttypen und in Kombination mit anderen Methoden und Vorgehensmodellen einsetzen. Exemplarisch wurde

die Weiterverwendung von Geschäftsprozeßmodellen in CASE-Projekten und in Kombination mit der Oracle CASE Methode bzw. dem Information Engineering dargestellt, um die Möglichkeiten zur Realisierung effizienter Geschäftsprozesse aufzuzeigen.
Die Stärken sowohl der vorgestellten Methode(nkombination) als auch der Modellierungs- und Simulationsumgebung sind ihre klare Strukturierung, die durchgängige Unterstützung aller Phasen und insbesondere auch der Phasenübergänge, ihre Effektivität und die Mächtigkeit des Konzepts in Verbindung mit bereits eingeführten und eingesetzten Techniken.

Literatur

[BaLo92] Barker, R.; Longman, C.: CASE*Method - Function and Process Modelling. Addison-Wesley Publ. Comp, Wokingham, England,1992.

[Bark90] Barker, R.: CASE*Method - Entity Relationship Modelling. Addison-Wesley Publ. Comp, Wokingham, England 1990.

[Chen76] Chen, P.P.: The entity-relationship model: Toward a unified view of data. In: ACM Transactions on Database Systems 1 (1976) 1, S. 166 - 192.

[Genr87] Genrich, H.J.: Predicate/transition nets. In: Brauer, W.; Reisig, W.; Rozenberg, G.; (Hrsg.): Petri Nets: Central Models and their Properties, LNCS 254, Springer-Verlag, Berlin Heidelberg 1987.

[HaCh94] Hammer, M.; Champy, J.: Business Reengineering: Die Radikalkur für das Unternehmen. Campus Verlag, Frankfurt 1994.

[KnHe93] Knolmayer, G.; Herbst, H.: Business Rules. Wirtschaftsinformatik 35 (1993) 4, S. 386-390.

[LNO89] Lausen, G.; Németh, T.; Oberweis, A.; Schönthaler, F.; Stucky, W.: The INCOME approach for conceptual modelling and rapid prototyping of information systems. In: Proc. First Nordic Conference on Advanced Systems Engineering CASE89, Stockholm, 1989.

[Mart89] Martin, J.A.: Information Engineering: A Trilogy. Prentice-Hall, Englewood Cliffs, NJ 1989.

[Ober91] Oberweis, A.: System simulation with Petri nets: a new concept combining procedural and declarative system knowledge. In: Proc. European Simulation Multiconference, Copenhagen, Danmark, June 1991.

[ObSc93] Oberweis, A.; Schönthaler, F.: Simulation datenbankgestützer Automatisierungssysteme mit INCOME. In: Proc. 3. Fachtagung Entwurf komplexer Automatisierungssysteme, Methoden, Anwendungen und Tools auf der Basis von Petri-Netzen und anderer formaler Beschreibungsmittel, Braunschweig 1993, S. 317-333.

[PROM94] PROMATIS Informatik: INCOME: Analyse, Simulation und Realisierung von

Geschäftsprozessen. Karlsbad 1994.

[PROM95] PROMATIS Informatik: INCOME: Optimierung von Geschäftsprozessen. Karlsbad 1995.

[Reis86] Reisig, W.: Petrinetze: Eine Einführung. Springer-Verlag, Berlin, Heidelberg 1986.

[RoWi91] Rosenstengel, B.; Winand, U.: Petri-Netze, Eine anwendungsorientierte Einführung. 4. Auflage, Vieweg, Braunschweig, Wiesbaden 1991.

[Sche92] Scheer, A.-W.: Architektur integrierter Informationssysteme: Grundlagen der Unternehmensmodellierung. 2. Auflage, Springer Verlag, Berlin, Heidelberg 1992.

[ScOb93] Schönthaler, F.; Oberweis, A.: Simulation betrieblicher Abläufe mit INCOME und Oracle CASE. In: Proc. 5. Kolloquium Software-Entwicklung - Methoden, Werkzeuge, Erfahrungen, Technische Akademie Esslingen 1993, S. 57-68.

[Star90] Starke, P. H. : Analyse von Petri-Netz-Modellen, B. G. Teubner, Stuttgart 1990.

[Varh94] Varhol, P. D.: Enterprisewide Reengineering and Restructuring. Computer Technology Research Corp., Charleston, SC 1994.

Betriebswirtschaftlich-organisatorische Fundierung von Vorgangssteuerungssystemen*

Ulrich Hasenkamp

Zusammenfassung

Die Vorgangssteuerung als Teilgebiet von CSCW ist im wesentlichen von Seiten der Informatik bearbeitet worden, während die betriebswirtschaftliche Organisationslehre vergleichsweise wenig zu der Entwicklung beigetragen hat. Es werden die wichtigsten Beziehungen zwischen der Vorgangssteuerung und der Organisationslehre aufgezeigt, und zwar die tatsächlich vorhandenen sowie die wünschenswerten. Besondere Beachtung verdienen dabei der Begriff der Gruppe und die Fragen der organisatorischen Einführung der Vorgangssteuerung. In einem Ausblick wird der Weg zu einer fruchtbaren Einbeziehung organisationstheoretischer Ansätze in die Konzipierung und Weiterentwicklung von Vorgangssteuerungssystemen aufgezeigt.

1 Vorgangssteuerung als Teilgebiet von CSCW (Computer Supported Cooperative Work)

Die Aufgaben in Wirtschaft und Verwaltung werden in aller Regel arbeitsteilig erfüllt. Die Betriebswirtschaftslehre befaßt sich seit ihren Anfängen in Form der Managementlehre und der Organisationslehre mit der rationalen Gestaltung der Arbeitsteiligkeit und der Koordination. Deshalb ist es bemerkenswert, daß in den letzten zehn bis fünfzehn Jahren unter dem Schlagwort *Computer Supported Cooperative Work* (CSCW) ein Forschungsgebiet entstanden ist, das überwiegend von anderen Disziplinen als der Betriebswirtschaftslehre - insbesondere von der Informatik - getragen wird[1].

Inzwischen sind über die Forschungsprototypen hinaus viele Systeme entstanden, die kommerziell angeboten werden und an der Schwelle zur weiten Verbreitung in der Praxis stehen. Damit eröffnet sich ein Potential für grundlegend neue betriebswirtschaftliche Ansätze der Aufgabenerfüllung, weil die Informations- und Kommunikationstechnik zur aktiven Steuerung von betriebswirtschaftlichen Prozessen eingesetzt werden kann. Selbst wenn man dieser optimistischen Einschätzung des Verfassers nicht folgen will, dann kann zumindest von einem neuen Paradigma gesprochen werden [HuRS91], mit dem sich auch die Betriebswirtschaftslehre auseinandersetzen muß.

Es soll im folgenden untersucht werden, inwieweit die betriebswirtschaftliche Organisationslehre Grundlagen für Vorgangssteuerungssysteme bereitstellt. Dazu muß zunächst der Begriff der Vorgangssteuerung als Teilgebiet von CSCW erläutert werden.

Das Forschungsgebiet CSCW befaßt sich mit der Unterstützung kooperativen Arbeitens durch Informations- und Kommunikationstechnik (IuK-Technik) [HaSy94, 15]. Ziel ist es, die Zusammenarbeit von Menschen zu verbessern, d. h. effizienter und flexibler, zugleich aber auch humaner zu gestalten. CSCW wird also nicht anhand der zum Einsatz kommenden Technik definiert, sondern anhand der Spezifität der zu erfüllenden Arbeit, nämlich des kooperativen Charakters[2].

Unter CSCW läßt sich eine große Zahl unterschiedlicher Ansätze zusammenfassen. Die Vorgangssteuerung, die auch als *Workflow-Management* bezeichnet wird, basiert auf dauerhaft im Rahmen der organisatorischen Regelungen festgelegten Kommunikationsbeziehungen und Entscheidungskompetenzen. Sie unterstützt vor allem die zeitlich versetzte Kommunikation zwischen räumlich entfernten Bearbeitern [HaSy93, 407]. Damit grenzt sich dieses CSCW-Teilgebiet von den Forschungsarbeiten ab, die beispielsweise die synchrone Entscheidungsfindung, die Sitzungsunterstützung für in einem Raum tagenden Gremien oder die explorative Arbeit in wechselnden Kleingruppen zum Gegenstand haben [John92]. Allerdings ist die Vorgangssteuerung nicht auf dauerhaft spezifizierte, von zentralen Instanzen vorgegebene Vorgänge beschränkt, sondern umfaßt - je nach Forschungsansatz - auch dezentral definierte Vorgänge bis hin zu ad-hoc-Vorgängen. Im Mittelpunkt des Interesses stehen meist stark strukturierte Vorgänge. Es wird aber versucht, die Systeme so zu gestalten, daß im Interesse einer durchgängig nutzbaren Arbeitsplattform *auch* schwächer strukturierte Probleme eingebunden werden können.

Da bei der Untersuchung der betriebswirtschaftlich-organisatorischen Grundlagen der Vorgangssteuerung auch der Begriff *Gruppe* angesprochen wird, ist der in der aktuellen Literatur häufig vorkommende Begriff *Workgroup Computing* auf Relevanz zu prüfen. Da es beim Workgroup Computing in der Regel um schwach strukturierte Aufgaben geht, die von temporär zusammengesetzten Gruppen bei geringer Einbindung in die Gesamtorganisation bearbeitet werden, handelt es sich einen anderen Ansatz als die Vorgangssteuerung im hier vertretenen Sinne [eine genauere Abgrenzung findet sich bei HaSy94, 26-28]. Petrovic bringt den Begriff in einen engen Zusammenhang mit Teamkonzepten [Petr93].

Schließlich muß auf den populären Begriff *Groupware* eingegangen werden. Dieser Begriff wird in der wissenschaftlichen Literatur kaum verwendet und entzieht sich einer genauen Definition. Da er überwiegend im Marketing für Softwareprodukte verwendet wird, die in irgendeiner Form Personenmehrheiten unterstützen, ohne daß die Spezifika der

Vorgangssteuerung einfließen, wird auch dieser Begriff hier im weiteren nicht verwendet. [Vgl. dagegen Pank90, 52; LeKr91].

2 Wissenschaftliche Grundlagen der Vorgangssteuerung

Während der heute gebräuchliche Begriff *Workflow-Management* erst seit wenigen Jahren, vor allem von Seiten der Hersteller von sogenannten Integrierten Bürokommunikationssystemen oder von Dokumenten-Management-Systemen verwendet wird [HaLa91; Spra93], wird die Vorgangssteuerung im Sinne von CSCW bereits seit dem Ende der siebziger Jahre unter Begriffen wie "Office Procedure Automation" wissenschaftlich untersucht [Zism77].

Es sind Arbeitsprozesse im Bürobereich zu koordinieren, die zur Abwicklung von Geschäftsvorfällen oder Transaktionen initiiert werden und im Sinne der betrieblichen Aufgabenerfüllung eine Einheit darstellen. Die arbeitsteiligen Prozesse sind bei konventioneller papierbasierter Bearbeitung durch die Weiterleitung von Information in Form von Belegen, Formularen, Akten usw. von einem menschlichen Bearbeiter zum nächsten gekennzeichnet.

Die erforderliche Koordination ist in erster Linie eine Aufgabe der betrieblichen Organisation; entsprechend befaßt sich die betriebswirtschaftliche Organisationslehre im Rahmen der Aufbau-, vor allem aber der Ablauforganisation wissenschaftlich mit dem Problem [vgl. z. B. Kosi80]. Allerdings ist die Ablauforganisation mit geringerer Intensität als die Aufbauorganisation behandelt worden. Dabei wurden wichtige Neuerungen im Bereich der IuK-Technik in der Organisationslehre bisher noch nicht ausreichend berücksichtigt.

In die entstandene Lücke ist die Informatik bzw. die amerikanische *Computer Science* gestoßen. Als wichtige Forschungsarbeiten sind beispielhaft TLA [Tsic82], Officetalk-D [ElBe82], ICN [ElNu80; hier auch ein Überblick zu weiteren Projekten] sowie ProMInanD [Karb94] zu nennen[3]. Methodisch sind sehr viele Arbeiten auf Petri-Netze bzw. auf Erweiterungen davon abgestützt. Häufig wird von den Autoren postuliert, ohne daß dies empirisch überprüft wäre, daß auch der Endbenutzer eines Vorgangssteuerungssystems die Petri-Netz-Notation verstehen könne.

Der Anspruch von Vorgangssteuerungssystemen, nämlich die Abwicklung der Geschäftsvorfälle in der Wirtschaft sinnvoll mit IuK-Technik zu unterstützen, erfordert zwingend auch eine soziologische, psychologische, verhaltenswissenschaftliche und rechtswissenschaftliche Fundierung. Die Einführung von IuK-Technik als steuerndes Element in eine bisher personell beherrschte Domäne ist ein sehr sensibler Bereich, bei dem sowohl individuelle wie auch gesellschaftliche Vorbehalte größeres Gewicht haben können als die technische Perfektion einer Lösung [vgl. z.B. Ober91]. Aus diesem Grunde kann die Entwicklung von Vorgangssteuerungssystemen nur interdisziplinär angegangen werden.

3 Beiträge der betriebswirtschaftlichen Organisationslehre als Grundlage der Vorgangssteuerung

3.1 Aufbau- und Ablauforganisation

In klassischer Betrachtung werden der organisatorische Aufbau und der organisatorische Ablauf als Dimensionen organisatorischer Gestaltung unterschieden. Sie sind nicht voneinander unabhängig, sondern sind zwei Seiten der selben Medaille. Allerdings wurden ablauforganisatorische Fragestellungen im Rahmen der Organisationslehre jahrzehntelang sehr stiefmütterlich behandelt; während der Schwerpunkt der Forschung und der Lehrbücher auf der Aufbauorganisation lag. Es existiert gegenwärtig keine geschlossene ablauforganisatorische Konzeption [vgl. Fres87, 170]. Dies ist aus der Sicht der Vorgangssteuerung zu bedauern, denn hierbei haben ablauforganisatorische Fragen großes Gewicht, die Organisationslehre liefert aber nur wenig Hilfestellung.

Um das Verhältnis von Organisationslehre auf der einen Seite und Wirtschaftsinformatik und Informatik auf der anderen Seite aus einem anderen Blickwinkel zu betrachten, wird auf eine aktuelle Untersuchung der verfügbaren rechnergestützten Informationssysteme zur Unterstützung der organisatorischen Gestaltung zurückgegriffen [Kort93, 67-148]. Es wird eine größere Zahl von rechnergestützten Informationssystemen mit speziellem aufbauorganisatorischem Fachaufgabenbezug vorgestellt. Teilweise werden ablauforganisatorische Aspekte mit abgedeckt (z. B. in den Ansätzen der mathematischen Organisationstheorie [Schü92] oder bei rechnergestützten Organisationshandbüchern). Es gibt aber relativ wenige Informationssysteme, die primär ablauforganisatorischen Fragestellungen gewidmet sind. Beispielhaft dienen solche Systeme der Erfassung von Abläufen als Folgeplan oder Folgestruktur, der graphischen Aufbereitung von Ablaufstrukturen oder der automatischen Umsetzung von Folgestrukturen in Folgepläne und Arbeitsanweisungen [Kort93, 98] oder der Kommunikationsanalyse [FrKr91].

Zum praktischen Einsatz der Systeme mit ablauforganisatorischem Schwerpunkt resümiert von Kortzfleisch:

"So spricht die gegenüber der Aufbauorganisation wesentlich größere Bedeutung der Ablauforganisation dafür, daß insbesondere rechnergestützte Techniken der Ablauforganisation, rechnergestützte Prozeßanalysen und gegebenenfalls marktreife Ablaufstrukturgeneratoren in der Praxis besonderen Anklang finden könnten. Da rechnergestützte Prozeßanalysen hauptsächlich im Zusammenhang mit ablauforganisatorischen Gestaltungsaufgaben bei der Einführung neuer Informations- und Kommunikationstechniken (IV-Organisation) diskutiert werden [...] und diesen IV-Organisationsaufgaben aus Sicht der Praxis eine sehr hohe und weiterhin zunehmende Bedeutung zukommt, können die Einsatzchancen steigen. Speziell für die Unternehmungsberatungs-Praxis ergibt sich allerdings aus den empirischen Ergebnissen, daß gegenwärtig solche Programme kaum verwendet werden" [Kort93, 147 mit Verweis auf Tril92].

Teilweise rechnet von Kortzfleisch solche Systeme einem ablauforganisatorischen Schwerpunkt zu, die mehr aus einem Wirtschaftsinformatik- oder Informatikumfeld als aus der betriebswirtschaftlichen Organisationslehre entstammen. Beispielsweise sind hier das DOMINO-System aus dem WISDOM-Projekt [Krei84] oder das System WorkParty [RuWe94] zu nennen.

Die immer noch geringe Rolle der Ablauforganisation in der betriebswirtschaftlich-organisatorischen Forschung zeigt auch die Arbeit von Laßmann [Laßm92]. Laut Geleitwort von Frese (S. V) stellt sich für jeden organisationstheoretischen Ansatz die Frage, wie die aus der interpersonellen Arbeitsteilung resultierenden gegenseitigen Abhängigkeiten zwischen organisatorischen Einheiten und Bereichen durch Koordinationsmaßnahmen berücksichtigt werden sollen. Während dies m. E. zwingend auch eine ablauforganisatorische Grundlagenarbeit erfordert, zeigt sich in der Dissertation eine weitgehende, fast ausschließliche Befassung mit aufbauorganisatorischen Fragestellungen.

3.2 Die Gruppe in der betriebswirtschaftlichen Organisationslehre

Das bereits erwähnte Schlagwort *Groupware* sowie die häufige Verwendung des Begriffs *Workgroup Computing* im Zusammenhang mit CSCW legen es nahe, den Begriff der Gruppe aus der Sicht der betriebswirtschaftlichen Organisationslehre zu untersuchen. Von Gruppe wird dann gesprochen, wenn mehrere Personen über einen längeren Zeitraum hinweg in (direkter) Interaktion stehen, sich als durch ein Wir-Gefühl verbunden ansehen, gemeinsame Normen aufstellen und die Rollen innerhalb der Gruppe differenziert werden [so z. B. Stae91, 242]. Diese Kriterien treffen im wesentlichen auch auf die im Rahmen eines Vorgangssteuerungssystems zusammenarbeitenden Personen zu. Lediglich das gelegentlich genannte zusätzliche Kriterium für eine Gruppe, nämlich die räumliche Nähe [Stae91, 242], sowie das Erfordernis der *direkten*, d. h. *face-to-face* Interaktion, lassen sich auf Vorgangssteuerungssysteme nicht anwenden. Nach Meinung des Verfassers zeugen diese Kriterien auch von einem Verständnis des betrieblichen Geschehens, das von den informations- und kommunikationstechnischen Veränderungen der letzten Jahre noch keine Kenntnis genommen hat. Von Vorganssteuerungssystemen werden immer *formelle*, manchmal auch *informelle* Gruppen [StSc93, 503] angesprochen.

Das Kriterium der gemeinsamen Normen findet sich bei Vorgangssteuerungssystemen in dem häufig auftretenden Fall der zentral vorgegebenen Vorgangstypen [zum Begriff vgl. Hase87, 56]. Aber auch bei dezentral verwalteten Vorgangstypen ist in aller Regel von gemeinsamen Normen auszugehen, was sich in dem Ausdruck *kooperatives Arbeiten* niederschlägt, mit dem CSCW-Systeme belegt werden.

Die Gruppe wird nach unten vage abgegrenzt zum *Team* [Wahr94, 41]. Dieser Abgrenzung entspricht der Unterschied zwischen der Vorgangssteuerung und den Teamansätzen innerhalb von CSCW [vgl. z. B. Petr93 oder LeKr93].

In der betriebswirtschaftlichen Literatur haben sich einige Gruppenansätze dauerhaft durchgesetzt, von den die wesentlichen hier kurz genannt und in Beziehung zu Vorgangssteuerungssystemen gesetzt werden.

Likert sieht in Gruppen eine Möglichkeit zu Produktivitätssteigerungen [Like61], weil Mitarbeiter den Entscheidungen, an denen sie selbst mitgewirkt haben, positiver entgegenstehen. Damit diese Gruppen die gesamte Organisation umfassen können, werden sie überlappend vorgesehen und durch *linking pins* koordiniert. Einige organisatorische Aspekte der Likertschen Gruppen treffen auf Vorgangssteuerungssysteme zu, so z. B. die Reduktion oder zumindest die Bedeutungsmilderung von Hierarchien. Andererseits findet aber die große Bedeutung der Entscheidungsallokation keine Entsprechung bei den Vorgangssteuerungssystemen. Panko weist darauf hin, daß die Umgehung der hierarchischen Berichtswege positiv sein kann, aber auch in allen Richtungen der Kommunikationswege (aufwärts, abwärts oder auf gleicher Ebene in der Hierarchie) negative Effekte haben kann [Pank92, 353 f.].

Auch beim *Collegue-Modell* nach Golembiewski [Gole67] liegt großes Gewicht auf der Frage, wo die Entscheidungskompetenz in einer Gruppe zuzuordnen ist. Es wird ein differenziertes Schema eingeführt, bei dem essentielle Entscheidungen durch die ganze Gruppe entschieden werden, während sogenannte *technical issues* entweder generell vorab entschieden sind oder von Einzelnen geklärt werden können. Dieser Ansatz läßt sich anhand des Rollenmodells in Vorgangssteuerungssystemen [NeNe94] durchaus vorstellen, ist aber m. W. in keinem existierenden System ausdrücklich aufgegriffen worden.

Die situativ unterschiedliche Bedeutung von Gruppenentscheidungen wird von Schnelle in seinem Konzept der vermaschten Teams noch konsequenter eingesetzt [Schn66]. Gruppen haben nur noch besondere Aufgaben zu lösen, die durch hohe Komplexität gekennzeichnet sind. Sie bestehen deshalb nur so lange, wie das Problem noch nicht gelöst ist. Damit ist der vorliegende betriebswirtschaftliche Management innerhalb der CSCW-Gebiete eindeutig den teamorientierten Ansätzen, etwa den Entscheidungsraum-Systemen, zuzurechnen und hat keine direkte Relevanz für Vorgangssteuerungssysteme. Erstaunlicherweise werden die Ideen von Schnelle bei den teamorientierten CSCW-Forschungsprojekten nicht herangezogen. Dies gilt auch für eine Weiterentwicklung des Schnelle-Ansatzes durch Irle [Irle71], bei dem Entscheidungsgruppen ausdrücklich als *Task Force* für neuartige und inhaltlich einmalige Probleme eingesetzt werden. Die spezielle Ausrichtung widerspricht eindeutig der Zielsetzung von Vorgangssteuerungssystemen, bei denen einmalige Vorgänge bestenfalls als Ausnahme vorgesehen sind.

Der vermeintlich neueste Gruppenansatz in der organisatorischen Diskussion ist die *teilautonome Gruppe.* Allerdings wurden derartige Systeme aufbauend auf Vorarbeiten aus den zwanziger Jahren [HeLa22] bereits in den fünfziger Jahren eingeführt und auch außerhalb der Fertigung in den Unternehmen eingesetzt [vgl. Wahr94, 35 f. sowie 39]. Die gewährte Autonomie betrifft dabei z. B. die Arbeitsausführung, die Mitgliederauswahl und die interne Führung. Diese Gedanken finden keine Entsprechung bei Vorgangssteuerungssystemen.

Als Fazit aus diesem Abschnitt können zwei Hypothesen aufgestellt werden. Einerseits hat die Organisationslehre bis zum heutigen Tage noch nicht aufgegriffen, daß die Fortschritte in der Informations- und Kommunikationstechnik nicht nur graduelle Verbesserungen in der Aufgabenerfüllung an einzelnen Arbeitsplätzen bringen oder die Kommunikation beschleunigen kann, sondern daß vernetzte IuK-Systeme das Potential für neuartige Lösungen der Arbeitsteilung beinhalten. Andererseits wird aber im Bereich der gruppenorientierten CSCW-Forschung offenbar bisher nicht ausreichend zur Kenntnis genommen, was in der Tradition der betriebswirtschaftlichen Organisationslehre bereits an Grundlagenarbeit geleistet wurde.

3.3 Organisatorische Einführung von Vorgangssteuerungssystemen

Die Einführung von Vorgangssteuerungssystemen in Unternehmen hat einerseits eine technische Dimension, indem Software installiert und integriert werden muß, wobei die Interdependenzen mit existierenden Anwendungen die größten Probleme aufwerfen. Aus Sicht dieser Untersuchung sind aber die organisatorischen Fragen der Einführung zu beleuchten. Hierbei sollen nicht die allgemeinen Probleme der Einführung von Informationssystemen wiederholt werden, die bereits vielfach diskutiert worden sind.

Spezifische Probleme der Einführung von Vorgangssteuerungssystemen resultieren aus dem strukturverändernden Potential von Vorgangssteuerungssystemen. Zwar gibt es nach wie vor personelle und maschinelle Aufgabenträger, die arbeitsteilig an der Erfüllung der betrieblichen Aufgabe mitwirken, die Koordination des Zusammenwirkens liegt aber nicht mehr ausschließlich bei Menschen, sondern kann in Teilen auch von maschinellen Komponenten des Informationssystems wahrgenommen werden [vgl. Klot94, 135]. Neben der Tatsache, daß hier ein Paradigmenwechsel bezüglich der Rolle der IuK-Technik stattfindet, ist auch zu beobachten, daß Strukturveränderungen besonders im mittleren Management hervorgerufen werden. Viele Aufgaben des mittleren Managements entfallen möglicherweise, die man aus heutiger Sicht als "mechanistische" Koordinierungsfunktion bezeichnen könnte. Aus diesem Grunde ist bei der Einführung nicht nur auf die Akzeptanz neuer Systeme auf der ausführenden Ebene zu achten, sondern insbesondere auch hinsichtlich der Auswirkungen auf die mittlere Managementebene zu achten.

Bisher ungelöst, bestenfalls ansatzweise angedacht, ist die Problematik der denkbaren Überwachung der Mitarbeiter in unzulässiger Weise. Zwar gibt es bereits erfolgreiche Einführungen, bei denen diese Klippe umschifft wurde [vgl. z. B. Jord94, 121], doch können hier für zukünftige Projekte noch erhebliche Probleme erwartet werden.

Panko schlägt vor, die bei Einführungen beobachteten oder zu erwartenden Probleme nicht erst in der Einführungsphase abzufangen, sondern bereits beim Entwurf der Systeme zu antizipieren und durch qualitativ hochwertige Produkte zu vermeiden [Pank92]. Zu den Problemen gehören zum Beispiel das Unterschreiten der kritischen Masse, die zurückgehende Nutzungsintensität im Anschluß an die Einführungsphase, die unterschiedlich intensive Nutzung durch verschiedene Personen. Diese Probleme müssen im Grobkonzept des Informationssystems berücksichtigt sein, um Einführungsprobleme sicher zu umgehen.

Ein von Panko gegebenes Beispiel für Electronic-Mail-Systeme [Pank92, 343] kann wie folgt auf Vorgangssteuerungssysteme übertragen werden. Es gibt intensive, laxe und Nicht-Nutzer, die alle an der Vorgangsbearbeitung zu beteiligen sind. Für den intensiven Nutzer steht die volle Funktionalität des Systems unmittelbar zur Verfügung. Zur Integration der Nicht-Nutzer, eventuell auch der laxen Nutzer, wären erhebliche Anstrengungen in der Einführungsphase erforderlich. Da der Erfolg trotzdem nicht zu garantieren wäre, wird statt dessen das System so geändert, daß der laxe, zum Delegieren neigende Nutzer eine personelle Unterstützung z.B. durch Vorabsichtung der anstehenden Vorgänge seitens einer Sekretärin, erhält. Für den Nicht-Nutzer wird entgegen der Systemphilosophie vorgesehen, alle Vorgangsschritte auszudrucken und auf konventionellem Wege vorzulegen. Selbstverständlich ist dann auch ein Wiedereinspeisen der Arbeitsergebnisse auf personellem Wege zu gewährleisten. Flankierend muß ein Mahn- und Frühwarnsystem ergänzt werden, um die Durchlaufzeit von Vorgängen zu limitieren.

In einer anderen Arbeit mahnt Panko, *bescheidene* Systeme einzuführen.

> "Just as humble spreadsheets produced major gains while sophisticated decision support systems remained small, humble groupware may soon produce significant benefits on a large scale, and researchers need to help organizations unterstand humble groupware, including their impacts, adoption, and use" [Pank90, 58 f.].

Weiterhin sollten die Systeme eingebettet in das komplexe System der organisationalen Arbeitsteilung konzipiert und eingeführt werden.

4 Zusammenfassung und Ausblick

Bei der Untersuchung des Zusammenhangs von betriebswirtschaftlich-organisatorischer Forschung und Vorgangssteuerungssystemen sind Defizite auf beiden Seiten diagnostiziert worden. Da die Entwicklung und vor allem der Einsatz von Vorgangssteuerungssystemen erst am Anfang stehen, ist eine Zusammenführung der unterschiedlichen Erkenntnisse noch ohne weiteres möglich. Unter dem Schlagwort *Organisationale Intelligenz* [vgl. z. B. Kirn94] ist der Ansatzpunkt für eine gemeinsame Basis bereits gegeben.

Hier geht es darum, das Wissen über die Organisation so abzubilden, daß die Möglichkeiten der IuK-Technik ausgeschöpft werden und neuartige Lösungen auf einer Infrastruktur aufsetzen können. Damit ist der Organisation gedient, andererseits ist aber der Boden für flexible Vorgangssteuerungssysteme geebnet, die nicht dem Vorurteil entsprechen müssen, lediglich eine Standardlösung zu bieten, die aber dem betrieblichen Alltag mit all seinen Ausnahmeerscheinungen nicht gerecht wird. In diesem Sinne können die Kognition, das Gedächtnis, das Lernen, die Kommunikation und das Schließen [Kirn94, 235 f.] in vorsichtigen Schritten so in Vorgangssteuerungssysteme integriert werden, daß ein großer Nutzen entsteht.

Anmerkungen

* Die Arbeit wurde von der Deutschen Forschungsgemeinschaft unter Nr. Ha 2194/1-1 gefördert.

1 Der Begriff CSCW wurde erstmals von *Irene Greif* 1984 verwendet; das Forschungsgebiet wurde aber bereits Ende der 60er Jahre begründet. [BaSc93; PoCa93].

2 Diese Aussage gilt nicht für alle US-amerikanischen Forschungen [Wils94, S. 6].

3 *Malm* bezeichnet eine im Internet per FTP abrufbare Übersicht als *Unofficial Yellow Pages of CSCW, Groupware, Prototypes, and Projects* [Malm94].

Literatur

[BaSc93] *Bannon, Liam; Schmidt, Kjeld:* CSCW: Four characters in search of a context. In: *Baecker, R.M. (Hrsg.):* Readings in Groupware and Computer Supported Cooperative Work: assisting human-human collaboration. San Mateo, CA 1993, S. 50-60.

[ElBe82] *Ellis, Clarence A.; Bernal, Marc:* Officetalk-D. An Experimental Office Information System. In: *Limb, J. O. (Hrsg.):* SIGOA Conference on Office Automation Systems, June 21-23, 1982, Philadelphia, PA. ACM o.O 1982, S. 131-140.

[ElNu80] *Ellis, Clarence A.; Nutt, Gary J.:* Office Information Systems and Computer Science. In: Computing Surveys 12 (1980) 1, S. 27-60.

[FrKr91] *Frank, Ulrich; Kronen, Juliane:* Kommunikationsanalyseverfahren. Theoretische Konzepte, Anwendungspraxis und Perspektiven zur Gestaltung von Informationssystemen. Braunschweig 1991.

[Fres87] *Frese, Erich:* Grundlagen der Organisation. Die Organisationsstruktur der Unternehmung. 3. Aufl., Wiesbaden 1987.

[Gole67] *Golembiewski, R.T.:* Toward the colleague concept of staff. In: *Golembiewski, R.T. (Hrsg.):* Organizing Men and Power. Chicago 1967, S. 118-141.

[HaLa91] *Hales, K.; Lavery, M.:* Workflow Management Software: the Business Opportunity. Ovum Report, London 1991.

[Hase87] *Hasenkamp, Ulrich:* Konzipierung eines Bürovorgangssystems. Informations- und Kommunikationstechnik zur aktiven Steuerung von Bürovorgängen. Habilitationsschrift, Universität zu Köln 1987.

[HaSy93] *Hasenkamp, Ulrich; Syring, Michael:* Konzepte und Einsatzmöglichkeiten von Workflow-Management-Systemen. In: *Kurbel, Karl (Hrsg.):* Wirtschaftsinformatik '93. Innovative Anwendungen, Technologie, Integration. 8.-10.März 1993, Münster. Heidelberg 1993, S. 405-422.

[HaSy94] *Hasenkamp, Ulrich; Syring, Michael:* CSCW (Computer Supported Cooperative Work) in Organisationen - Grundlagen und Probleme. In: *Hasenkamp, Ulrich; Kirn, Stefan; Syring, Michael (Hrsg.):* CSCW - Computer Supported Cooperative Work. Informationssysteme für dezentralisierte Unternehmensstrukturen. Bonn et al. 1994, S. 15-37.

[HeLa22] *Hellpach, W.; Lang, R.:* Gruppenfabrikation. Berlin 1922.

[HuRS91] *Hughes, J.; Randall, D.; Shapiro, D.:* CSCW: Discipline or Paradigma? In: *Bannon, L.; Robinson, M.; Schmidt, K. (Hrsg.):* Proceedings of the Second European Conference on Computer Supported Cooperative Work, Sept. 25-27, 1991, Amsterdam. Dordrecht et al. 1991, S. 309 ff.

[Irle71] *Irle, Martin:* Macht und Entscheidungen in Organisationen. Frankfurt 1971.

[John92] *Johnson, Philip:* Supporting Exploratory CSCW with the EGRET Framework. In: Proceedings of the Conference on CSCW, Oct 31 to Nov 4, 1992, Toronto, Canada. ACM o.O. 1992, S. 298-305.

[Jord94] *Jordan, Birgit:* Praxisbericht: Einführung einer ganzheitlichen Kreditbearbeitung. In: *Hasenkamp, Ulrich (Hrsg.):* Einführung von CSCW-Systemen in Organisationen. Tagungsband der D-CSCW '94. Braunschweig, Wiesbaden 1994, S. 111-124.

[Karb94] *Karbe, Bernhard:* Flexible Vorgangssteuerung mit ProMInanD. In: *Hasenkamp, Ulrich; Kirn, Stefan; Syring, Michael (Hrsg.):* CSCW - Computer Supported Cooperative Work. Informationssysteme für dezentralisierte Unternehmensstrukturen. Bonn et al. 1994, S. 117-133.

[Kirn94] *Kirn, Stefan:* Organisationale Intelligenz, kooperative Softwaresysteme und CSCW. In: *Hasenkamp, Ulrich; Kirn, Stefan; Syring, Michael (Hrsg.):* CSCW - Computer Supported Cooperative Work. Informationssysteme für dezentralisierte Unternehmensstrukturen. Bonn et al. 1994, S. 231-254.

[Klot94] *Klotz, Ulrich:* Business Reengineering - Neukonstruktion statt Schlankheitskur. In: *Hasenkamp, Ulrich (Hrsg.):* Einführung von CSCW-Systemen in Organisationen. Tagungsband der D-CSCW '94. Braunschweig, Wiesbaden 1994, S.

[Kort93] *von Kortzfleisch, Harald F. O.:* Rechnergestützte organisatorische Gestaltung. Entwicklungsstand und betriebswirtschaftliche Beurteilung. Bergisch Gladbach 1993.

[Kosi62] *Kosiol, Erich:* Organisation der Unternehmung. Wiesbaden 1962.

[Kosi62] *Kosiol, Erich:* Ablauforganisation, Grundprobleme der. In: *Grochla, Erwin (Hrsg.):* Handwörterbuch der Organisation. 2. Aufl., Stuttgart 1980.

[Krei84] *Kreifelts, Thomas:* DOMINO: Ein System zur Abwicklung arbeitsteiliger Vorgänge im Büro. In: Angewandte Informatik 26 (1984) 4, S. 137-146.

[Laßm92] *Laßmann, Arndt:* Organisatorische Koordination. Konzepte und Prinzipien zur Einordnung von Teilaufgaben. Wiesbaden 1992.

[LeKr91] *Lewe, Henrik; Krcmar, Helmut:* Groupware. In: Informatik-Spektrum 14 (1991) 6, S. 345-348.

[LeKr93] *Lewe, Henrik; Krcmar, Helmut:* Computer Aided Team mit GroupSystems: Erfahrungen aus dem praktischen Einsatz. In: Wirtschaftsinformatik 35 (1993) 2, S. 111-119.

[Like61] *Likert, Rensis:* New Patterns of Management. New York et al. 1961.

[Malm94] *Malm, Pål S.:* CSCW and groupware. A Classification of CSCW-Systems in a technological perspective. Tromsø 1994 (Internet ftp://gorgon.tft.tele.no/pup/groupware/)

[McJo97] *McLeod, Raymond; Jones, Jack William:* A Framework for Office Automation. In:

MIS Quarterly, March 1987, S. 87-104.

[NeNe94] *Newman, Julian; Newman, Rhona:* Role, Right and Rationality in the Business Process. In: *Hasenkamp, Ulrich (Hrsg.):* Einführung von CSCW-Systemen in Organisationen. Tagungsband der D-CSCW '94. Braunschweig, Wiesbaden 1994, S. 3-12.

[Ober91] *Oberquelle, Horst (Hrsg.):* Kooperative Arbeit und Computerunterstützung: Stand und Perspektiven. Arbeit und Technik 1, Verlag für angewandte Psychologie 1991.

[Pank90] *Panko, Raymond R.:* Embedded, Humble, Intimate, and Multicultural Groupware for Real Groups. In: Proceedings of the 23. Annual Hawaii International Conference on System Sciences. IEEE 1990, S. 52-61.

[Pank92] *Panko, Raymond R.:* Designing Groupware for Implementation. In: Information and Behavior, IV (1992), S. 375-367.

[Petr93] *Petrovic, Otto:* Workgroup Computing - Computergestützte Teamarbeit. Informationstechnische Unterstützung für teambasierte Organisationsformen. Heidelberg 1993.

[PoCa93] *Power, Richard J. D.; Carminati, Lorella:* Computer Supported Cooperative Work. In: *Power, Richard J. D. (Hrsg.):* Cooperation among organizations. Berlin et al. 1993, S. 13-25.

[RuWe94] *Rupietta, Walter; Wernke, Gerd:* Umsetzung organisatorischer Regelungen in der Vorgangsbearbeitung mit WorkParty und ORM. In: *Hasenkamp, Ulrich; Kirn, Stefan; Syring, Michael (Hrsg.):* CSCW - Computer Supported Cooperative Work. Informationssysteme für dezentralisierte Unternehmensstrukturen. Bonn et al. 1994, S. 135-154.

[Schn66] *Schnelle, Eberhard:* Entscheidung im Management. Quickborn 1966.

[Schü93] *Schüler, W.:* Mathematische Ansätze der Organisationstheorie. In: *Frese, E. (Hrsg.):* Handwörterbuch der Organisation. 3. Aufl., Stuttgart 1992, Sp. 1806-1817.

[Spra93] *Sprague, Ralph H. Jr.:* Electronic Document Management: Challenges and Opportunities. Universität von Hawaii, Honolulu 1993 (zur Veröffentlichung eingereicht).

[Stae91] *Staehle, Wolfgang H.:* Management. 6. Aufl., München 1991.

[StSc93] *Steinmann, Horst; Schreyögg, Georg:* Management. 3. Aufl., Wiesbaden 1993.

[Wahr94] *Wahren, H.-K.:* Gruppen- und Teamarbeit in Unternehmen. Berlin, New York 1994.

[Wils94] *Wilson, Paul:* Introducing CSCW - what it is and why we need it. In: *Scrivener, Stephen A. R. (Hrsg.):* Computer-Supported Cooperative Work. Aldershot, Brookfield 1994, S. 1-18.

[Tril92] *Trill, R.:* Software für Organisatoren. In: Office Management (1992) 7/8, S. 61-63.

[Tsic82] *Tsichritzis, D.:* Form Management. In: Communications of the ACM 25 (1982) 7, S. 453-478.

[Zism77] *Zisman, Michael D.:* Representation, Specification and Automation of Office Procedures. Diss., Ann Arbor, Michigan 1977.

Ein Vorgehensmodell zur Einführung von Workflow-Systemen

Peter Kueng

Zusammenfassung

In diesem Beitrag wird dargelegt, wie ein Workflow-System eingeführt werden kann. Dabei wird ein Vorgehensmodell präsentiert, welches 14 Schritte umfaßt. In jedem Schritt wird dargelegt was zu tun ist und wie der Schritt ausgeführt werden könnte. Besonderes Gewicht kommt dem Gedanken zu, wonach alleinige technische Maßnahmen zu nur unwesentlich effizienteren Geschäftsprozessen führen. Dem Vorgehensmodell liegt ein Top-down-Ansatz zugrunde. Dies äußert sich bspw. dadurch, daß die Prozesse erst global restrukturiert werden und die eigentliche Modellierung der Geschäftsprozesse zweistufig erfolgt: während in der Grobmodellierung nur die auszuführenden Aktivitäten (Arbeitsschritte) berücksichtigt werden, werden in der Feinmodellierung die übrigen Aspekte (Datenfluß, Rollen, Zeitaspekte, ...) modelliert. Ferner wird Wert darauf gelegt, daß vor Inbetriebnahme des Workflow-Systems, anhand allgemeingültiger Kriterien, nochmals überprüft wird, wie gut Sicherheit, Ergonomie und Wirtschaftlichkeit vom System erfüllt werden.

1 Einführung

Wenn man bedenkt, daß die Produktivität von Büroarbeitsplätzen in den letzten Jahren nur geringfügig angestiegen ist - und dies, obwohl die jährlichen Informatikkosten pro informatisierten Arbeitsplatz etwa 8.000 sFr betragen [LHKS95] - so erstaunt es nicht, daß der "Automatisierung" der Büroarbeit mittels Workflow-Management-Systemen (WFMS) sehr hohe Aufmerksamkeit zukommt. Damit solche Systeme die Effizienz der Büroarbeit steigern können, bedarf es jedoch eines Vorgehens, welches unter anderem gewährleistet, daß nur optimal gestaltete Geschäftsprozesse auf einem Workflow-System implementiert werden.
Die Literatur zum Thema Organisationsgestaltung und Software Engineering ist enorm umfangreich und die Zahl der publizierten Vorgehensmodelle entsprechend hoch. In diesem Zusammenhang stellt sich die Frage, warum hier ein weiteres Vorgehensmodell präsentiert werden soll. Die Begründung liegt darin, daß ein WFS-Projekt weder ein konventionelles Software-Projekt noch ein typisches Organisations-Projekt ist, sondern eine Kombination eines Business-Process-Reengineering- (BPR) und eines Software-Projektes darstellt. Aufgrund dieser Neuartigkeit ist zu vermuten, daß viele WFS-Projekte nicht den erhofften Nutzen gebracht haben dürften; vgl. [HaRW93]. Vor diesem Hintergrund stellt sich die Frage,

welches die möglichen Gründe sein könnten. Da kaum Ex-post-Analysen von WFS-Projekten vorliegen, wird auf drei andere Quellen zurückgegriffen.
[Groc82] beurteilt primär Organisationsprojekte und führt u.a. folgende Fehlerkategorien auf:

- *Diagnosefehler*: Die implementierte Lösung entspricht nicht den Erfordernissen. Mit anderen Worten: Die Zielermittlung war fehlerhaft.
- *Prognosefehler*: Die Konsequenzen einer Lösung wurden falsch beurteilt. Mit anderen Worten: Die Lösung hatte Seiteneffekte (z. B. Verschlechterung des Arbeitsklimas) die nicht ins Kalkül miteinbezogen oder falsch gewichtet wurden.
- *Konstruktionsfehler*: Die Lösung ist fehlerbehaftet. Mit anderen Worten: Die Zielermittlung war zwar richtig aber die ergriffenen Maßnahmen waren nicht adäquat.
- *Implementierungsfehler*: Die Lösung wird nicht akzeptiert, sei es, daß aktiv Widerstand geleistet wird oder daß die vom Projektteam gemachten Vorgaben nicht beachtet werden.

[HaCh94, 261f] betrachten BPR-Projekte und listen 19 häufig begangene Fehler auf. Darunter finden sich z.B.: Optimierung der alten Prozesse, keine greifbare Zieldefinition, Verzicht auf flankierende Maßnahmen, zu enge Problemdefinition, Bottom-up-Ansatz, gleichzeitige Bearbeitung vieler Geschäftsprozesse, zu geringe Beachtung der Umsetzungsphase, zu lange Projektlaufzeit.
Es wäre natürlich vermessen, zu behaupten, durch die Anwendung des hier präsentierten Vorgehensmodells würden sämtliche Probleme gelöst bzw. jedes WFS-Projekt ein Erfolg. Anhand einer kurzen Charakterisierung wird gezeigt, welchen der aufgeführten Aspekte (potentielle Fehler) das Vorgehensmodell Rechnung trägt:

- Diagnosefehler: Dieser Art von Fehlern wird dadurch vorgebeugt, daß die Zielermittlung zweistufig erfolgt (*provisorische* Ziele, Analyse, *definitive* Ziele). Ferner werden bei der Ermittlung der provisorischen Ziele die Betroffenen miteinbezogen.
- Prognosefehler: Diese können nur geringfügig dezimiert werden - und zwar dadurch, daß vor Inbetriebnahme des WFS nochmals geprüft wird, wie gut *Sicherheit*, *Wirtschaftlichkeit* und *Ergonomie* erfüllt werden; vgl. dazu Schritt 13 in Abb. 2.
- Konstruktionsfehler: Um diese Art von Fehlern zu reduzieren, sind für jedes im Projekt zu verfolgende Ziel die möglichen technischen und organisatorischen Maßnahmen aufzuführen.
- Implementierungsfehler: Eine Entschärfung dieser Art von Fehlern dürfte in WFS-Projekten sehr schwierig sein. Ein möglicher Ansatzpunkt liegt im Stichwort "Partizipation".
- Optimierung der alten Prozesse: Dem wird dadurch entgegengewirkt, daß das bestehende System in einer ersten Stufe nur rudimentär analysiert wird, der Analyse eine provisorische Zielermittlung vorgelagert ist und die Modellierung der *neuen* Prozesse erst relativ *spät* in Angriff genommen wird (Schritt 8).
- Gleichzeitige Bearbeitung vieler Geschäftsprozesse: Dieses Problem wird dadurch

entschärft, indem nach der Analyse der bisherigen Prozesse (Schritt 3) nur ein *einziger* Geschäftsprozeß bearbeitet (modelliert und implementiert) wird. Diese Maßnahme trägt auch zur Reduktion der Projektlaufzeit bei.

- Zu lange Projektlaufzeit: Dieser Fehler wird primär dadurch zu entschärfen versucht, indem möglichst viele Schritte *parallel* durchgeführt werden.
- Keine Abstufung der Wichtigkeit der Ziele: Diesem Aspekt wird dadurch Rechnung getragen, indem ein *Zielportfolio* (vgl. Abb. 3) erstellt wird.

Nachdem dargelegt wurde, welche Aspekte hier berücksichtigt werden, sei kurz darauf hingewiesen, welche Fragen im vorliegenden Beitrag *nicht* diskutiert werden. Dies sind u.a. die drei folgenden: (a) Wie soll das Projektteam zusammengesetzt sein und wie ist es organisatorisch einzubetten? (b) Welche Ressourcen werden für die einzelnen Schritte benötigt? (c) Welche Software ist für die Analyse und Modellierung bzw. die Vorgangssteuerung geeignet?

2 Begriffe und Definitionen

Aktivität = Arbeitsschritt = Tätigkeit: "Eine Aktivität ist eine betriebliche Tätigkeit mit einem definierten Ergebnis. Sie wird von Menschen und/oder Maschinen durchgeführt" [Öste93, 13].
Geschäftsprozeß: Er kann definiert werden als "ein Bündel von Aktivitäten, für das ein oder mehrere unterschiedliche Inputs benötigt werden und das für den Kunden ein Ergebnis von Wert erzeugt" [HaCh94, 52].
Workflow-Management-System: Ein WFMS kann als Software bezeichnet werden, welche der Abarbeitung, Steuerung und Protokollierung von Geschäftsfällen dient.
Aus obiger Definition geht hervor, daß zwischen WFMS und Workflow-Systemen (WFS) unterschieden wird. Während mit dem Begriff WFMS die Software gemeint ist, welche die Abarbeitung von Geschäftsfällen unterstützt, ist der Begriff WFS umfassender: er schließt neben dem WFMS auch andere technische Komponenten, wie z.B. PCs, Scanner, Kommunikationssoftware, einzubindende Datenbanken und Applikationen mit ein. Da zur Unterstützung der Geschäftsfallbearbeitung nicht nur WFMS existieren, sondern auch andere Software wie z.B. Online-Transaction-Processing-Systeme, Projektmanagementsysteme und Groupware, stellt sich die Frage, für welche Art von Geschäftsfällen WFMS eingesetzt werden können. Aus Abb. 1 geht hervor, daß WFMS vor allem dann geeignet sind, wenn (a) die zu bearbeitenden Geschäftsfälle unterteil- und strukturierbar sind, (b) gleichartige Geschäftsfälle nicht nur einmal, sondern relativ häufig zu bearbeiten sind, und (c) die Bearbeitung der Geschäftsfälle nicht vollständig automatisiert werden kann.

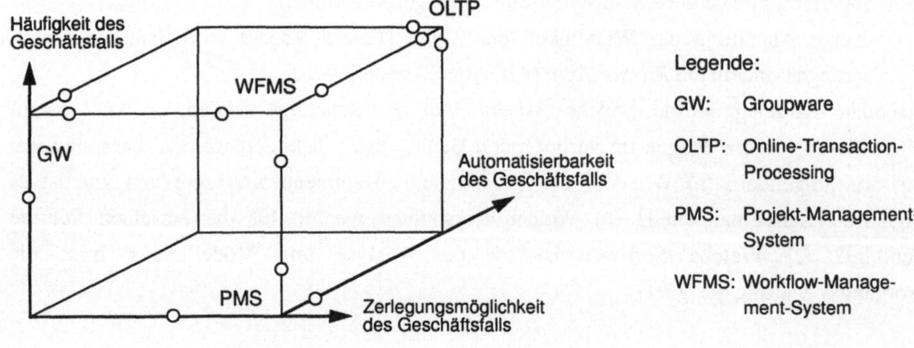

Abb. 1: Positionierung von WFMS

3 Ein idealisiertes Vorgehensmodell und seine 14 Schritte

Nachfolgend wird dargelegt, in welchen Schritten bei der Einführung von Workflow-Systemen vorgegangen werden könnte. Dabei handelt es sich um ein idealisiertes Modell - und zwar in dreifacher Hinsicht. Erstens: Es sind keine Iterationen einzelner Schritte vorgesehen. Auf die Darstellung von Iterationsschritten wurde deshalb verzichtet, weil diese nur schwer allgemeingültig und dennoch aussagekräftig formuliert werden können. Zweitens: Nicht alle im Vorgehensmodell als parallel gekennzeichneten Schritte können in der Praxis vollständig parallel ausgeführt werden. Doch Schritte, welche aus grundsätzlichen Überlegungen weitgehend parallel durchgeführt werden können, sequentiell zu bearbeiten, käme einer Vergeudung von Projektlaufzeit gleich. Drittens: Auf die explizite Erwähnung von Qualitätssicherungsmaßnahmen in jedem Schritt wurde verzichtet. Es ist naheliegend, daß die vier aufgeführten Restriktionen bei der konkreten Anwendung des Vorgehensmodells nicht Gültigkeit haben müssen.

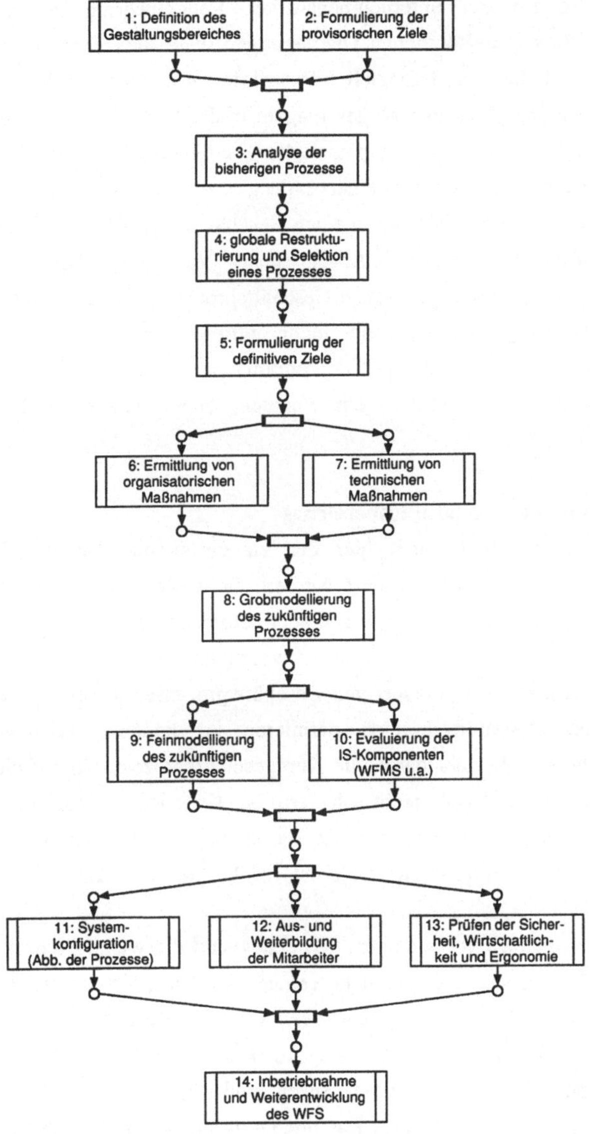

Abb. 2: Vorgehensmodell (als Petrinetz dargestellt)

Im Zusammenhang mit der Einführung von Workflow-Systemen stellt sich unweigerlich die Frage, ob im Vorfeld ein unternehmensweites Reengineering der Geschäftsprozesse vorzunehmen ist. Aus grundsätzlichen Überlegungen wäre dies zwar wünschenswert, doch aus Gründen der zeitlichen und finanziellen Restriktionen ist dies oft nicht möglich. Deshalb wird hier eine moderatere Variante vorgeschlagen: In der Stufe "Analyse" werden diejenigen Geschäftsprozesse betrachtet, welche potentielle Kandidaten für einen WFS-Einsatz sind. Anhand der Analyseergebnisse und einer evtl. globalen Restrukturierung wird dann ein Geschäftsprozeß selektioniert. Für diesen einen Geschäftsprozeß werden organisatorische und technische Maßnahmen ermittelt. Anschließend wird die Grob- und dann die Feinmodellierung für diesen ausgewählten Geschäftsprozeß gemacht. Durch dieses Vorgehen soll verhindert werden, daß bestehende (nicht optimierte) Geschäftsprozesse mit großem Aufwand automatisiert werden, denn: "Die Automatisierung bestehender Prozesse mit Hilfe der Informationstechnologie ähnelt dem Versuch, einen Trampelpfad zu asphaltieren" [HaCh94, 68].

Schritt 1: Definition des Gestaltungsbereiches

Wie in jedem Projekt muß auch hier der zu gestaltende Bereich (manchmal auch Untersuchungsbereich genannt) definiert werden. In herkömmlichen IS-Projekten war es üblich, das Vorgängersystem - sei es manuell oder automatisiert - relativ genau zu analysieren. Um "der Asphaltierung von Trampelpfaden" vorzubeugen, sollen in WFS-Projekten das Vorgängersystem respektive die bisherigen Geschäftsprozesse nur sehr rudimentär analysiert werden. Um den Gestaltungsbereich definieren zu können, existieren verschiedene Möglichkeiten. Die eine besteht darin, die Kerngeschäftsprozesse zu definieren. Die nähere Betrachtung zeigt jedoch, daß es recht schwierig ist, Kriterien zu bestimmen, nach welchen ermittelt werden kann, ob es sich um Kerngeschäftsprozesse handelt oder nicht. Hinzu kommt, daß es nicht unproblematisch ist, sich nur auf Kerngeschäftsprozesse zu konzentrieren.

Hier wird sehr pragmatisch vorgegangen: Als erstes sind die wichtigsten Unternehmensziele zu formulieren. Danach ist zu bestimmen, *welche Geschäftsprozesse zur Erreichung dieser Ziele etwas beitragen oder in Zukunft beitragen sollen.* Aufgrund dieser Informationen sind die potentiellen Kandidaten aufzulisten. Dies sind Geschäftsprozesse, welche (a) einen Beitrag zur Erreichung der Unternehmensziele leisten und (b) nicht so funktionieren wie sie funktionieren sollten und (c) potentielle Kandidaten für einen WFMS-Einsatz sind.

Schritt 2: Formulierung der provisorischen Ziele

In vielen Phasenmodellen wird als erstes das derzeitige System auf Probleme und Schwachstellen hin analysiert. Erst danach werden die zu verfolgenden Ziele festgelegt. Dieses Vorgehen ist insofern problematisch, als die Analyse von den Zielen abhängig ist. Da aus Gründen der beschränkten Ressourcen nicht beliebig viele Aspekte analysiert werden können, ist es sinnvoll, schon früh eine gewisse Fokussierung vorzunehmen. Die der Analyse vorgelagerte Formulierung provisorischer Ziele hilft zudem, daß das Sprichwort "Paralyse durch Analyse" nicht Wirklichkeit wird. Um die provisorischen Ziele zu erfassen, können die potentiell Betroffenen interviewt, mittels Fragebogen befragt oder bei ihrer Arbeit beobachtet werden. Ferner besteht die Möglichkeit, die provisorischen Ziele in einem Workshop zu ermitteln. Bei dieser Variante besteht jedoch die Gefahr, daß die freie Meinungsäußerung nicht gewahrt bleibt.

Schritt 3: Analyse der bisherigen Prozesse

Bei der Analyse der bisherigen Prozesse werden zum einen die ihnen zugrundeliegenden Aktivitäten aufgelistet. (Auf eine graphische Präsentation der derzeitigen Prozesse kann verzichtet werden. Falls eine graphische Präsentation vorgenommen wird, soll sie nicht sehr detailliert ausfallen, denn der Detaillreichtum könnte den Blick für innovative Prozeßneugestaltung einengen.) Ferner ist die Performance der Prozesse zu ermitteln. Damit letzteres getan werden kann, bedarf es Meßkriterien. Diese werden von den in Schritt 2 formulierten provisorischen Zielen "abgeleitet".

Beispiele solcher Meßkriterien könnten sein: die *Durchlaufzeit* (vgl. Tab.1), die *Kosten* die ein Geschäftsfall verursacht oder die *Fehlerquote*; weitere Kriterien sind in [Kuen95, 11] zu finden.

	Banken/Versicherungen[a], Handel[b]
Liegezeit *vor* der Aufgabenerfüllung	15 Min
Liegezeit *nach* Bearbeitungsbeginn	40 Min.
Transportzeit	10 Min
Bearbeitungszeit	15 Min.
Durchlaufzeit	90 Min

a. Anzahl Unternehmen = 20 Anzahl untersuchter Vorgänge = 13 Anzahl Interviews = 44
b. Anzahl Unternehmen = 7 Anzahl untersuchter Vorgänge = 10 Anzahl Interviews = 45

Tab. 1: Durchlaufzeit (Medianwerte) von Teilprozessen; in Anlehnung an [GaHe94]

Betrachtet man die empirischen Daten in Tab. 1, so wird man den Eindruck nicht los, daß die Durchlaufzeit vieler Geschäftsprozesse massiv verkürzt werden könnte; sei es durch organisatorische oder technische Maßnahmen.

Schritt 4: Globale Restrukturierung und Selektion eines Prozesses

Um die Komplexität und Dauer eines WFS-Projektes nicht über Gebühr anwachsen zu lassen, empfiehlt es sich, in einem Projekt nur *einen einzigen* Geschäftsprozeß im Detail zu modellieren bzw. auf einem WFMS abzubilden. Die Selektion bzw. Definition und anschließende Isolation dieses einen Geschäftsprozesses ist jedoch nicht sehr einfach. Die Hauptschwierigkeit besteht darin, die richtige "Breite" des Prozesses zu ermitteln: Ist der Prozeß sehr breit definiert, so erreicht man vielleicht ein "globales" Optimum, doch die Prozeßmodellierung wird sehr schwierig; ist der Prozeß sehr eng definiert, so erreicht man höchstens ein "lokales" Optimum, die Prozeßmodellierung wird dagegen erleichtert. Abstrakt formuliert bedeutet dies, daß die Prozesse so restrukturiert werden müssen, daß die Kohäsion des zu verändernden Prozesses groß, die Kopplung mit den übrigen Prozessen dagegen locker ("loosely coupled") ist.

Die in Schritt 3 vorgenommene Analyse liefert Anhaltspunkte, welcher Prozeß für die weitere Bearbeitung ausgewählt werden soll. Stellt man fest, daß der ausgewählte Prozeß mit anderen Prozessen relativ eng gekoppelt ist, so ist eine globale (prozeßübergreifende) Restrukturierung der tangierten Prozesse vorzunehmen und zwar in der Weise, daß die Zahl der Schnittstellen sinkt. Es bleibt anzumerken, daß die Bestimmung des zu verändernden Prozesses auch später (z.B. nach Schritt 8) vorgenommen werden könnte. Der Vorteil der größeren Objektivität müßte allerdings mit einem zeitlichen Mehraufwand erkauft werden.

Schritt 5: Formulierung der definitiven Ziele

Ausgehend von der Analyse der heutigen Prozesse werden die im Projekt zu verfolgenden Ziele definitiv festgelegt. Dabei werden die Ziele in einer ersten Stufe qualitativ und in einer zweiten Stufe quantitativ formuliert. Da im Zuge der Einführung eines Workflow-Systems unter Umständen sehr viele Ziele verwirklicht werden sollen, ist es oft hilfreich, die Ziele zu "clustern". Um die Clusterbildung zu erleichtern, wird die Anwendung eines Zielportfolios vorgeschlagen [Kuen94, 333]. Hierzu werden die Ziele definiert und in ein Koordinatensystem eingetragen; vgl. dazu Abb. 3. Diejenigen Ziele, welche im Cluster "mittlere bis große Bedeutung" sind (in Abb. 3 sind dies A, B, C, G und F) verdienen besondere Beachtung und werden in den Schritten 6 und 7 in zwei weitere Koordinatensysteme übernommen und erneut positioniert; vgl. dazu die Abb. 4a und 4b.

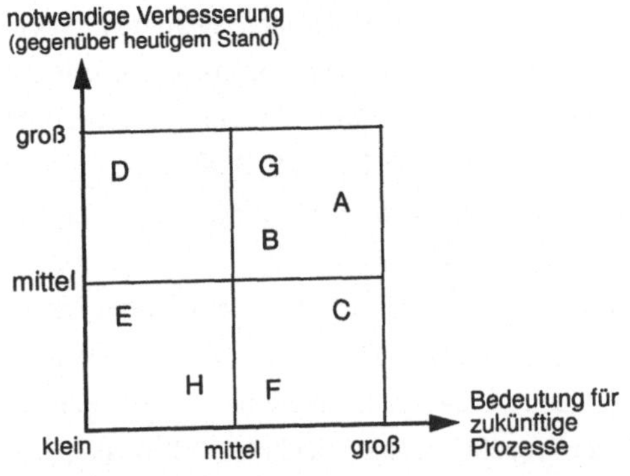

Abb. 3: Beispiel eines Zielportfolios

Schritt 6: Ermittlung von organisatorischen Maßnahmen

In IS-Projekten, in welchen Standardsoftware zum Einsatz kommt, kann immer wieder festgestellt werden, daß im Anschluß an die Definition der Ziele unmittelbar zur *Evaluation* der IS-Komponenten übergegangen wird. Dies ist jedoch unerwünscht, denn dadurch wird einerseits der Lösungsraum unnötig eingeschränkt und andererseits besteht die Gefahr, daß unwirtschaftliche Lösungen zum Tragen kommen, ist es doch durchaus realistisch, daß gewisse Ziele viel ökonomischer durch *organisatorische* Veränderungen erreicht werden als durch *technische* Maßnahmen bzw. Investitionen im Hard- und Softwarebereich. Um dem zu begegnen, scheint es sinnvoll, vorerst die Maßnahmen möglichst produktunabhängig auszuloten.

Es ist naheliegend, daß die organisatorischen Maßnahmen, welche der Realisierung der potentiellen Ziele dienen, hier nicht abschließend erläutert werden können. Deshalb soll hier lediglich exemplarisch gezeigt werden, was mit obiger Überschrift gemeint ist: Gehen wir davon aus, daß in Schritt 5 dem Ziel *"kurze Durchlaufzeit der Geschäftsfälle"* eine hohe Priorität zugeteilt wurde und fragen, welche organisatorischen Möglichkeiten es gibt, dieses Ziel zu verwirklichen:

- *Objektbezogene Arbeitsteilung*: Aktivitäten die aus bearbeitungstechnischen Gründen sequentiell ausgeführt werden müssen, sind nicht auf viele Personen zu verteilen, sondern möglichst von ein und derselben Person zu erledigen. Mit anderen Worten: Eine bis anhin verrichtungsorientierte Arbeitsteilung (hohe Spezialisierung) wird durch eine objektbezogene Arbeitsteilung ersetzt. Dadurch sinkt die Transport-, die Liege- und vermutlich auch die Bearbeitungszeit. Eine verstärkte Verrichtungsorientierung erfordert jedoch eine Mehrfachqualifikation der Mitarbeiter.

- *Parallelisierung*: Sämtliche Aktivitäten die nicht gezwungenermaßen sequentiell ausgeführt werden müssen, sind parallel zu bearbeiten. Um eine Erhöhung der Parallelität zu erreichen, wird bei denjenigen Stellen, welche parallele Aktivitäten ausführen sollen, die verrichtungsorientierte Arbeitsteilung erhöht. (Im Vergleich zur objektbezogenen Arbeitsteilung werden durch diese Maßnahme einerseits die Koordinationskosten erhöht und andererseits widerspricht sie dem Humankriterium "abschließende Bearbeitung", doch die Ermittlung der organisatorischen Maßnahmen soll in diesem Schritt ohne Wertung vorgenommen werden.)
- *Triage*: Würde jeder Geschäftsfall nach dem gleichen, vordefinierten Schema abgewickelt, so hätten zwar alle Geschäftsfälle die gleiche Durchlaufzeit, diese wäre aber in vielleicht 90 Prozent der Fälle viel zu lang. Da unterschiedliche Geschäftsfälle eine unterschiedliche Komplexität haben, bedarf es unterschiedlicher Prozeßvarianten [HaCh94, 77]. Anstehende Geschäftsfälle sind demnach zu klassifizieren und der adäquaten Prozeßvariante zuzuordnen.
- *Mitarbeiterausbildung*: Eine verbesserte Mitarbeiterausbildung kann in verschiedener Hinsicht zu einer Verkürzung der Durchlaufzeit beitragen. Zum einen kann die Bearbeitungsqualität erhöht und somit auf unnötige Iterationen einzelner Teilschritte verzichtet werden. Zum anderen dürfte sie sich auf die Bearbeitungsgeschwindigkeit positiv auswirken. Wird nicht nur eine vertiefte, sondern eine Mehrfachqualifikation angestrebt, so können zudem Abwesenheiten von Mitarbeitern einfacher ausgeglichen werden.
- *Dezentralisierung der Entscheidungsbefugnisse*: Bei vielen Geschäftsfällen ist die Durchlaufzeit primär deswegen so hoch, weil bestimmte Dokumente (aufgrund ungenügender Kompetenzen der Mitarbeiter) mehrmals die hierarchische Ebene wechseln müssen. Eine Dezentralisierung der Entscheidungsbefugnisse kann sich insbesondere bei Mitarbeitern mit direktem Kundenkontakt sehr positiv auswirken (z.B. für Rund-um-Sachbearbeitung in einer Bank).

Nachdem "alle" organisatorischen Möglichkeiten, welche zur Erreichung der wichtigsten Ziele (siehe dazu Abb. 3, Cluster "hohe Bedeutung") aufgelistet sind, werden diese in einem weiteren Koordinatensystem positioniert; vgl. dazu Abb. 4a. Das Gleiche gilt für die in Schritt 7 zu ermittelnden technischen Maßnahmen.

Mit diesem Vorgehen soll visualisiert werden, welche Ziele primär mit organisatorischen bzw. mit technischen Maßnahmen (WFMS-Einsatzes) erreicht werden sollen. Es soll ferner dazu beitragen, die Wirkung eines WFMS objektiver zu beurteilen; je nachdem, ob in Abb. 4b der Quadrant oben rechts leer oder sehr stark besetzt ist, dürfte sich der Einsatz eines WFMS "kaum" bzw. "mit großer Wahrscheinlichkeit" lohnen.

Schritt 7: Ermittlung von technischen Maßnahmen

Was diesen Schritt betrifft werden hier keine weitergehenden Ausführungen gemacht, denn die technischen Möglichkeiten werden von seiten der IT-Anbieter vermutlich zu Genüge aufgezeigt.

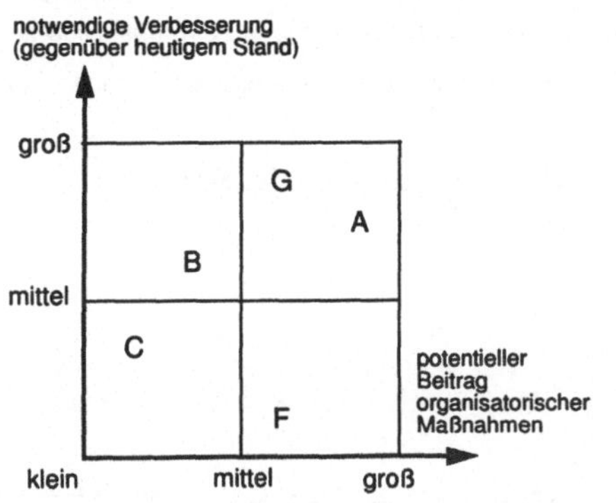

Abb. 4a: Potentielle Wirkung org. Maßnahmen

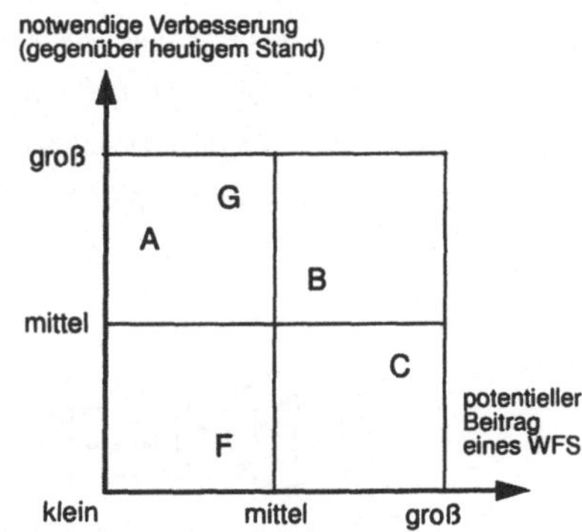

Abb. 4b: Potentieller Beitrag eines WFMS

Schritt 8: Grobmodellierung des zukünftigen Geschäftsprozesses

Nachdem die organisatorischen und technischen Maßnahmen eruiert sind, ist festzulegen wie der zukünftige Prozeß aussehen soll. Die erste und vielleicht wichtigste Tätigkeit innerhalb dieses Schrittes besteht darin, zu bestimmen, welche Aktivitäten im zukünftigen Geschäftsprozeß ausgeführt werden müssen. Im Anschluß daran werden diese Aktivitäten und ihre zeitlich-logischen Abhängigkeiten graphisch dargestellt; es entsteht somit ein erstes, grobes Modell des zukünftigen Geschäftsprozesses.

Zur Modellierung von Geschäftsprozessen wurden verschiedene Methoden und Darstellungsmittel vorgeschlagen. Zu nennen wären etwa (im alphabetischer Reihenfolge): EPK (ereignisgesteuerte Prozeßketten) [Sche94, 49-54], [Kell95]; ICN (Information Control Nets) [ElNu80]; OMT (Object Modeling Technique) [Rum+91], [BaKM94]; OSSAD (Office Support Systems Analysis and Design) [Prev93]; PADM (Process Analysis and Design Method) [Whit94]; Petrinetze [Reis90]; RAD (Role Activity Diagrams) [HuOu93], [Ould93]; SOM (semantische Objektmodelle) [FeSi93] und Trigger Modelling [Joos94].

Zur Grobmodellierung von Geschäftsprozessen eigenen sich Petrinetze in besonderer Weise: Zum einen basieren sie auf einer mathematisch fundierten Theorie und zum anderen unterstützen sie den Top-down-Entwurf. Ferner kann das aus der objektorientierten Modellierung bekannte Konzept der Spezialisierung in Petrinetzen gut umgesetzt werden; vgl. hierzu [KuSc95]. Um zu veranschaulichen, was unter dem Begriff Grobmodellierung zu verstehen ist, wird nachfolgend ein kleines Fallbeispiel wiedergegeben; zuerst in verbaler, dann in Petrinetz-Notation.

In einer Unternehmung wird jedes Quartal ein Geschäftsbericht verfaßt. Die Erstellung des Berichtes wird von der Stabstelle "Controlling" vorgenommen. Bevor der Bericht gedruckt werden kann, muß er jedoch von den drei Divisionen "PKW", "LKW" und "Zweiräder" begutachtet werden. Die Begutachtung durch die Divisionen geschieht voneinander unabhängig; die Reihenfolge ist daher beliebig. Nachdem die Begutachtung abgeschlossen ist, übernimmt die Stabstelle "Publishing" das Drucken und die Auslieferung/Verteilung des Quartalsberichts. Das Ziel, welches die Unternehmung beim geschilderten Geschäftsprozeß verfolgt, liegt darin, die Durchlaufzeit eines Geschäftsfalles (Quartalsbericht: von Erstellung bis Auslieferung) zu minimieren.

Aufgrund obiger Beschreibung könnte der grob modellierte Prozeß wie folgt aussehen:

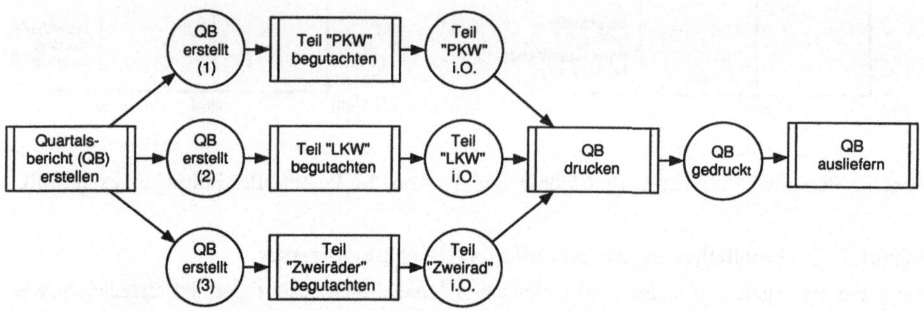

Abb. 5: Ablaufreihenfolge der Aktivitäten für den Geschäftsprozeß "Quartalsbericht erstellen"

Schritt 9: Feinmodellierung des zukünftigen Geschäftsprozesses

In Schritt 8 wurde anhand eines Beispiels gezeigt, wie ein grobes Geschäftsprozeßmodell aussehen könnte. Es stellt sich daher die Frage, was bei der Feinmodellierung definiert werden soll bzw. welchen Interpretationsspielraum obiges Modell (Abb. 5) zuläßt. Wie leicht zu erkennen ist, wird in Abb. 5 bspw. keine Aussage darüber gemacht, wer (dafür könnte man Bezeichnungen wie Aktor, Funktionsträger oder Rolle verwenden) eine bestimmte Aktivität ausführt. Um die "Folgen" dieser Nichtberücksichtigung zu veranschaulichen, sei nachstehend eine fiktive Zuordnung (Aktivitäten - Aktoren) vorgenommen. Diese sieht wie folgt aus:

welche Aktoren?	führen welche Aktivitäten aus?
[X] und [Y]	Quartalsbericht erstellen
[A]	begutachtet Teil "PKW"
[B]	begutachtet Teil "LKW"
[C]	begutachtet Teil "Zweiräder"
[Z]	druckt den Quartalsbericht
[Z]	liefert den Quartalsbericht aus

Ausgehend von obigen Vorgaben wird versucht die Frage zu beantworten, welche Aktivitäten Aktor [Y] zu erledigen hat und wie der Dokumentenfluß - aus der Sicht von [Y] - aussehen könnte. Nachfolgend sind vier Varianten (es gäbe noch einige Subvarianten) aufgeführt:

Variante 1: [Y] teilt den Quartalsbericht (QB) in drei Teildokumente auf und leitet sie an [A], [B] und [C] weiter. Wenn [Y] alle drei Teildokumente zurückerhalten hat, setzt er sie zu einem Dokument zusammen und leitet es an [Z] weiter.

Variante 2: [Y] teilt den QB in drei Teildokumente auf und übergibt sie [A], [B] und [C]. (Die Weiterleitung wird durch [A], [B] und [C] vorgenommen; das Zusammensetzen der drei Teildokumente erfolgt durch [Z].)

Variante 3: [Y] leitet das gesamte Dokument an [A]. Wenn er es von [A] zurückerhalten hat, sendet er es an [B]. Wenn er es von [B] zurückerhalten hat, sendet er es an [C]. Wenn er es von [C] zurückerhalten hat, sendet er es an [Z].

Variante 4: [Y] leitet das gesamte Dokument an [A]. (Die Weiterleitung wird durch [A], [B] und [C] vorgenommen.)

Obiges Beispiel zeigt exemplarisch, wie ein Grobmodell in Petrinetz-Notation (vgl. Abb. 5), welches die zu erledigenden Aktivitäten und ihre Abhängigkeiten enthält, als Ausgangspunkt für die Feinmodellierung verwendet werden kann. Es ist naheliegend, daß hier nicht erörtert werden kann, wie die Feinmodellierung im Detail auszusehen hat. Es sei deshalb lediglich erwähnt, welche Aspekte eine Feinmodellierung umfassen sollte:

- *Daten- und Dokumentenfluß (Input/Output/Datenspeicher)*: Zur Modellierung des Datenflusses eignen sich primär Datenflußdiagramme; vgl. hierzu [Your92, 167-208].
- *Entscheidungsregeln*: Sie legen fest, welche Entscheidungen in einer bestimmten Situation zu treffen sind. Sie beeinflussen damit auch den Dokumentenfluss (routing). Zur Darstellung der Entscheidungsregeln eignen sich insbesondere Entscheidungstabellen; vgl. dazu [LiSu93, 146f].
- *Geschäftsfalldaten*: Dies sind Daten, die bei der Abarbeitung eines Geschäftsfalles erzeugt werden und existieren nur im Zusammenhang mit Geschäftsfällen; vgl. [KuSc95].
- *Kompetenzregeln*: Sie machen Aussagen darüber, welche Personen welche Rollen und damit Entscheidungsbefugnisse innehaben.
- *Kooperationsregeln*: Sie definieren, welche Personen bzw. welche IS-Komponenten welche Aktivitäten ausführen und machen damit auch Aussagen darüber, bei welchen Aktivitäten welche Personen zusammenzuarbeiten haben.
- *Methodenregeln*: Sie machen Aussagen darüber, wie bestimmte Aktivitäten ausgeführt werden sollen und welche Sachmittel zu verwenden sind.
- *Zeitregeln*: Sie legen wichtige Zeitparameter fest. Dies sind bspw. "maximale Liegezeit vor Bearbeitungsbeginn" oder "maximal zulässige Durchlaufzeit eines Geschäftsfalles".

Schritt 10: Evaluierung der IS-Komponenten

Nachdem Klarheit darüber herrscht, wie der zukünftige Geschäftsprozeß aussehen sollte und inwiefern er vom WFS unterstützt werden sollte, sind die einzusetzenden IS-Komponenten zu bestimmen. Ferner ist eine Vereinbarung zwischen Auftraggeber und IS-Lieferant erarbeiten, in welcher definiert wird, was das System leisten soll (z.B. Benutzungsschnittstellen, funktionale Anforderungen, nichtfunktionale Anforderungen, Fehlerverhalten, Dokumentationsanforderungen, Abnahmekriterien) und wann die Komponenten einsatzbereit sein müssen. Bei der Evaluation der Software scheint es sinnvoll, zwischen einsatzbereichs-abhängigen und -unabhängigen Kriterien zu unterscheiden [DEMW94], da bei letzteren - v.a. was die Ergonomie betrifft - auf standardisierte Kriterienkataloge (z.B. ISO 9241 oder DIN 66234) zurückgegriffen werden kann; eine Zusammenstellung und Erläuterung der ISO- und DIN-Kriterien ist in [OMRK92] zu finden.

Schritt 11: Systemkonfiguration

In diesem Schritt wird das Workflow-System einsatzbereit gemacht. Dazu müssen der in Schritt 9 definierte Geschäftsprozeß auf dem WFMS abgebildet werden. Ferner ergeben sich beim Einsatz von WFMS etliche Freiheitsgrade die zu definieren sind; vgl. dazu Tab. 2.

Merkmalsausprägungen	Extrem 1	Extrem 2
Anzahl Prozesse die von einem WFMS verwaltet werden	sämtliche Geschäftsprozesse einer Unternehmung	nur ein einziger Geschäftsprozeß (inkl. seine Varianten)
Funktionsumfang	WFMS übernimmt die Ausführung möglichst vieler Aktivitäten	WFMS übernimmt nur das Routing der Dokumente
Reihenfolge der auszuführenden Aktivitäten	Reihenfolge ist fest vorgegeben	Reihenfolge wird im Prozeß (ad-hoc) ermittelt
Speicherung der Dokumente	zentral	dezentral
Vollständigkeit der Aufbauorganisation	die gesamte Aufbauorganisation wird abgebildet	nur die notwendigen Aspekte (z.B. Rollen) werden abgebildet
Vollständigkeit des Prozeßmodells	Prozeßmodell beschreibt "alle" Varianten	Prozeßmodell beschreibt den Regelfall
Zuweisung der Tätigkeiten auf Personen	wird vom System (mittels Algorithmen) vorgenommen	wird von den am Prozeß beteiligten Personen vorgenommen

Tab. 2: Freiheitsgrade in der Auslegung eines WFMS

Schritt 12: Aus- und Weiterbildung der Mitarbeiter

Der Leser mag sich vielleicht fragen, warum mit der Aus- und Weiterbildung so spät eingesetzt wird: Da erst nach Beendigung von Schritt 13 feststeht, ob ein Workflow-System eingesetzt werden soll oder nicht, käme eine früher angesetzte Schulung evtl. einer Ressourcenverschwendung gleich. Ist jedoch schon sehr früh klar, welche nicht-systemtechnischen Kenntnisse die Mitarbeiter in Zukunft notwendigerweise haben müssen, so kann diese Art von Weiterbildung selbstverständlich schon früher in Angriff genommen werden.

Schritt 13: Prüfen der Systemsicherheit, Wirtschaftlichkeit und Ergonomie

Das Ziel eines jeden Projektleiters besteht unter anderem darin, die Zielvorgaben zu erfüllen oder gar zu übertreffen. Um die Erfolgschance eines WFS-Projektes anzuheben, ist es sinnvoll, möglichst nach jedem Schritt Qualitätssicherungsmaßnahmen zu treffen. Besondere Bedeutung erlangt dieser Schritt jedoch *vor der Inbetriebnahme* des Systems. Es ist daher an dieser Stelle nochmals zu prüfen bzw. abzuschätzen, wie gut die in Schritt 5 definierten Ziele vom geplanten WFS erfüllt werden dürften. Erreichen einzelne Größen den unternehmensindividuell festzulegenden Schwellenwert nicht, so ist unbedingt von einer Inbetriebnahme des derzeitig konfigurierten Workflow-Systems abzusehen. Je nach Art und Umfang des prognostizierten Leistungsdefizits müssen einzelne Schritte nochmals durchlaufen werden.

Die Kriterien sind zwar grundsätzlich von der betroffenen Unternehmung festzulegen, doch im Sinne einer Checkliste seien nachfolgend einige Kriterien aufgeführt, die herangezogen werden könnten um den Erfolg des WFS-Einsatzes ex-ante abzuschätzen.

Kriterien, welche die Sicherheit des Workflow-Systems betreffen:

- *Integrität*: "Integrität ist die Eigenschaft eines Systems, die besagt, daß es nur zulässige Veränderungen der in ihm enthaltenen Informationen erlaubt" [HeMS93, 187]. Folgende "Ursachen" können zu Integritätsverletzungen führen: unzulässiges Ändern, Ersetzen, Einfügen oder Vernichten von Dokumenten, unzulässiges Wiederholen von Prozeßabläufen.
- *Verbindlichkeit*: "Verbindlichkeit ist die Eigenschaft eines Versprechens oder einer Anweisung, daß seine Erfüllung bzw. ihre Ausführung unter gesellschaftlicher Kontrolle steht" [HeMS93, 188]. Eine Verletzung der Verbindlichkeit kann dadurch zustandekommen, daß jemand abstreitet, der Sender oder Empfänger von Dokumenten zu sein oder sich nicht an die vorgegebenen Gesetze/Normen/Regelungen hält.
- *Verfügbarkeit*: "Verfügbarkeit eines Systems bezeichnet die Eigenschaft, bestimmte Dienstleistungen in zugesicherter Form und Qualität in einem zugesicherten Zeitraum erbringen zu können" [HeMS93, 187]. Eine ungenügende Verfügbarkeit (bedingt durch Software-Fehler oder Hardware-Ausfall) kann sich bspw. dadurch manifestieren, daß die Bearbeitung eines Geschäftsfalles nicht mehr nachvollzogen werden kann, oder die Geschäftsfallbearbeitung nur mit zeitlichem Verzug möglich ist.
- *Vertraulichkeit*: "Ein System gewährleistet Vertraulichkeit, wenn die in ihm enthaltenen Informationen nur berechtigten Subjekten zur Kenntnis gelangen" [HeMS93, 187]. Die Vertraulichkeit kann durch folgende Vorkommnisse verletzt werden: unzulässige Kenntnisnahme von Dokumenten oder Prozeßabläufen, durch Übertreten der Zugriffrechte, durch Einnahme unerlaubter Rollen, durch systemseitige unkorrekte Weiterleitung von Dokumenten oder durch unerlaubtes Verknüpfen von Dokumenten.

Kriterien, welche die Wirtschaftlichkeit des Workflow-Systems und den arbeitenden Menschen betreffen:

Anpassungsfähigkeit an veränderte Prozeßabläufe	Abschließende Bearbeitung (Ganzheitlichkeit)
Durchlaufzeit eines Geschäftfalles	Anforderungsvielfalt (ΔFertigkeiten, Bewegung, ...)
Investitionen und Betriebskosten	Durchschaubarkeit u. Nachvollziehbarkeit des Systems
Kopplungsfähigkeit und Integrierbarkeit	Handlungsspielraum der Mitarbeiter
Prüfbarkeit und Testbarkeit des WFS	Mögliche soziale Kooperation der Mitarbeiter
Zahl und Qualifikationsniveau der Mitarbeiter	Zeitautonomie der Mitarbeiter

Tab. 3: Wirtschaftlichkeits- und Ergonomiekriterien

Die in der rechten Spalte aufgeführten Kriterien werden von gewissen Autoren (z.B. [Ulic91]) unter dem Begriff "Humankriterien" subsumiert. Bei anderen Autoren (z.B. [Ober91] oder [OMRK92]) figurieren sie unter dem Stichwort "Ergonomie".

Schritt 14: Inbetriebnahme und Weiterentwicklung des Workflow-Systems

Der Schritt "Inbetriebnahme", welcher einen Migrationsplan hinsichtlich Technik und Organisation voraussetzt, sei hier nicht weiter ausgeführt. Zum Stichwort "Weiterentwicklung" sei lediglich ein grundsätzlicher Aspekt angeführt: Ein Workflow-System ist nur dann effektiv, wenn es einen signifikanten Beitrag leistet, um die von der Unternehmung gesetzten Ziele zu erreichen. Da sich die Unternehmensziele im Laufe der Zeit "notgedrungen" ändern, müssen sich auch die Geschäftsprozesse ändern, was bedeutet, daß das Workflow-System periodisch verändert werden muß. Sind größere Veränderungen zu verzeichnen, so ist das präsentierte Vorgehensmodell auf den selben Geschäftsprozeß erneut anzuwenden. Daß die Umsetzung der veränderten Anforderungen jedoch oft nicht so einfach ist, soll folgendes Zitat unterstreichen: "Workflow applications, especially those with long planning cycles, are often so complex and so difficult to modify that they are out of date before the have a chance" [Mars94, 36].

4 Ausblick

Nachdem ein Modell vorliegt, stellt sich unweigerlich die Frage: Wie kann ermittelt werden, wie gut das Modell ist? Eine, wenn auch mit vielen Problemen behaftete Möglichkeit besteht darin, das Modell einem "field test" zu unterziehen. Zu diesem Zweck wird derzeit geprüft, in welcher Art das vorgestellte Modell in einer oder in mehreren Unternehmungen "verifiziert" werden könnte.

In der Einleitung wurde darauf hingewiesen, daß das Vorgehensmodell nicht komplett ist. Das

Modell wird zur Zeit in der Richtung erweitert, daß es die gleichzeitige Bearbeitung von n Geschäftsprozessen zuläßt. Es sei kurz darauf hingewiesen, wie die Erweiterung in etwa aussehen könnte: Die Parallelbearbeitung wird nach Schritt 5 einsetzen. Nachdem die "globalen" Ziele definiert sind, werden für n Prozesse "lokale" Ziele bestimmt. Nachdem die organisatorischen und technischen Maßnahmen bestimmt und die Grobmodellierung für n Prozesse abgeschlossen sind, folgt eine globale Konsolidierung der n Grobmodelle und eine anschließende Prüfung hinsichtlich der Zielerreichung. Die Feinmodellierung und die Prüfung der Zielerreichung erfolgen wiederum parallel für alle n Prozesse. Vor der Inbetriebnahme erfolgt eine globale Prüfung der Zielerreichung.
Zum Schluß soll auf einige offene Fragestellungen hingewiesen werden. Dies sind z.B.: Welche Parameter beeinflussen das Vorgehensmodell? Wie kann ein optimaler Partizipationsgrad erreicht werden? Welche Modellierungsmethoden erlauben eine effiziente Feinmodellierung?

Dank

Ich bedanke mich ganz herzlich bei den Herren Peter Bichler, Markus Gappmaier, Thomas Prückler und Michael Schrefl. Ferner bedanke ich mich beim *Schweizerischen Nationalfonds zur Förderung der wissenschaftlichen Forschung (SNF)*; diese Institution unterstützte meine Arbeit durch ein Stipendium.

Literatur

[BaKM94] Bauer, Michael; Kohl, Claudia; Mayr, Heinrich: Enterprise Modeling Using OOA Techniques. In [ChBe94], pp. 96-111.

[ChBe94] Chroust, Gerhard; Benczur, Andras (Eds.): Workflow Management: Challenges, Paradigms and Products. Conference Proceedings of CONnectivity '94, Linz, October 19-21, Oldenburg Verlag, München 1994.

[DEMW94] Dumslaff, Uwe; Ebert, Jürgen; Mertesacker, Markus; Winter, Andreas: Ein Vorgehensmodell zur Software-Evaluation. In: HMD: Theorie und Praxis der Wirtschaftsinformatik. Jg. 31, Heft 175 (Januar 1994), S. 89-105.

[ElNu80] Ellis, Clarence; Nutt, Gary: Office Information Systems and Computer Science. In: ACM Computing Surveys, Vol. 12, No. 1 (March 1980), pp. 27-60.

[FeSi93] Ferstl, Otto; Sinz, Elmar: Der Modellansatz des Semantischen Objektmodells SOM. Bamberger Beiträge zur Wirtchaftsinformatik, Nr.18, Universität Bamberg 1993.

[GaHe94] Gappmaier, Markus; Heinrich, Lutz: Charakteristika von Geschäftsprozessen: Ergebnisse von Feldstudien. Institutsbericht 94.01, Institut für Wirtschaftsinformatik, Universität Linz 1994.

[Groc82] Grochla, Erwin: Grundlagen der organisatorischen Gestaltung. Poeschel Verlag, Stuttgart 1982, S. 73f.

[HaCh94] Hammer, Michael; Champy, James: Business Reengineering: Die Radikalkur für das Unternehmen. Campus Verlag, Frankfurt 1994.

[HaRW93] Hall, Gene; Rosenthal, Jim; Wade, Judy: How to Make Reengineering Really Work. In: Harvard Business Review, Vol. 71, No. 6 (Nov-Dec 1993), pp. 119-131.

[HeMS93] Herda, Siegfried; Mund, Sibylle; Steinacker, Angelika (Hrsg.): Szenarien zur Sicherheit informationstechnischer Systeme. Oldenburg Verlag, München 1993.

[HuOu93] Huckvale, Tim; Ould, Martyn: Process Modelling: Why, What and How. In: Spurr, Kathy et al. (Eds.): Software Assistance for Business Process Re-Engineering. John Wiley & Sons, New York 1993, pp. 81-97.

[Joos94] Joosten, Stef: Trigger Modelling for Workflow Analysis. In: [ChBe94], pp. 236-247.

[Kell95] Keller, Gerhard: Eine einheitliche betriebswirtschaftliche Grundlage für das Business Reengineering. In: Brenner, Walter; Keller, Gerhard (Hrsg.): Business Reengineering mit Standardsoftware. Campus Verlag, Frankfurt 1995, S. 45-66.

[Kuen94] Kueng, Peter: Datenbanksysteme: Entwicklungsstand, Anforderungen und Bedeutung neuerer Konzepte. Verlag der Fachvereine, Zürich 1994.

[Kuen95] Kueng, Peter: Ein Vorgehensmodell zur Einführung von Workflow-Systemen. Institutsbericht 95.02, Institut für Wirtschaftsinformatik, Universität Linz 1995.

[KuSc95] Kueng, Peter; Schrefl, Michael: Spezialisierung von Geschäftsprozessen am Beispiel der Bearbeitung von Kreditanträgen. In: HMD: Theorie und Praxis der Wirtschaftsinformatik. Jg. 32, Heft 185, September 1995.

[LiSu93] Liebelt, Wolfgang; Sulzberger, Markus: Grundlagen der Ablauforganisation. Verlag Dr. Götz Schmidt, Gießen 1993.

[LHKS95] Lüthi, Ambros; Häuschen, Harald; Kueng, Peter; Schaller, Thomas: Informatikkosten unter der Lupe. In: Die Unternehmung, Jg. 49, Heft 1 (Februar 1995), S. 33-50.

[Mars94] Marshak, Ronni: Workflow White Paper: An Overview of Workflow Software. In: Proceedings of Workflow '95. San Jose, August 10-12, 1994, pp. 15-42.

[Ober91] Oberquelle, Horst: MCI: Quo vadis? Perspektiven für die Gestaltung und Entwicklung der Mensch-Computer-Interaktion. In: Ackermann, David; Ulich, Eberhard (Hrsg.): Software-Ergonomie '91. Teubner Verlag, Stuttgart 1991, S. 9-24.

[Öste93] Österle, Hubert: Ein Modell für den Prozeßentwurf. Institutsbericht IM2000/CC CRIS/8, Institut für Wirtschaftsinformatik, Hochschule St. Gallen 1993.

[OMRK92] Oppermann, Reinhard; Murchner, Bernd; Reiterer, Harald; Koch, Manfred: Software-ergonomische Evaluation: Der Leitfaden EVADIS II. Walter de Gruyter,

Berlin 1992.

[Prev93] Prevel, Michel: Einführung in die OSSAD Methode: Prinzipien, Formalismen und Projektüberblick. (Sept. 1993), Generalsekretariat Internationaler OSSAD Rat, Genf.

[Ould93] Ould, Martyn: Process Modelling with RADs. In: IOPENER: The journal of the IOPT club for the introduction of process technology. Vol. 2, No. 2 (December 1993), pp. 3-5.

[Rum+91] Rumbaugh, James et al.: Object-Oriented Modeling and Design. Prentice-Hall, Englewood Cliffs NJ 1991.

[Reis90] Reisig, Wolfgang: Petrinetze: Eine Einführung. Springer-Verlag, Berlin 1990.

[Sche94] Scheer, August: Wirtschaftsinformatik: Referenzmodelle für industrielle Geschäftsprozesse. Springer-Verlag, Berlin 1994.

[Ulic91] Ulich, Eberhard: Arbeitspsychologie. Poeschel Verlag, Stuttgart 1991.

[Whit94] White, Phil: Report on a Process Analysis and Design Method. Technical Report 142, Informatics Process Group, University of Manchester 1994.

[Your92] Yourdon, Edward: Moderne Strukturierte Analyse. Wolfram's Fachverlag, Attenkirchen 1992.

Ein Paradigmenwechsel in Informationstechnologie und Organisation

Wolfgang Deiters, Rüdiger Striemer

Zusammenfassung

Die Gestaltung von Organisation und Informationstechnologie erfolgte in der Vergangenheit auf der Basis einer funktionalen Orientierung. Als direkte Folge dieses Paradigmas wurden einzelne Funktionen einer schrittweisen Optimierung unterworfen, die gesamtheitliche Sicht auf die Unternehmensprozesse jedoch wurde weder in organisatorischer noch in informationstechnologischer Hinsicht berücksichtigt. Eine parallele Optimierung und Anpassung von Organisationsgestaltung und Informationstechnologie erfordert jedoch eine solche ganzheitliche prozeßorientierte Herangehensweise, um Potentiale im Sinne der Effizienzsteigerung und Kundenorientierung nutzen zu können. Das prozeßorientierte Paradigma wiederum erfordert zum einen die Implementierung entsprechender Vorgehensmodelle im Unternehmen, zum anderen den Einsatz von Methoden und Werkzeugen zur Umsetzung. Mit der Prozeßmodellierungssprache FUNSOFT und der Prozeßmanagementumgebung CORMAN werden solche Methoden und Werkzeuge vorgestellt.

1 Einleitung

Die Entwicklung und der Einsatz von Informationstechnologie im Unternehmen sowie die Planung und Implementierung effizienter Organisationsstrukturen sind interdependent. Einerseits unterstützen Informationssysteme die durch die Organisationsstruktur vorgegebenen Abläufe und funktionalen Bestandteile der Organisation und sollten somit an ihr ausgerichtet sein. Andererseits erschließt die konsequente Nutzung der Informationstechnologie dem Unternehmen Potentiale, die nur durch eine entsprechende organisatorische Ausrichtung vollständig ausgeschöpft werden können [Druc88]. In diesem Spannungsfeld dominierte bisher die funktionale Sichtweise, nach der Informationssysteme bestimmte Funktionen innerhalb einer Ablauforganisation unterstützen und Organisationsstrukturen auf der Basis der informationstechnischen Potentiale gestaltet werden.

Die Erkenntnisse dieses Jahrzehnts prägen dagegen eine prozeßorientierte Sichtweise, die nicht mehr einzelne Funktionalitäten in den Vordergrund stellt, sondern komplexe Abläufe entlang der Wertschöpfungskette betrachtet. Business Process Reengineering [HC93], prozeßorientiertes Qualitätsmanagement (z.B. ISO9000) [Klei94] und Total Quality

Management [Müri94] sind nur einige der aktuellen Schlagworte. Auf dieser Erkenntnis aufbauend erfordert auch die Entwicklung und Einführung von Informationssystemen eine Hinwendung zu einer prozeßorientierten Herangehensweise [Öste95, Gerr93]. Der Paradigmenwechsel von der Funktions- zur Prozeßorientierung, getragen sowohl durch die Organisation wie auch durch die Informationstechnologie, führt zu einer stärkeren und konsequenteren Harmonisierung der beiden Komponenten.

2 Die funktionale Orientierung von Informationstechnologie und Organisation

Die klassische Herangehensweise bei der Entwicklung von Informationssystemen ist gekennzeichnet durch eine funktionale Orientierung. Informationssysteme unterstützen hierbei bestimmte Funktionen, die an bestimmten Stellen der Ablauforganisation oder in bestimmten Einheiten der Aufbauorganisation zum Einsatz kommen. So dominieren heute Informationssysteme, die speziell das Rechnungswesen, die Lagerverwaltung, die Produktion oder die Verwaltung unterstützen. Entsprechend ihrer funktionalen Ausrichtung werden Informationssysteme heute nach Phasenmodellen [Pomb90, Böhm88] entwickelt, die von der Definition der Funktionalität ausgehen, über die Phasen des Entwurfs, der Implementierung und der Wartung reichen (Abb. 1) und letztlich Systeme hervorbringen, die eben die gewünschte Funktion erfüllen.

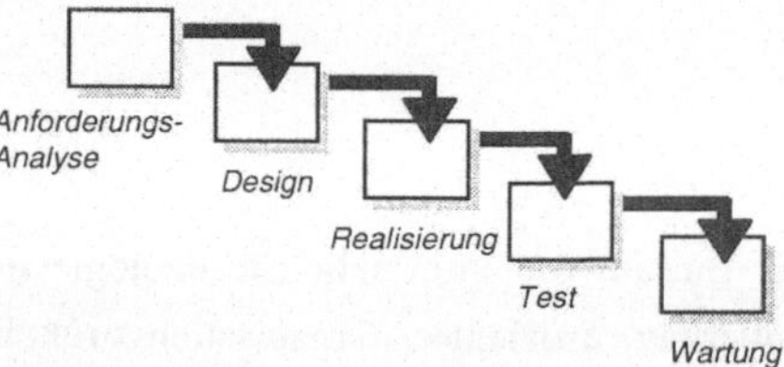

Abb.1: Die klassische Vorgehensweise bei der IuK-Systementwicklung

Systeme, die nach der oben beschriebenen funktionalen Orientierung gemäß dieser klassischen Vorgehensweise entwickelt werden, sind in der Regel ungekoppelt und werden entsprechend ihrer Bestimmung in genau den organisatorischen Einheiten benutzt, zu deren Unterstützung sie entwickelt wurden. Die aus dieser Tatsache entstehenden Probleme liegen auf der Hand und bestimmen den Alltag in den meisten Unternehmen. So existiert keinerlei oder nur eine lose Unterstützung der Schnittstellen zwischen den organisatorischen Einheiten und den dort jeweils benutzten Informationssystemen. Die Koordination gesamter Abläufe gestaltet sich somit als äußerst schwierig und verhindert eine Optimierung von Organisationsstrukturen. Zum anderen erfordert eine solche Vorgehensweise eine explizite

Einbettung der IuK-Komponenten in die Organisation. Insbesondere bei Verwendung von Standardsoftwarekomponenten ist die Organisationsgestaltung oftmals durch das System vorgezeichnet und läßt keinen Spielraum für die Berücksichtigung unternehmensspezifischer Gegebenheiten. Eine effiziente Abstimmung von Informationstechnologie und Organisation wird somit erschwert, wenn nicht gar verhindert.

3 Die prozeßorientierte Sichtweise

In den Unternehmen wird heute zunehmend die in der wissenschaftlichen Diskussion seit längerem geforderte Prozeßorientierung anerkannt und schrittweise umgesetzt. Aufbauend auf der Erkenntnis, daß effiziente Organisationsstrukturen immer an der wertschöpfenden Prozeßkette entlang gestaltet werden sollten, überprüfen die Unternehmen ihre Abläufe insbesondere im Hinblick auf die Wettbewerbs- und Kundenorientierung. Im Vordergrund stehen nicht mehr einzelne, vermeintlich voneinander losgelöste Funktionen, sondern Geschäftsprozesse in ihrer gesamten Komplexität. Im Rahmen des Business Process Reengineering werden Abläufe identifiziert, in ihre Einzeltätigkeiten zerlegt und auf ihre wertschöpfenden Anteile überprüft. Ergebnis solcher Betrachtungen sind effizientere, vor allem aber flexiblere Abläufe. Eine wichtige Voraussetzung für die Flexibilität von Abläufen stellt eine ebenso flexible informationstechnische Unterstützung dar [Dave93].

3.1 Der Business Process Engineering Lifecycle

Während die funktionsorientierte Sichtweise durch ein starres Vorgehensmodell bei der Entwicklung von Informationssystemen gekennzeichnet ist und somit nicht selten Organisationsstrukturen festschreibt, erfordert die prozeßorientierte Herangehensweise ein flexibleres, den Erfordernissen eines systematischen Prozeßmanagements angepaßtes Vorgehen [vgl. z.B. KFHK89]. Als grundlegende Objekte der Entwicklung von Informationssystemen dürfen nicht mehr Funktionen, sondern müssen Prozesse gesehen werden. Dabei entwickeln sich Organisation und Informationstechnologie gleichgerichtet und parallel. Die Erkenntnis, daß Organisationsentwicklung und IuK-Systementwicklung Hand in Hand gestaltet werden müssen, führt zu der Forderung nach einem durchgängig integrierten Vorgehen. Ein solches Vorgehen wird in Abb. 2 dargestellt [DS94].

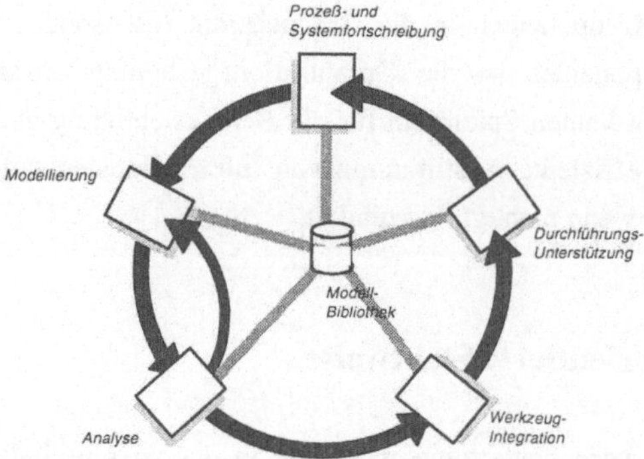

Abb.2: Ein zyklisches Vorgehen bei prozeßorientierter Entwicklung von IuK-Systemen und Organisation

Als Basis der Betrachtung dienen die Geschäftsprozesse des Unternehmens. In unterschiedlichen Phasen wird in einem zyklischen Modell die Effizienz und Flexibilität dieser Prozesse gewährleistet. Dabei ergeben sich die folgenden Phasen:

- *Modellierung:* Im Rahmen der Modellierung werden die wesentlichen Geschäftsprozesse in einer verständlichen und formalen Notation modelliert. Dieser Schritt führt zunächst zu einer höheren Transparenz der Abläufe und legt die Basis für eine intensivere Betrachtung der Prozesse.
- *Analyse:* Das erstellte Prozeßmodell wird einer eingehenden Analyse unterzogen und in einem Unterzyklus aus Modellierung und Analyse schließlich optimiert. Die Analyse liefert dabei in jedem Schritt Erkenntnisse zu Schwachstellen des Prozesses und möglichen Optimierungspotentialen.
- *Werkzeugentwicklung und -integration:* Als Basis für eine spätere Ausführung der Prozesse werden Werkzeuge (Software-Komponenten), die einzelne Aktivitäten innerhalb der Prozesse unterstützen, integriert.
- *Ausführung:* Im Rahmen der Ausführung werden die optmierten Prozesse durchgeführt. Die Prozesse werden anhand des definierten Prozeßmodells, welches durch eine Prozeßmaschine interpretiert wird, gesteuert. Bedeutend ist die Tatsache, daß durch die enge Kopplung zwischen Prozeßmodell und tatsächlich ausgeführtem Prozeß sichergestellt ist, daß der Prozeß gemäß des aufgestellten Modelles abläuft.
- *Prozeß- und Systemfortschreibung:* Die Flexibilität der Prozesse und der zugrundeliegenden Informationstechnologie wird durch die regelmäßige Überprüfung und Anpassung des Prozeßmodells und der eingebundenen Systemkomponenten sichergestellt. Ergebnisse erneuter Analysen können eine Modifikation des Modells und der eingebundenen Informationssysteme erforderlich machen.

Das vorgestellte Vorgehen basiert auf der Grundlage einer einheitlichen Modell-

Repräsentation, auf die in allen Phasen zugegriffen wird. Auf diese Weise sichergestellt, daß die tatsächlich ausgeführten Prozesse nicht von ihren Modellen divergieren. Software-Komponenten werden in die zugrundeliegenden Unternehmensprozesse integriert und erlauben somit eine flexiblere, an den Erfordernissen des Marktes orientierte Organisationsgestaltung.
Die Umsetzung des beschriebenen Zyklus bedeutet die Bewältigung von zwei wesentlichen Herausforderungen. Aus organisatorischer Sicht sind die bestehenden Strukturen in Richtung einer prozeßorientierten Organisation zu entwickeln. Aus Sicht der Informationstechnologie werden geeignete Methoden und Werkzeuge benötigt, die den Business Process Engineering Lifecycle in allen Phasen unterstützen.

3.2 Anforderungen an die organisatorische Umsetzung

Im Bereich der organisatorischen Implementierung gilt es, Vorbereitungen für die schrittweise Einführung des beschriebenen Vorgehens zu treffen. Die Einführung einer ganzheitlichen Prozeßorientierung bedeutet für das Unternehmen, daß

- die konsequente Überprüfung und Optimierung von Geschäftsprozessen als "Meta-Prozeß" im Unternehmen verankert werden muß. In regelmäßigen Abständen werden Prozeß-Audits durchgeführt, die zum Zweck haben, das Erreichen der verfolgten Ziele zu überprüfen und gegebenenfalls Modifikationen der Geschäftsprozesse vorzunehmen.
- die Verantwortlichkeit für funktionale Bereiche durch eine Prozeßverantwortlichkeit ersetzt wird. Dies bedeutet, daß abteilungsübergreifende Instanzen geschaffen werden, deren wesentliche Aufgabe in der Koordination und Kontrolle einzelner, bisher organisatorisch voneinander losgelöster Tätigkeiten liegen.

Derartige Umwälzungen lösen in der Regel Akzeptanzprobleme aus und erfordern daher eine strategische Vorbereitung und langfristige Entwicklung. Erste Erfahrungen mit entsprechenden Projekten zeigen, daß eine Reihe von Erfolgsfaktoren identifiziert werden können, die eine Einführung prozeßorientierter Organisation erleichtern [HRW94].

3.3 Anforderungen an Methoden und Werkzeuge zur technologischen Umsetzung

Der Business Process Engineering Lifecycle ermöglicht eine parallele Betrachtung von Organisation und informationstechnologischer Unterstützung. Eine konsequente Umsetzung des beschriebenen Vorgehensmodells erfordert geeignete Methoden und Werkzeuge, die

- eine Modellierung und Analyse der bestehenden Organisation unterstützen. In diesem Umfeld existieren heute eine Reihe von Ansätzen [FS95, Sche94, MWRF92, EKO94], die der Abbildung und Optimierung von Organisationsstrukturen nach dem prozeßorientierten Paradigma dienen.

- als Basis für eine informationstechnische Unterstützung der festgelegten Geschäftsprozesse dienen. In diesem Zusammenhang kommen heute zunehmend Workflow-Management-Systeme [Jabl95] zum Einsatz, deren Aufgabe es ist, Geschäftsprozesse zu steuern, Aktivitäten im Rahmen der Prozeßsteuerung an Benutzer zu verteilen und eine Fortschrittsüberwachung zu ermöglichen.[1]

Die geforderte konsequente Umsetzung des Business Process Engineering Lifecycle erfordert eine ganzheitliche Betrachtungsweise. Aus diesem Grund müssen entsprechende Methoden und Werkzeuge alle beschriebenen Phasen unterstützen. Dies bedeutet, daß folgende Anforderungen erfüllt werden müssen:

- Methoden und Werkzeuge zur Umsetzung des Business Process Engineering Lifecycle müssen neben der reinen Modellierung von Organisationsstrukturen auch deren Optimierung durch geeignete Analysekomponenten unterstützen. Dies bedeutet, daß die modellierten Abläufe vor einer Durchführungsunterstützung durch Workflow-Management-Komponenten beispielsweise durch Simulationen bewertet und verbessert werden können. Im Rahmen einer Post-Evaluierung muß zusätzlich eine Feedback-Kontrolle der tatsächlich durchgeführten Geschäftsprozesse ermöglicht werden. Hierzu ist beispielsweise ein Soll-Ist-Abgleich zwischen den im Rahmen der Simulation ermittelten Planzahlen und den tatsächlich erzielten Ist-Werten durchzuführen und eine dynamische Änderung der Prozeßmodelle zu ermöglichen.
- Die Integration von Werkzeugen in die modellierten Prozesse erfordert es, bestehende Software(-komponenten) in die Prozeßausführung einzubinden. In diesem Zusammenhang ist es besonders wichtig, daß es möglich ist, Prozeßmodelle auf unterschiedliche Abstraktionsniveaus darzustellen. Heute im Einsatz befindliche Altsoftware ist oftmals nicht genügend offen, um einzelne Funktionalitäten in den Prozeßablauf einzubeziehen. In diesem Kontext können Prozeßmodelle eine Migrationsstrategie definieren, um monolithische Software Schritt für Schritt durch Software-Bausteine zu ersetzen.

4 Der FUNSOFT-Ansatz zur Umsetzung des Business Process ^ Engineering Lifecycles

4.1 Die Prozeßmodellierungssprache FUNSOFT-Netze und die Prozeßmanagementumgebung CORMAN

An der Universität Dortmund sowie am Fraunhofer-Institut für Software- und Systemtechnik wurde die Prozeßmodellierungssprache FUNSOFT-Netze [Gruh91, DG94, DGW94] sowie die auf FUNSOFT-Netzen basierende Prozeßmanagementumgebung CORMAN entwickelt, um das oben skizzierte Vorgehen einer geschäftsprozeßbasierten, inkrementellen Software- und Systementwicklung umzusetzen. Grundlage dieses Vorgehens ist der in Kapitel 3 vorgestellte Business Process Engineering Lifecycle. Ausgehend von den in diesem Lifecycle definierten Aufgaben umfaßt der FUNSOFT-Ansatz Methoden, Sprachen und Werkzeuge zur Modellbildung und Analyse von Geschäftsprozessen, zur Integration von Werkzeugen und rechnergestützten Durchführung (Workflow Management) der Geschäftsprozesse sowie zur Prozeß- und Systemfortschreibung. Die Anforderungen an den FUNSOFT-Ansatz zur Durchführung dieser Tätigkeiten sowie die hierzu entwickelten Sprach- und Werkzeuglösungen sollen im folgenden kurz diskutiert werden.

Im Rahmen der Modellbildung gilt es zunächst, die fachlichen Anteile der Geschäftsprozesse zu erfassen. Hierzu ist es insbesondere wichtig, daß eine Prozeßmodellierungssprache eine für die Mitarbeiter aus den Fachabteilungen verständliche Notation aufweist, da i.d.R. nur diese Mitarbeiter die Geschäftsprozesse im Detail kennen und von der fachlichen Seite her bewerten können. Auf der anderen Seite müssen die resultierenden Prozeßmodelle natürlich auch Ausgangspunkt für die Gestaltung und Realisierung der geschäftsprozeßbasierten betrieblichen Informationssysteme darstellen, d.h. für den Software-Entwickler eine geeignete Grundlage für seine Arbeit darstellen. Darüber hinaus muß eine Prozeßmodellierungssprache Konzepte zur Beherrschung der Komplexität von Geschäftsprozessen beinhalten, sowohl in Hinblick auf die Vielfalt der relevanten Informationen (organisatorisch wie technisch) als auch in Hinblick auf die Größe der Prozesse (Zahl der Aktivitäten, Objekte, Personen,..).

Beiden aufgestellten Anforderungen wurde bei der Entwicklung der FUNSOFT-Netze Rechnung getragen. FUNSOFT-Netze sind erweiterte Petri-Netze, welche um spezielle Features zur Modellierung von Geschäftsprozessen erweitert wurden. Mit Hilfe von FUNSOFT-Netzen können Geschäftsprozesse auf Basis vordefinierter Konstruktionselemente modelliert werden.[2] Diese Konstruktionselemente sind definiert worden, um spezielle im Rahmen von Geschäftsprozessen wichtige Festlegungen (z.B. Entscheidungen, Art des Zugriffs auf Objekte) prägnant und verständlich im Modell darstellen zu können. Als graphische Sprache sind FUNSOFT-Netze besonders gut geeignet, zu verständlichen Modellen zu führen. In Abbildung 3 ist ein Beispiel für ein FUNSOFT-Netz gegeben. Bei diesem Beispiel handelt es sich um einen Ausschnitt eines Modells zur Bearbeitung von Anträgen in einer öffentlichen Verwaltung.

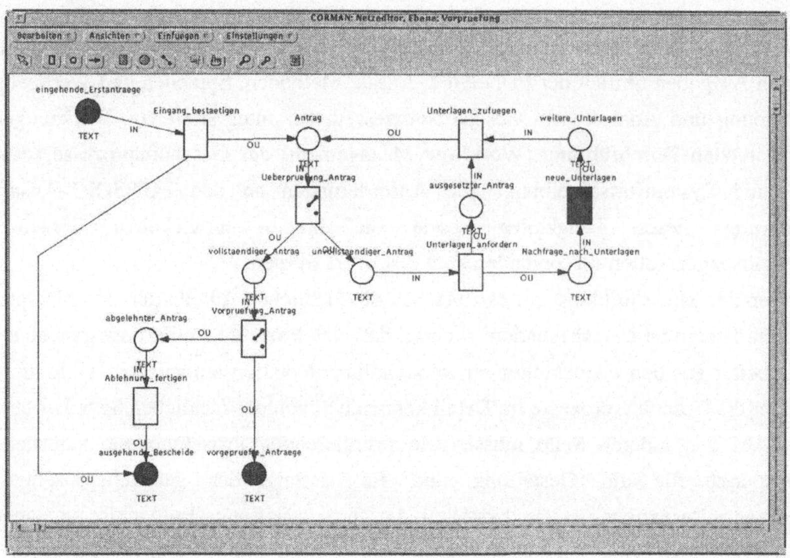

Abb.3: Die Prozeßmanagementumgebung CORMAN

Zur Behandlung der Komplexität existieren in FUNSOFT-Netzen verschiedenen Konzepte. Über eine hierarchische Verfeinerung besteht zum einen die Möglichkeit, Prozeßmodelle auf verschiedenen Abstraktionsstufen darzustellen. Darüber hinaus unterstützt der FUNSOFT-Ansatz verschiedene Sichten auf Prozeßmodelle[3], in denen technische Informationen (Abläufe) getrennt von organisatorischen Informationen (z.B. Definition von Verantwortlichkeiten) präsentiert werden. Die verschiedenen Sichten auf das Geschäftsprozeßmodell werden intern ebenfalls durch FUNSOFT-Netze repräsentiert (siehe Abbildung 4) und ermöglichen so eine das ganze Prozeßmodell umfassende Konsistenzprüfung und Analyse.

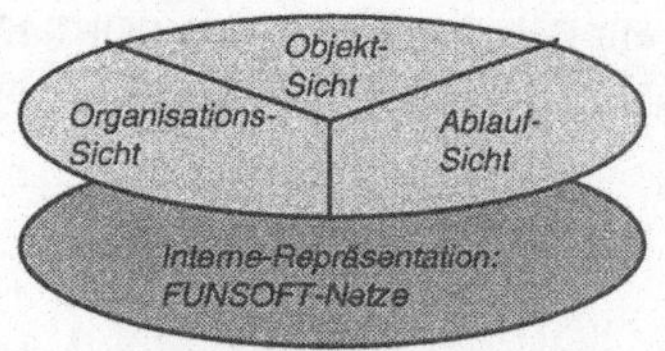

Abb.4: Integration von Sichten in Prozeßmodellen

Bei der Modellbildung wird zunächst die Ist-Situation der Geschäftsprozesse einer Unternehmung erfaßt. Im Anschluß an diese Modellbildung erfolgt im Rahmen der Analyse eine Optimierung der Prozesse. Dies führt zu der Definition eines Soll-Konzeptes der Unternehmensgeschäftsprozesse. Der FUNSOFT-Ansatz unterstützt eine evolutionäre Soll-Konzeptentwicklung durch eine Vielzahl unterschiedlicher Analysetechniken. Im Rahmen einer Modellverifikation können verschiedene Eigenschaften (etwa das Vorhandensein von Deadlocks, die Erreichbarkeit bestimmter Zustände, etc.) überprüft werden. Darüber hinaus können im Rahmen von Simulationen Untersuchungen z.B. über das zeitliche Verhalten, die Ressourcenauslastung oder über kritische Pfade im Prozeßmodell durchgeführt werden. Durch die aufbereiteten Simulationsergebnisse kann derjenige, der eine Prozeßmodellanalyse durchführt, Hinweise auf Verbesserungsvorschläge, die z.B. durch Einarbeitungen in das Modell und erneute Analyse bewertet werden können, gewinnen. Durch ein wiederholtes zyklisches Durchlaufen der Tätigkeiten Modellierung und Analyse erfolgt eine inkrementelle Entwicklung des Soll-Konzeptes.

Nach einer Reorganisation der Geschäftsprozesse erfolgt anschließend die Umsetzung der Prozesse in ein betriebliches Informationssystem. Ein wesentliches Charakteristikum des FUNSOFT-Ansatzes ist es hier, daß die Systementwicklung nicht durch eine Übersetzung des Prozeßmodells in eine Systemspezifikation erfolgt. FUNSOFT-Netze bieten die Möglichkeit der direkten Einbindung von Applikationen in die Geschäftsprozeßmodelle. Die erstellten Modelle sind somit direkt Systemspezifikation bzw. Teil der Realisierung. Damit wird ein Bruch zwischen verschiedenen Systembeschreibungen vermieden. Eine Integration von Werkzeugen erfolgt in FUNSOFT-Netzen durch Bereitstellung von Services, Werkzeugeinkapselungen, in denen die Bereitstellung von Objekten, der Aufruf von Applikationen etc. erfolgt.

Eine Durchführungsunterstützung (Workflow-Management) erfolgt anschließend durch Interpretation der FUNSOFT-Netze. Kann eine Aktivität gestartet werden (d.h. die entsprechende Instanz im Netz, die die Aktivität realisiert kann gefeuert werden), so wird die Aktivität zunächst den gemäß Verantwortlichkeitsdefinition zugeordneten Personen in einer Agenda angeboten. Nach Auswahl der Aktivitäten aus der Agenda wird die Aktivität gestartet, d.h. der jeweiligen Person werden Objekte und Werkzeuge bereitgestellt.

4.2 Geschäftsprozeßbasierte Software-Entwicklung mit dem FUNSOFT-Ansatz

Durch die skizzierte Vorgehensweise wird durch den FUNSOFT-Ansatz eine geschäftsprozeßbasierte Software-Entwicklung ermöglicht, die eine flexible Gestaltung von organisatorischen Strukturen und deren informationstechnischer Unterstützung berücksichtigt. Im Rahmen der verschiedenen Tätigkeiten im Business Process Engineering Lifecycle wird ein einheitlicher Ansatz, FUNSOFT-Netze, verwendet. Dadurch werden Brüche zwischen verschiedenen Organisation- / Systembeschreibungen vermieden. Die Homogenität des Sprachansatzes erlaubt darüber hinaus ein inkrementelles Vorgehen beim Durchlaufen des Lifecycles. So wird es möglich, schon nach dem Erstellen eines ersten Modells durch Integration von Tools oder Mock-Ups ein schnelles Prototyping des in Entwicklung befindlichen betrieblichen Informationssystems durchzuführen. Durch ein schrittweises Erweitern bzw.

Ändern des Modells erfolgt eine Vervollständigung des Prototypen in Hinblick auf das zu erstellende Zielsystem. Dabei erlaubt der Sprachansatz eine starke Beteiligung und Mitwirkung der Endbenutzer an der Gestaltung des Prozeßmodells und des IuK-Systems.

Eine geschäftsprozeßbasierte Software-Entwicklung führt zu neuen Systemarchitekturen [ES89, ADHR92]. Dabei übernehmen Prozeßmodelle die Rolle des Integrationsrahmens für die verschiedenen IuK-Applikationen, die in Form von Diensten zur Unterstützung von Aktivitäten der Geschäftsprozesse in die Prozeßmodelle eingebunden werden. Solche Systemarchitekturen bieten die Grundlage für eine stärkere Flexibilisierung der IuK-Strukturen eines Unternehmens.

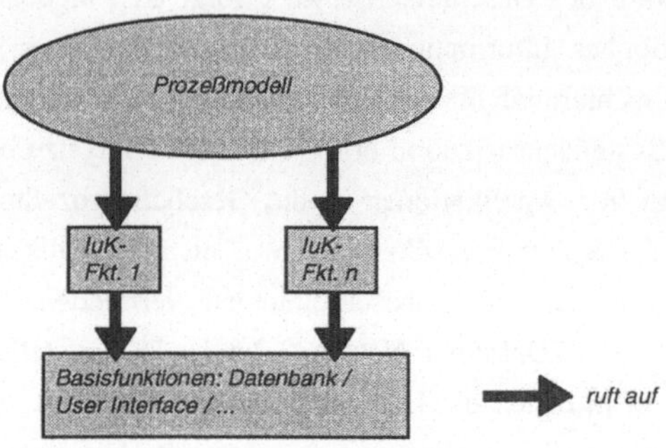

Abb.5: Prozeßmodelle als Integrationsrahmen

Eine Änderung der Geschäftsprozesse kann dann in der Regel durch Änderung des (interpretierten) Prozeßmodells erfolgen und schlägt sich somit nicht unbedingt in Änderungen der Applikationskomponenten nieder. Eine solche Systemarchitektur stellt natürlich Mindestanforderungen an die Integrierbarkeit existierender IuK-Systeme in Hinblick auf die Aufrufbarkeit von Teilfunktionen (Existenz von APIs) und die Möglichkeit der Extraktion der bisher im Software-System kodierten Abläufe. Somit impliziert der oben aufgestellte Business Process Engineering Lifecycle häufig nicht nur ein Reengineering der Organisation (z.B. der Abläufe) sondern auch ein Reengineering der IuK-Systeme. Auf der anderen Seite bietet gerade eine geschäftsprozeßbasierte Software-Entwicklung die Möglichkeit der schrittweisen Systementwicklung / -umgestaltung und kann eine Migrationsstrategie zum Aufbrechen monolithischer Systemstrukturen in Hinblick auf Client-Server Systeme darstellen.

5 Schlußbemerkung

Der vorgestellte Ansatz führt zu einem verbesserten Management des Abhängigkeitsverhältnisses zwischen Organisation und Informationstechnologie. Er erlaubt die integrierte

Betrachtung der bisher isoliert und nur unzureichend aufeinander abgestimmten Entwicklung von organisatorischen Strukturen und deren informationstechnischer Unterstützung. Durch die dargestellte Methodik wird ein evolutionäres "Organisational Engineering" und die sukzessive Weiterentwicklung von Informationstechnik und Organisation ermöglicht.
Im Rahmen der in diesem Papier diskutierten Thematik sind viele Fragestellungen bisher nicht erschöpfend beantwortet. Unser gegenwärtiges Forschungsinteresse konzentriert sich auf eine Ausweitung des vorgestellten Ansatzes in Hinblick auf eine verbesserte Unterstützung dezentraler Organisations- und Systemstrukturen. Für viele Unternehmen bzw. Kooperationsverbünde sind die Geschäftsprozesse auf verschiedene (teilweise autonom operierende) Einheiten verteilt, hier werden Techniken zu einem Aufbrechen von Prozeßmodellen und einem stärker dezentalen Management von Prozessen und Systemen notwendig. Weitere aktuelle Arbeiten betreffen die Diskussion über Granularitätsgrenzen von Prozeßmodellen und den im Prozeßmodell verwendeten IuK-Diensten sowie über eine stärkere Flexibilisierung von Prozeßmodellen.

Anmerkungen

1. Eine Übersicht über heute verfügbare Workflow-Management-Systeme bietet etwa [ES92, KD94, KD95, LHHK93].
2. Für eine ausführliche Vorstellung von FUNSOFT-Netzen siehe [Gruh91].
3. Für eine ausführliche Darstellung des Sichtenkonzeptes siehe [Deit92].

Literatur

[ADHR92] Adomeit, R. / Deiters, W. / Holtkamp, B. / Rockwell, B. / Weber, H.: Software Engineering Environments, in. Marciniak: Encyclopedy of Software Engineering, John Wiley and Sons, 1992

[Böhm88] Böhm, B.W.: A Spiral Model of Software Development and Enhancement, IEEE Computer, Mai 1988

[Dave93] Davenport, T.H.: Process innovation: reengineering work through information technology, Harvard Business School Press, 1993

[Deit92] Deiters, W.: A view based Approach to Software Process Management, TU Berlin, 1992

[DG94] Deiters, W. / Gruhn, V.: The FUNSOFT Net Approach to Software Process Management, in: International Journal of Software Engineering and Systems Engineering, Vol. 4, No. 2, 1994

[DGW94] Deiters, W. / Gruhn, V. / Weber, H.: Software Process Evolution in MELMAC, in: Cooke, D.: The Impact of CASE on the Software Development Life Cycle, Singapore u.a., 1994

[Druc88] Drucker, P.F.: The coming of the new organization, in: Harvard Business Review, Heft 1, 1988

[DS94] Deiters, W. / Striemer, R.: Workflow Management - Chancen und Perspektiven prozeßorientierter Workgroup-Computing-Systeme, in: DV-Management, Heft 3/1994, Berlin: Erich Schmidt Verlag, 1994

[EKO94] Elgass, P. / Krcmar, H. / Oberweis, A.: Prozeßmodellierung - vom informalen zum formalen Prozeßmodell, in: Tagungsband GI-Fachgruppentreffen EMISA/MOBIS Münster, 1994

[ES89] Engels, G. / Schäfer, W.: Programmentwicklungsumgebungen, Teubner, Stuttgart, 1989

[ES92] Erdl, G. / Schönecker, H.G.: Geschäftsprozeßmanagement - Vorgangssteuerungssysteme und integrierte Vorgangsbearbeitung, Baden-Baden: FBO-Verlag, 1992

[FS95] Ferst, O.K. / Sinz, E.J.: Der Ansatz des Semantischen Objektmodells (SOM) zur Modellierung von Geschäftsprozessen, in: Wirtschaftsinformatik, Heft 3, 1995

[Gerr93] Gerrits, H.: Business Process Redesign and Information System Design: A Happy Couple?, in: Prakash, N. / Rolland, C. / Pernici, B.: Information System Development Process, 1993

[Gruh91] Gruhn, V.: Validation and Verification of Software Process Models (Dissertation), Universität Dortmund, Forschungsbericht Nr. 394/1991

[HC93] Hammer, M. / Champy, J.: Reengineering the corporation - A manifesto for business revolution, New York: Harper Business, 1993

[HRW94] Hall, G. / Rosenthal, J. / Wade, J.: Reengineering: Es braucht kein Flop zu werden, in: Harvard Business Manager, Heft 4, 1994

[Jabl95] Jablonski, S.: Workflow-Management-Systeme - Motivation, Modellierung, Architektur, in: Informatik Spektrum, Band 18, Heft 1, 1995

[KD94] Karl, R. / Deiters, W.: Workflow Management - Groupware Computing, Teil 1, Pfaffenhofen: Eigenverlag, 1994

[KD95] Karl, R. / Deiters, W.: Workflow Management - Groupware Computing, Teil 2, Pfaffenhofen: Eigenverlag, 1995

[KFHK89] Krallmann, H. / Feiten, L. / Hoyer, R. / Kölzer, G.: Die Kommunikationsstrukturanalyse (KSA) zur Konzeption einer betrieblichen Kommunikationsarchitektur, in: Kurbel, Karl / Mertens, Peter / Scheer, August-Wilhelm (Hrsg.): Interaktive betriebswirtschaftliche Informations- und Steuerungssysteme (Studien zur Wirtschaftsinformatik 3), Berlin u.a.: de Gruyter, 1989

[Klei94] Kleinsorge, P.: Geschäftsprozesse, in: Masing, Walter: Handbuch Qualitätsmanagement, 3., gründlich überarbeitete und erweiterte Auflage, München u.a.: Hanser,

1994

[LHHK93] Lippold, H. / Hett, H.M. / Hilgenfeldt, J. / Klagge, D.: BIFOA-Marktübersicht Vorgangsmanagementsysteme, Köln: Eigenverlag, 1993

[Müri94] Müri, P.: Prozeßorientierung - der Schlüssel zum neuen Management, in: io Management Zeitschrift, Heft 5, 1994

[MWRF92] Medina-Mora, R. / Winograd, T. / Flores, R. / Flores, F.: The Action Workflow Approach to Workflow Management Technology, in: Proceedings of the Conference on Computer Supported Cooperative Work, 1992

[Öste95] Österle, H.: Business Engineering - Prozeß- und Systementwicklung, Berlin: Springer, 1995

[Pomb90] Pomberger, G.: Methodik der Softwareentwicklung, in: Kurbel, Karl / Strunz, Horst: Handbuch Wirtschaftsinformatik, Stuttgart: Poeschel, 1990

[Sche94] Scheer, A.-W.: Wirtschaftsinformatik - Referenzmodelle für industrielle Geschäftsprozesse, Berlin u.a.: Springer, 1994

IS-Einsatz und Organisation

Martina Botschen, Gerhard A. Kainz, Gerhard Walpoth

Zusammenfassung

Unter Planungsgesichtspunkten wird aus der Organisation eines Unternehmens ein optimales Informationssystem (IS) zu deren Unterstützung entwickelt. Der umgekehrte Aspekt, der Einfluß des IS auf Organisationen steht weniger im Mittelpunkt der Forschung. Dieser Beitrag dokumentiert die Ergebnisse einer empirischen Untersuchung, welche vom Institut für Wirtschaftsinformatik der Universität Innsbruck 1994 durchgeführt wurde. Aus den Ergebnissen wird in der Folge versucht eine Hypothese abzuleiten, die über den Zusammenhang zwischen der Gestaltung von Informationsmanagement bzw. Informationssystemen und dem Einfluß auf die Organisation Aufschluß gibt.

1 Problemstellung

Weitgehend anerkannt und betriebswirtschaftliches Allgemeingut ist der Einsatz von Informations- und Kommunikationssystemen (IS) als effektives Mittel zur Steigerung von Produktivität, Innovationskraft und Wettbewerbsfähigkeit. Weniger anerkannt ist dagegen, wie stark eine nicht abgestimmte Organisationsstruktur verhindern kann, daß der Nutzen von IS voll ausgeschöpft wird [Dorn94, 207]. Ein Unternehmen ist ein komplexes, dynamisches System, dessen Organisation sich laufend an geänderte Umweltbedingungen anpassen muß. Diese Anpassung läßt sich in drei globale Problemkreise gliedern: [Mile86, 30ff]

- Das unternehmerische Problem, d. h. vor allem die Auswahl des Produkt-/Marktbereichs.
- Die Wahl geeigneter Technologien.
- Das administrative Problem, d. h. die Rationalisierung von Strukturen und Prozessen (Aufbau- und Ablauforganisation.

Treten in einem dieser Problemkreise Änderungen ein, so wirkt sich das auf die beiden anderen aus. Ändert sich beispielsweise aufgrund spezifischer Marktverhältnisse die Unternehmensstrategie, müssen im Regelfall sowohl die Technologie als auch die Organisation an die neuen Bedürfnisse angepaßt werden. Diese Erfordernisse werden aber im Bereich des Einsatzes von IS von vielen Unternehmen nicht ausreichend berücksichtigt. Dies führt zu falschen Nutzenerwartungen und genereller Unzufriedenheit mit den Systemen. [Beck93, 19]

Wir wollen uns in diesem Beitrag mit Beziehungen zwischen dem Einsatz von IS und Organisationsänderungen auseinandersetzen. Da die empirische Forschung im Bereich der

Wirtschaftsinformatik traditionell eine eher geringe Rolle spielt [Hein95, 5], sind auch für dieses Gebiet keine aktuellen Daten vorhanden, auf deren Basis Hypothesen gebildet werden können. Der Beitrag ist daher wie folgt aufgebaut: Im nächsten Abschnitt zeigen wir den Untersuchungsrahmen und die Ziele der empirischen Studie auf. Abschnitt drei beschreibt Methodik und Ablauf der Untersuchung. Im vierten Abschnitt stellen wir die deskriptive Ergebnisse und die Zusammenhänge zwischen den Variablen dar und versuchen daraus, im letzten Abschnitt Konsequenzen und weitere Forschungsmöglichkeiten abzuleiten.

2 Untersuchungsrahmen

Im Zusammenhang zwischen dem Einsatz von Informationssystemen und Entwicklung der Organisation eines Unternehmens gibt es zwei Arten der Anpassung: Eine einmalig notwendige Anpassung im Sinne einer punktuellen Organisationsänderung als Reaktion auf Änderungen beim IS Einsatz und die Notwendigkeit laufender, flexibler Anpassungen an Umweltbedingungen. Daraus ergeben sich zwei Fragestellungen:

1. Wie sind Informationssystem und Informationsmanagement in bezug auf Struktur und Abläufe der Informationsverarbeitung ausgeprägt? Eine Änderung dieser Strukturen und Abläufe macht eine Anpassung der Aufbau- und Ablauforganisation notwendig.
2. Wie werden Informationssysteme eingesetzt? Flexibler Einsatz von (flexiblen) Informationssystemen bedeutet auch flexible organisatorische Abläufe und Strukturen, d. h. laufende Anpassung an optimale Arbeitsabläufe.

Die Fragestellungen enthalten das Informationsmanagement, das Informations-(verarbeitungs) system und die Organisation des Unternehmens als Gestaltungsobjekt. Diese drei Dimensionen der Informationsfunktion werden in der Untersuchung durch folgende Parameter operationalisiert:

- Wie ist das Informationsmanagement (IM) gestaltet (zentral - dezentral).
- Welche Ressourcen werden eingesetzt (intern - extern).
- Wie hoch ist der Integrationsgrad der eingesetzten Systeme(integriert - nicht integriert).
- Homogenitätsgrad (heterogen - homogen).
- Wie erfolgt die Unterstützung von Entscheidungsprozessen (starr - flexibel).
- Wie erfolgt die Unterstützung von Geschäftsprozessen (starr - flexibel).

Auf die operationalen Variablen, die für die Erhebung herangezogen wurden, wird bei der Darstellung der deskriptiven Ergebnisse eingegangen. Jeweils zwei dieser Parameter beschreiben eine Dimension der Informationsfunktion, die in den folgenden Abschnitten beschrieben sind. Auf die Unteruchung des Einflusses weiterer Parameter wurde im Hinblick auf die gewählte Erhebungsmethode und der Zielsetzung der Untersuchung verzichtet.

2.1 Die organisatorische Gestaltung der Informationsfunktion

Die Informationsfunktion umfaßt die Aufgaben einer Organisation, welche sich mit Information und Kommunikation als wirtschaftlichem Gut befassen [HeRo92, 262]. In der organisatorischen Gestaltung der Informationsfunktion spielt die Distribuierungsentscheidung eine zentrale Rolle [KrMe82], [HeRo85], [Rock77]. Die Objekte der Entscheidung gliedert Rockart in Systemmanagement, Systemplanung und Systembetrieb. Distribuierung bezieht sich in diesem Zusammenhang auf De-/Zentralisierungsentscheidungen entlang der organisatorischen Dimension [Kain93, 12]. Systemplanung und Systembetrieb haben relativ wenig Auswirkungen auf die Gestaltung der Informationsinfrastruktur. Die Entscheidung über die Distribuierung des Systemmanagements (Informationsmanagement) zieht langfristige organisatorische Auswirkungen nach sich. Untersucht wird daher nur die Verteilung des IM. Um die Detailgenauigkeit der Frage zu erhöhen, wurden im Fragebogen folgende Teilaufgaben des IM berücksichtigt [Bess85] :

Planung: Erhebung und Gewichtung von Informationen aus der Umwelt, Entwurf von IS und Vorbereitung von Entscheidungsalternativen.

Organisatorische Gestaltung: Eingriffe in die Aufbau- und Ablauforganisation des Unternehmens zur Anpassung an die Anforderungen des IS.

Entscheidung/Anordnung: Alternativenauswahl, Freigabe von finanziellen Mittel und Ressourcen, Auslösung von Projekten usw.

Controlling: Überwachung und Lenkung der Wirtschaftlichkeit der Projekte, Termin- und Leistungskontrolle der Projekte.

Motivierung: Argumentation des Projektziels gegenüber den Beteiligten und den Betroffenen.

Neben dem Grad der Distribuierung läßt sich das IM auch in Hinsicht auf den Grad der Einbindung von Ressourcen in das betroffene Unternehmen beurteilen. Das Spektrum reicht vom ausschließlich internen Einsatz eigener Ressourcen bis zum Outsourcing [WaUn94]. Ausgehend von diesen beiden Dimensionen teilen wir die Organisation des IM in folgende Grundhaltungen (Abb. 1).

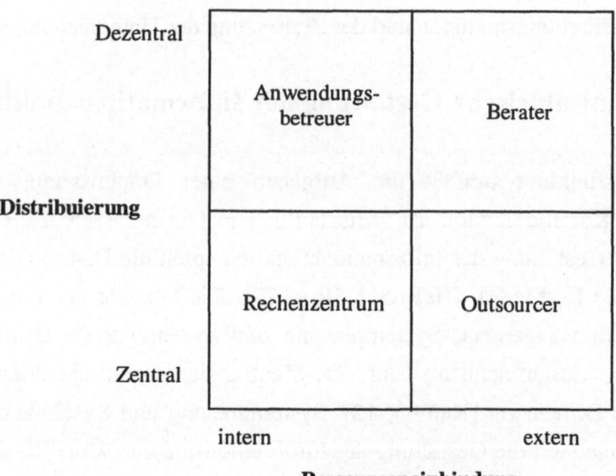

Abb. 1: Die Organisation des IM

Rechenzentrum bedeutet die “klassische” zentrale, interne Ausprägung. Internes, dezentrales IM ist am besten durch den Begriff *Anwendungsbetreuer* umschrieben. Eine zentrale, externe Ausprägung nennen wir *Outsourcer* und die dezentrale, externe Übernahme von IM Aufgaben *Berater*.

2.2 Die Informationsinfrastruktur aus technischer Sicht

Informationsinfrastruktur bezeichnet Einrichtungen, Mittel und Maßnahmen zur Produktion von Information und Kommunikation in einem Unternehmen [HeBu87, 18]. Die Informationsinfrastruktur umfaßt Personen, Hardware und Software. Die Aspekte der Informationsinfrastruktur im Zusammenhang mit Personen sind bereits durch die organisatorische Gestaltung der Informationsfunktion abgedeckt.

Folgende Ausprägungen (Klassen) der Informationsinfrastruktur sind zu beobachten:

Insellösungen
Insellösungen sind funktional nicht integrierte Anwendungssysteme in einer heterogenen Systemumgebung.

Schnittstellen
Schnittstellen entstehen, wenn auf Basis einer heterogenen Systemumgebung funktionale Integration angestrebt wird.

Infrastruktur
Unter Infrastruktur verstehen wir eine weitgehend einheitliche Systemumgebung mit technischer, aber keiner funktionalen Integration.

Integration

Die Integration stellt den Idealfall einer einheitlichen (homogenen) Systemumgebung mit funktionaler Integration dar.

Als Attribute für die Beurteilung der Informationsinfrastruktur sind daher der Integrationsgrad und der Homogenitätsgrad ausschlaggebend (siehe Abb. 2) Dem Integrationsgrad liegt das Streben nach weitgehend automatischer horizontaler und vertikaler Daten-, Funktions- und Prozeßverknüpfung zugrunde [Mert93, 1f]. Im Untersuchungsdesign wird nur die innerbetrieblicher Integration untersucht.

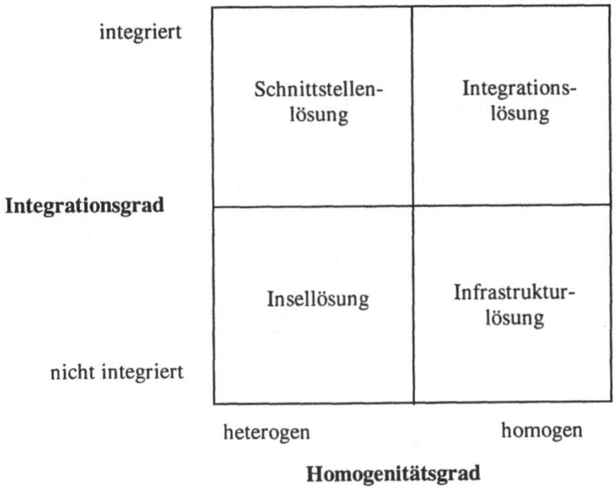

Integrationsgrad	heterogen	homogen
integriert	Schnittstellen-lösung	Integrations-lösung
nicht integriert	Insellösung	Infrastruktur-lösung

Homogenitätsgrad

Abb. 2: Informationsinfrastruktur aus technischer Sicht

2.3 Unterstützung von Entscheidungs- und Geschäftsprozessen durch IS

Die Wertschöpfung eines Unternehmens liegt nach Gutenberg in der Kombination elementarer und dispositiver Produktionsfaktoren. Die Unterstützung der Wertschöpfung durch Information [Port85, 149] führt zum Schluß, daß die Ausprägung, in der Geschäfts- und Entscheidungsprozesse durch Informationssysteme unterstützt werden, die Organisation beeinflußt. Die mangelnde Berücksichtigung von Informationsbedürfnissen der Organisation oder der menschlichen und technischen Informationsverarbeitungskapazität führt zu kritischen Problemen in der Evolution der Organisation [Druc88]. Die Unterstützung von Entscheidungs- und Geschäftsprozessen durch Informationssysteme ist damit ein wesentlicher Faktor der Organisationsentwicklung. Informationstechnologien, die mit bestimmten Geschäfts- oder Entscheidungsprozessen verknüpft sind, können zu einer flexibleren oder starreren Abwicklung dieser Prozesse tendieren. Damit wird auf die Organisation des Unternehmens indirekt entweder ein stabilisierender Einfluß entstehen oder im umgekehrten Fall die Möglichkeit einer weitgehend flexibleren Abwicklung geboten.

Administrations- und Dispositionssysteme [Mert93, 6] bieten nur einen geringen Spielraum für die Veränderung von Entscheidungsprozessen. Je höher die vertikale Integration (Planungs- und Kontrollsysteme) desto eher kann eine Veränderung von Entscheidungsprozessen stattfinden [FeKo92, 14f].

Geschäftsprozesse stellen in Summe die Ablauforganisation des Unternehmens dar. Die Unterstützung der Geschäftsprozesse ist gekennzeichnet durch den Freiheitsgrad der Anwender in der Nutzung von Informationssystemen und dem Flexibilitätsgrad, den diese Anwendungssysteme bieten. Flexible Informationssysteme unterstützen unterschiedliche Abläufe eines Geschäftsprozesses.. Je stärker die Reglementierung in der Anwendung dieser Systeme sind, desto starrer ist die Ablauforganisation. Die Regeln und Strukturen der Abläufe von Geschäftsprozessen sind dann im Informationssystem codiert.

Die in Abb. 3 dargestellte Matrix zeigt wie der Einsatz von Informationssystemen für die Unterstützung von Geschäfts- und Entscheidungsprozesse erfolgen kann [FeKo92, 16f].

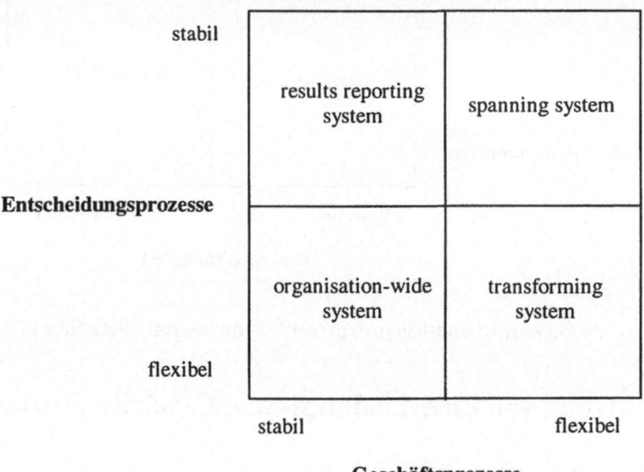

Abb. 3: Einfluß auf Geschäfts- und Entscheidungsprozesse

3 Untersuchungsdesign

Zur Erhebung der Daten wurde ein standardisierter Fragebogen verwendet. Die Grundgesamtheit der Erhebung besteht in den 1000 größten Unternehmen Österreichs gemessen an der Anzahl der Mitarbeiter. Die Erhebung beruht auf Adressmaterial, das vom Institut für Wirtschaftsinformatik der Universität Innsbruck für empirische Untersuchungen von einem international renomierten Adressverlag angeschafft wurde.

Von den 1000 ausgesandten Fragebögen wurden 243 ausgefüllt zurückgesandt (Quote 24,3%). Die im folgenden angeführten unterschiedlichen Angaben der Stichprobengröße resultieren aus der divergierenden Anzahl von "missing cases" (bereinigt um die ungültigen Angaben pro

Frage). Der Rücklauf zeigt keine nennenswerten Verzerrungen gegenüber der Grundgesamtheit, sodaß die Ergebnisse als ausreichend repräsentativ angesehen werden können.
Die Autoren sind sich jedoch der prinzipiellen Repräsentanzprobleme schriftlicher Befragung [Bere91, 104ff] bewußt. So konnte z.B. nicht verifiziert werden, inwieweit die Angaben tatsächlich von der interessierenden Personengruppe (EDV-Leiter) stammen. Durch einen Pretest vor der Aussendung konnte die Akzeptanz und die Eindeutigkeit der Fragen sichergestellt werden. Darüber hinaus zeigte auch schon der Pretest das Interesse der Zielgruppe und die Aufmerksamkeitswirkung des Themas und damit die hohe Wahrscheinlichkeit der Teilnahme der angesprochenen Zielpersonen.

4 Empirische Befunde

4.1 Deskriptive Ergebnisse

Der erste Datenkomplex beschäftigt sich mit der Organisation der Informationsverarbeitung. Der Distribuierungsgrad wurde für die oben beschriebenen fünf Aufgaben am Grad der Einbindung von Fachabteilungen in das IM gemessen (markante Ausprägungen sind grau unterlegt).

Aufgaben des IM (Stichprobengröße = 238)	überwiegend zentral in %	überwiegend dezentral in %
Planung	71,1	28,9
Organisatorische Gestaltung	61,5	38,5
Entscheidung/Anordnung	66,3	33,7
Controlling	86,1	23,9
Motivierung	64,4	35,6

Tabelle 1: Distribuierungsgrad des Informationsmanagements

Aufgaben des IM (Stichprobengröße = 243)	überwiegend intern in %	externe Beteiligung in %
Planung	49,4	50,6
Organisatorische Gestaltung	60,9	39,1
Entscheidung/Anordnung	87,7	12,3
Controlling	81,1	18,9
Motivierung	75,7	14,3

Tabelle 2: Grad der Einbindung Externer im Informationsmanagement

Tabelle 1 zeigt, daß in den untersuchten Unternehmen die Aufgaben des IM überwiegend zentral wahrgenommen werden. Ebenso eindeutige Aussagen (sieht man vom Bereich Planung ab) ergeben sich für den Grad externer Ressourceneinbindung (Tabelle 2). Diese Ausprägungen entsprechen dem steigenden Delegationsrisiko der IM-Aufgaben [WaUn94, 47].

Eine Zusammenfassung der Ergebnisse (Abb. 4) für die Organisation des IM zeigt, daß sich der überwiegende Teil (64,7 %) der befragten Unternehmen im Quadranten *Rechenzentrum* befinden, d. h. eher zentrale und unternehmensinterne Organisation des IM. Immerhin noch fast 1/3 (31 %) sind als Anwendungsbetreuer zu klassifizieren - mit weitgehender Dezentralisierung und geringer Einbindung Externer. Outsourcer und Berater, d. h. Unternehmen deren IM weitgehend ausgelagert ist spielen kaum eine Rolle (4,3 %). Hier könnte allerdings eine Verzerrung nach unten durch die Form der Fragestellung passiert sein die dazu führt, daß in diesen 4,3% nur solche Unternehmen enthalten sind, welche zu mindestens 75 % ihr IM extern vergeben haben. Unter dieser Prämisse sind die berechneten Werte plausibel.

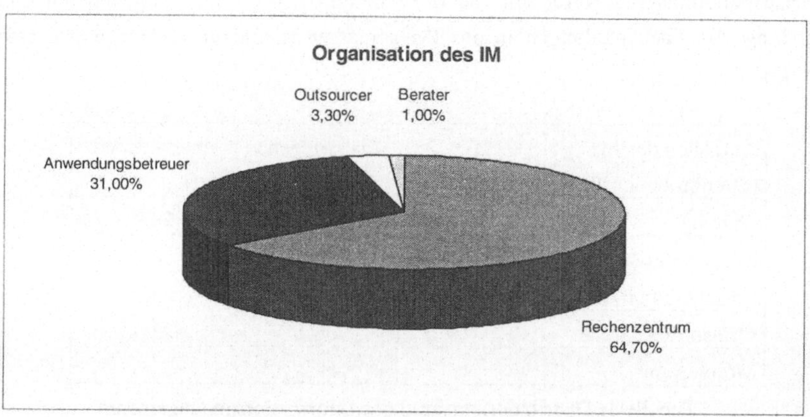

Abb. 4: Die Organisation des IM - Ergebnisse

Bei einem Vergleich mit älteren Untersuchungen [Pfeif90, 200f.] zeigt sich für den Dezentralisierungsgrad, daß es in der letzten Zeit offensichtlich keine spürbaren Tendenzen in Richtung Dezentralisierung des IM gegeben hat. Dies entspricht auch den Ergebnissen einer im Sommer 1993 durchgeführten Expertenbefragung [HeSr95, 13] , "...daß die zentrale IV-Abteilung nach wie vor als wichtigster Akteur bei der Einführung und Nutzung von Informations- und Kommunikationstechnologien im Unternehmen angesehen .." wird.

Der Integrationsgrad für die Informationsinfrastruktur wurde für 6 Gruppen von Anwendungssystemen erhoben, die wie folgt charakterisiert sind [KaWa92, 53].

Administration: IS im Bereich der Administration dienen der routinemäßigen Verarbeitung von strukturierten Informationen (Daten). Das Ziel dieser Systeme liegt in der Rationalisierung und der Dokumentation der Arbeitsvorgänge. Der Inhalt der bearbeiteten Aufgaben erstreckt sich dabei von der reinen Massendatenverarbeitung bis hin zur Planung. Beispiele für solche Systeme sind: Auftragsverwaltung, Rechnungswesen, PPS.

Technik/Steuerung: IS in diesem Bereich zeichnen sich durch einen hohen Stellenwert der Technologie aus. Technologie bezieht sich sowohl auf Produkte (z.B. Selbstdiagnosesysteme), auf die Produktion (z.B. Verfahren, Prozeßsteuerungen, CNC usw.) als auch den Entwurfs- und Planungsprozeß (z.B. Cxx-Technologien).

Beratung/Dienstleistung: Dabei handelt es sich um extern orientierte Informations- und Kommunikationssysteme. Sie unterstützen in erster Linie die Beziehungen zu Marktpartnern (Kunden, Lieferanten, ...). Beispiele sind Messeinformationssysteme, Bestellsysteme, Bankomaten.

Telematik: In der Telematik steht der Kommunikationsaspekt im Vordergrund. Systeme in diesem Bereich versuchen durch eine Verbesserung der inner- und zwischenbetrieblichen Kommunikation Wettbewerbsvorteile zu schaffen. Telematikprojekte dienen in vielen Fällen dem Aufbau einer geeigneten Kommunikationsinfrastruktur. Dazu gehören beispielsweise der Zugang zu Mailboxen bzw. externen Datenbanken oder die Verbindung von Niederlassungen über Weitverkehrsnetze (WAN).

Controlling/Führung: Unter Führung und Controlling sind alle Systeme zusammengefaßt, die der Informationsaufbereitung für das Management und Entscheidungsvorbereitung dienen. Im Mittelpunkt steht die Unterstützung der Aufgaben von Führungskräften. Projekte in diesem Bereich ergeben sich aus den individuellen Anforderungen der Führungskräfte.

IDV: Individuelle Datenverarbeitung beschreibt den Einsatz von IS zur Bewältigung von Aufgaben in der persönlichen Arbeitsumgebung. Zumeist handelt es sich dabei um PC-Systeme oder um Teilaspekte der Büroautomation.

Als Meßgröße wurde die Form des Datenaustausches zwischen Anwendungssystemen herangezogen. Gemessen wurde der Integrationsgrad sowohl innerhalb eines Anwendungsbereichs, als auch zwischen den verschiedenen Anwendungsbereichen. Die folgende Tabelle zeigt die Ergebnisse für die Integration innerhalb eines Anwendungsbereichs (z. B. Integration innerhalb Administration, etc.):

	Integrationsgrad in %				
Anwendungsbereiche (Stichprobengröße)	automatisch	überwiegend automatisch	überwiegend manuell	manuell	kein Austausch
Administration (227)	52,4	38,3	4,8	2,6	1,8
Technik (193)	28,5	33,7	11,4	8,3	18,1
Beratung (189)	12,7	20,1	12,7	11,6	42,9
Telematik (202)	38,6	21,8	7,4	5,4	26,7
Controlling (210)	15,7	28,1	23,3	16,2	16,7
IDV (208)	19,2	38,0	19,7	9,6	13,5

Tabelle 3: Integrationsgrad in den Anwendungsbereichen

Die Integration zwischen den Anwendungsbereichen entspricht tendenziell der Integration innerhalb von Anwendungsbereichen. Im Bereich Administration ist die Integration sehr ausgeprägt. Die Bereiche Technik, Beratung, Telematik sind dadurch gekennzeichnet, daß die Daten entweder automatisch ausgetauscht werden, oder gar nicht Controlling und IDV weisen kaum markante Schwerpunkte auf.

Der Homogenitätsgrad der Informationsinfrastruktur wurde ebenfalls für alle sechs Anwendungsbereich ermittelt. Wie Tabelle 4 zeigt, gibt es zwar einen Überhang von homogenen Systemen, dieser ist allerdings nicht so signifikant, daß daraus allgemeine Schlüsse gezogen werden könnten.

Die Einteilung in die oben beschriebenen Infrastruktur-Typen zeigt die Abbildung 5. Der Bereich Administration ist deutlich gekennzeichnet durch den Typ Infrastrukturlösung. Im Bereich Telematik ist dieser Typ (definitionsgemäß systembedingt) ebenfalls vorherrschend. Im Bereich Beratung sind homogene Systeme vorherrschend, daher viele Infrastruktur- und Integrationslösungen. Auffällig im Bereich Technik sind die vielen Insel- und Schnittstellenlösungen.

	Homogenitätsgrad des IS	(Angaben in %)
Anwendungsbereiche (Stichprobengröße)	homogen	heterogen
Administration (234)	58,4	31,6
Technik (180)	43,9	56,1
Beratung (147)	68,7	31,3
Telematik (191)	64,4	36,6
Controlling (228)	59,6	40,4
IDV (230)	50,4	49,6

Tabelle 4: Homogenitätsgrad des IS

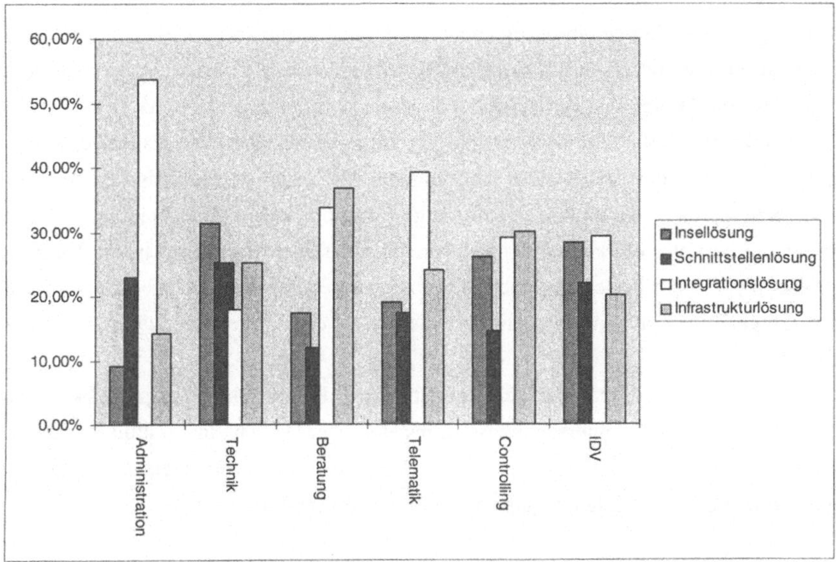

Abb. 5: Informationsinfrastruktur aus technischer Sicht

Die Unterstützung von Geschäfts- und Entscheidungsprozessen durch EDV-Systeme stellt den dritten Evaluierungskomplex dar. Die Flexibilität der Entscheidungsprozesse ergibt sich indirekt aus der Variable Integrationsgrad zwischen Administration- und Führungssystemen, einem Indikator für die vertikale Integration. Hier zeigt sich, daß sich bei einer Stichprobe von n=219, 61,6 % eher integriert und somit flexibel einschätzen, während 38,4 % ihre IS-Systeme als weniger integriert bezeichnen. Das wirkt sich stabilisierend auf die Entscheidungsprozesse aus.

Die Dimension der Flexibilität in der Unterstützung der Geschäftsprozessse wurde durch die Parametrierbarkeit der Informationssysteme als Indikator für die Flexibilität und das Ausmaß der organisatorischen Regelungen bei deren Einsatz gemessen. Der Einsatz von IS wird von 39 % im Hinblick auf Geschäftsprozesse als flexibel angegeben, bei 61 % stehen starre organisatorische Regeln beim Einsatz von IS im Vordergrund.

Die Abb. 6 zeigt die Einteilung der befragten Unternehmen nach der Klassifikation entsprechend dem Einfluß auf Geschäfts- und Entscheidungsprozesse. 24 % der befragten Unternehmen haben nach dieser Aussage results reporting systeme, d. h. bestehende Entscheidungsprozesse werden stabilisiert ("versteinert") und die Geschäftsprozesse laufen nach einem starren Muster ab. Organisatorische Änderungen werden durch solche Systeme nicht verursacht, umgekehrt verursachen notwendige Änderungen der Organisation (z. B. durch externe Einflüsse) Probleme beim IS Einsatz. Der Großteil der Unternehmen setzt ihre Systeme im Sinne von organisation wide systems ein (36 %). Ein Beispiel dafür wären Management Informationssysteme für den Zugriff oder die Analyse von unternehmensweiten Daten. Dadurch sind flexible Entscheidungsprozesse möglich, auf Geschäftsprozesse ergeben sich keine direkten Auswirkungen in bezug auf Veränderungen. Ein solcher Einsatz wird auch als "structure preserving" bezeichnet [FeKo92, 12]. 27 % des IS-Einsatzes entsprechen dem Typ spanning systems. Dieser Typ verhält sich weitgehend neutral gegenüber der Organisation (structure independent). Fast ¼ der Systeme (24 %) fallen in die Kategorie results reporting. Aus organisatorischer Sicht stellt diese Ausprägung den eher problematischen Fall in Richtung Versteinerung (structure enforcing) bestehender Entscheidungs- und Geschäftsprozesse dar. Nur ein kleiner Prozentsatz (13 %) fällt in den Bereich transforming systems. Dieser Typ ist am besten geeignet, alle notwendigen organisatorischen Bedürfnisse zu erfüllen. Umgekehrt geht von solchen Systemen auch ein starker Einfluß in Richtung Organisationsänderungen.

Auffällig hoch ist die Flexibilität bei der Unterstützung der Entscheidungsprozesse. Dies ergibt sich auf Grund des Untersuchungsdesigns aus der hohen Integration zwischen Administration und Controlling/Führung, die aus der Literatur abgeleitet als Indikator für flexible Unterstützung von Entscheidungsprozessen interpretiert wird.

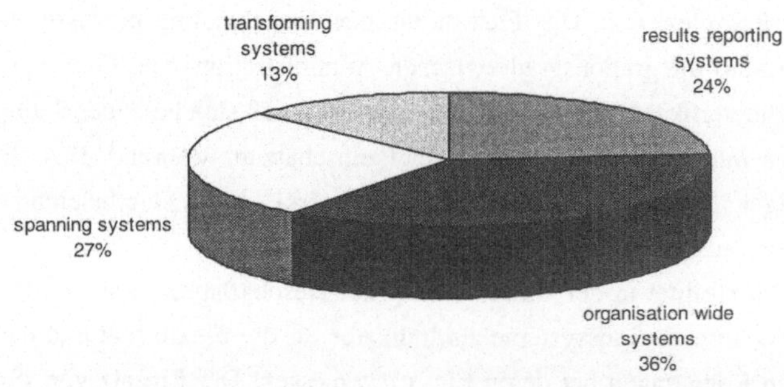

Abb. 6: Einfluß auf Geschäfts- und Entscheidungsprozesse

4.2 Zusammenhänge

Die gesammelten Daten sind in bezug auf Zusammenhänge untersucht worden. Ziel dieser Untersuchung war es, eventuelle Zusammenhänge zwischen den Variablen die für Struktur und Abläufe des Informationsmanagement bzw. des Informations- und Kommunikationssystems stehen, zu den Variablen, die Aussagen, wie das IS eingesetzt wird, herzustellen. Dabei hat sich herausgestellt, daß es zwischen den hier verwendeten Variablen keine signifikanten Zusammenhänge gibt Die Untersuchung der Zusammenhänge erfolgte aufgrund des unterschiedlichen Datenniveaus mit Kreuztabellen; zur Signifikanzprüfung wurde der CHI-Quadrat-Test nach Pearson herangezogen. Als Auswertungsprogramm wurde SPSS for Windows Version 5.02 verwendet.

Vielmehr konnte auf Grund der Eindeutigkeit der fehlenden Signifikanz und der Größe der Stichprobe folgende Hypothese aufgestellt werden:

- Der Einfluß von Informations- und Kommunikationssystemen auf Geschäfts- und Entscheidungsprozesse ist unabhängig davon, wie das Informationsmanagement gestaltet ist und unabhängig von der technischen Infrastruktur.

Stimmt diese Hypothese, so kann weiters festgestellt werden, daß der Einsatz von IS als Change Agent für die Organisation ebenfalls unabhängig ist von der Gestaltung des IM und des IS. Von den in dieser Untersuchung erhobenen Variablen ist nur von Bedeutung , wie das IS eingesetzt wird. Das WIE beim Einsatz von IS hat als Rahmenbedingung selbstverständlich die technischen Eigenschaften des IS selbst. Ein flexibler Einsatz von IS ist nur dann möglich, wenn das System als solches für einen solchen Einsatz geeignet ist (z. B. durch weitgehende Parametrierung, modularen Aufbau, etc.). Offenbar gibt es aber bei den untersuchten Unternehmen noch genügend Potential in dieser Richtung. Es hat sich nämlich gezeigt, daß im Bereich Administration ein Großteil der Unternehmen zwar flexible Systeme hat, diese aber nicht flexibel einsetzt, sondern die Benutzung durch starre organisatorische Regelungen einschränkt.

5 Zusammenfassung und Ausblick

Der vorliegende Beitrag konnte neben deskriptiven Aussagen über Organisation des IM, Infrastruktur eingesetzter IS und der Art, wie IS eingesetzt werden aufzeigen, daß die Anpassungsfähigkeit von IS und Organisation nicht von der technischen und strukturellen Ausprägung von IS bzw. IM abhängt, sondern davon, welche Freiheitsgrade Anwender und Entscheidungsträger bei der Arbeit mit IS haben. Aus einer früheren Untersuchung über kausale Zusammenhänge zwischen Informationstechnologie und Organisation resultierten drei Alternativen [MaRo88]: Der technologische Imperativ, d. h. die Informationstechnologie selbst verursacht organisatorische Änderungen. Der organisatorische Imperativ, d. h. aus organisatorischen Anforderungen aus Sicht von Anwendern und IS-Designern ergeben sich Änderungswünsche an die Organisation. Die dritte Möglichkeit betrifft organisatorische Änderungswünsche, die sich aus nicht voraussehbaren Benutzerwünschen bei der Arbeit mit IS ergeben. Unter Berücksichtigung zusätzlicher externer Einflußfaktoren ist davon auszugehen, daß in den meisten Unternehmen eine flexible Unterstützung der Organisation durch spanning und transforming systems notwendig wäre. Dem steht das Ergebnis gegenüber, daß 60% der eingesetzten IS statische Strukturen, traditionelle Rollen und Verantwortlichkeiten abbilden. In diesem Bereich liegen für viele Unternehmen noch erhebliche Nutzenpotentiale im Einsatz von IS.

Literatur

[Beck93] Becker, W.: IT-Controlling. Die Informatik im Griff haben. In: Diepold Management Report. Nr. 8/9-93.

[Bere91] Berekoven et. al.: Marktforschung, Gabler Verlag, Wiesbaden 1991

[Bess85] Bessai, B.: Objekte der Dezentralisierung. In: Handbuch der modernen Datenverarbeitung (1985), Heft 121, S. 9-20.

[Dorn94] Dorn, B.: Informatik als Motor für Organisationsinnovation. In: Fuchs, J. (Hrsg.). Das Biokybernetische Modell, Gabler Verlag, Wiesbaden 1994, S. 205-226.

[Druc88] Drucker, P. F.: The coming of the new organisation. In: Harvard Business Review (1988), January - February, S. 45-53.

[FeKo92] Fedorowicz, J.; Konsynski, B.: Organisation Support Systems: Bridging Business and Decision Processes. In: Journal of Management Information Systems (1994), Vol. 8 No. 4, S. 5 - 25.

[HeBu87] Heinrich, L. J.; Burgholzer, P.: Informationsmanagement, Oldenbourg Verlag, München - Wien 1987.

[Hein95] Heinrich, L. J.: State of the Art und Editorial zum Schwerpunktthema. Ergebnisse empirischer Forschung. In: Wirtschaftsinformatik (1995), 37 1/95, S. 3 - 9.

[HeSr95] Heinzl, A.; Srikanth, R.: Entwicklung der betrieblichen Informationsverarbeitung. In: Wirtschaftsinformatik (1995), 37 1/95, S. 10 - 18.

[HeRo85] Heinrich, L. J.; Roithmayr, F.: Die Bestimmung des optimale Distribuierungsgrades von Informationssystemen - Entscheidungsmodell und Fallstudie. In: Handbuch der modernen Datenverarbeitung (1985), Heft 121, S. 29 - 45.

[HeRo92] Heinrich, L. J.; Roithmayr, F.: Wirtschaftsinformatik-Lexikon. 4. Auflage, Oldenbourg Verlag, München - Wien 1992.

[Kain93] Kainz, G. A.: Computergestützte Distribuierung von Informations- und Kommunikationssystemen. Physica Verlag, Heidelberg 1993.

[KaWa92] Kainz, G. A.; Walpoth, G.: Die Wertschöpfungskette als Instrument der IS-Planung. In: IM Information Management (1992), 4/92, S. 48 - 57.

[KrMe82] Kretzschmar, M.; Mertens, P.: Verfahren zur Vorbereitung von Zentralisierungs-/Dezentralisierungsentscheidungen in der betrieblichen Datenverarbeitung. In: Informatik Spektrum (1982), Heft 5/82, S. 237-251.

[MaRo88] Marcus, M.L.; Robey, D.: Information technology and organizational change:causal structure in theory and research. In: Management Science (1988), 34/5 (May 1988), S. 583-598.

[Mert93] Mertens, P.: Integrierte Informationsverarbeitung 1. 9. vollständig neu bearbeitete und erweiterte Auflage, Gabler, Wiesbaden 1993.

[Mile86] Miles, R.; Snow, C.: Unternehmensstrategien. Organizational Strategy, Structure and Process. McGraw Hill, Hamburg 1986.

[Pfeiff90] Pfeiffer, P.: Technologische Grundlage, Strategie und Organisation des Informationsmanagement. De Gruyter, Berlin - New York 1990.

[Port85] Porter, M. E.; Millar, V. E.: How information gives you competitive advantage. In: Harvard Business Review (1985), No. 4 - Jul-Aug 1985, S. 149-160.

[Rock77] Rockart et al.: Centralisation vs Decentralisation of Information Systems. A. Preliminary Model for Decision Making. MIT Working Paper, April 1977 (Draft).

[WaUn94] Walpoth, G.; Unterleitner, G.: Informationsbewußtes Management. In: IM Information Management (1994), 4/94, S. 42 - 50.

Die Organisation der Datenmodellierung und ihre Bedeutung für die Qualitätssicherung

Ronald Maier, Franz Lehner

Zusammenfassung

Dieser Beitrag beschäftigt sich mit den Zusammenhängen zwischen der Organisation der Datenmodellierung und der Qualität von Datenmodellen. Der Begriff Qualität von Datenmodellen bezieht sich auf die Anforderungen der Datenmodell-Nutzer. Darauf folgt die Identifikation organisatorischer Dimensionen, die nach Ansicht der Autoren die Qualitätssicherung im Bereich Datenmodellierung beeinflußen. Anhand dieser Dimensionen werden die Ergebnisse einer empirischen Studie zum Thema "Nutzen und Qualität von Datenmodellen" dargestellt. Insbesondere geht es um die organisatorische Eingliederung, Verantwortungsbereiche, Positionen der "Datenmodellierer" sowie das Verhältnis der Organisation zu den Anwendungsbereichen der Datenmodellierung. Abschließend formulieren die Autoren Thesen zur Wirkung einiger ausgewählter organisatorischer Dimensionen auf die Datenmodellierung.

1 Einleitung

Die Datenmodellierung hat in den letzten 25 Jahren eine stürmische Entwicklung erlebt. In dieser Zeit haben sich Ziel und Zweck der Anwendung von Datenmodellierungs-Methoden stark verändert. Zu Beginn war der Fokus allein auf der Unterstützung beim Entwurf von Datenbanksystemen. Dies war durch die ebenfalls rasante Entwicklung bei den Datenbank-Technologien bedingt. Mit der Zeit wurde die Datenmodellierung aber auch als Methode für die Lösung ganz anderer Probleme "entdeckt". Datenmodelle zur Analyse des "Geschäfts", Unternehmensdatenmodelle, Datenmodelle als Grundlage für die individuelle Datenverarbeitung sind nur einige der Anwendungsbereiche.

Viele der Neu-Entwicklungen bei den Datenmodellierungs-Methoden konzentrierten sich weiterhin auf eine noch effizientere Unterstützung beim Datenbank-Entwurf; andere versprachen eine benutzernahe Problemformulierung. Während die Entwicklung der Datenmodellierungs-Methoden während dieser Zeit durch eine Vielzahl von neuen oder auch nur geringfügig veränderten Methoden gekennzeichnet war, war es um die Qualität der Datenmodellierung bzw. auch um die Organisation der Datenmodellierung lange Zeit relativ ruhig. Mit diesem Beitrag wird der Einfluß der Organisation der Datenmodellierung auf die Sicherung der

Qualität von Datenmodellen untersucht. Die Ziele des Beitrags sind:

- den Begriff Qualität im Zusammenhang mit Datenmodellen zu diskutieren;
- Organisationsformen der Datenmodellierung zu dokumentieren und zu untersuchen;
- darauf aufbauend den Einfluß unterschiedlicher Organisationsalternativen auf die Qualitätssicherung im Bereich Datenmodellierung zu bestimmen sowie Thesen über mögliche Zusammenhänge zu formulieren;
- anhand der Ergebnisse einer empirischen Studie zum Thema "Nutzen und Qualität der Datenmodellierung in der Praxis" die organisatorische Einordnung der Datenmodellierung in der Praxis darzustellen.

2 Begriffsbestimmungen

In diesem Beitrag werden unter Datenmodellen die Ergebnisse der Anwendung einer Datenmodellierungs-Methode verstanden (z.B. die konkreten Unternehmens-, Bereichs- oder Projektdatenstrukturen bzw. -schemata des Unternehmens X in Entity Relationship-Notation). Viele Autoren verwenden die Begriffe "Datenmodell" und "Datenschema" synonym (für einen Überblick über die Verwendung des Begriffs Datenmodell vgl. [Maie94], allgemein zum Modellbegriff vgl. [Lehn94]). In dem hier untersuchten Kontext erscheint eine Unterscheidung zudem nicht unbedingt erforderlich.

Der Begriff Qualität leitet sich ursprünglich aus dem lateinischen Fragewort "Qualis" - "Wie beschaffen" ab. Im alltagssprachlichen Gebrauch hat Qualität zahlreiche Bedeutungen erlangt, die zum Teil stark voneinander abweichen; Qualität ist ein häufig gebrauchter Terminus. Im folgenden wird der von den Autoren gewählte Ausgangspunkt zur Bestimmung der Qualität von Datenmodellen kurz dargestellt, zu einer ausführlichen Beschäftigung mit dem Begriff Qualität von Datenmodellen vgl. [Maie94].

Nach [Jura88] dominieren zwei Bedeutungen den Begriff Qualität:

(1) Qualität besteht aus den Produktmerkmalen, die die Anforderungen der Kunden erfüllen und dadurch Produkt-Zufriedenheit schaffen.

(2) Qualität bedeutet Fehlerfreiheit des Produkts.

Juran unterscheidet dabei zwischen Produkt-Zufriedenheit (Product satisfaction) und Produkt-Unzufriedenheit (Product dissatisfaction), die er nicht als polare Gegensätze sieht [Jura88, 2.4]. Mit dem Begriff Kunde werden sowohl organisationsinterne als auch organisationsexterne Kunden angesprochen. In der zweiten Sichtweise bedeutet Qualität Übereinstimmung von Produktmerkmalen mit definierten Normen und Standards.

Der Begriff Qualität wird in diesem Beitrag im Sinne der ersten Sichtweise im Zusammenhang mit den Anforderungen der "Kunden" betrachtet. Qualität eines Datenmodells bezeichnet die Übereinstimmung des Modells mit den Anforderungen der Benutzer im Hinblick auf die von der Organisation festgelegten Anwendungsbereiche (Zwecke) der Datenmodelle. Wichtig erscheint, daß Qualität von Datenmodellen zwar auch gemäß der zweiten Sichtweise im Hinblick auf die Einhaltung von Normen und Standards definiert werden kann (und wird!, vgl. die in [Maie94] dargestellten Ansätze zur Bestimmung der Qualität von Datenmodellen). Diese Definition dient aber entweder nur als Ausgangsbasis für die Entwicklung von organisationsspezifischen Qualitätssicherungsprogrammen (im Sinne von Referenz-Qualitätskriterien), oder sie wird nur vorläufig für die interne Umsetzung von Qualitätsprogrammen bis zur Festlegung von organisationsspezifischen Anforderungen verwendet. Eine Beschäftigung mit den Anforderungen der Kunden kann dadurch nicht ersetzt werden.

Deshalb wurde zunächst ein Katalog an Anwendungsbereichen für Datenmodelle zusammengestellt [Maie94]. Aus diesen Anwendungsbereichen können im konkreten Organisationskontext Anforderungen an Datenmodelle abgeleitet werden. Die Autoren sind der Ansicht, daß die Entwicklung von Referenz-Qualitätskriterien durch den Bezug zu Anwendungsbereichen wesentlich anwendungsnäher erfolgen kann, als dies bei einer globalen, anwendungsunabhängigen Betrachtungsweise der Fall sein kann.

Darüber hinaus wird untersucht, in welchem Zusammenhang organisatorische Parameter mit der Realisierung spezifischer Nutzenkategorien stehen und damit Einfluß auf die Qualität von Datenmodellen üben. Die Darstellung einer Auswahl aus diesen Untersuchungen erfolgt in Abschnitt 4.

3 Datenmodellierung und Organisation

Während in der Literatur über zahlreiche Ansätze zur Lösung technischer Probleme der Datenmodellierung berichtet wird, gibt es kaum Autoren, die sich mit der Datenmodellierung in organisatorischer Hinsicht befassen. In Beiträgen, die sich mit der DV-Organisation generell oder mit speziellen Teilaspekten derselben befassen, wird die Datenmodellierung höchstens beispielhaft angeführt. Im Unterschied zur Systementwicklung und zum Systembetrieb gibt es jedoch für sie keinen festen Platz in der Organisationsstruktur und auch keine konkreten oder bewerteten Vorschläge für alternative Organisationsformen. Daten und Software (bzw. Algorithmen) bilden zusammen die beiden Grundpfeiler der Informatik. Während die organisatorische Verankerung der Softwareentwicklung schon lange als Lehrbuchwissen zur Selbstverständlichkeit geworden ist, trifft dies auf die Datenmodellierung noch immer nicht zu. Dies ist umso erstaunlicher, als man schon lange nicht mehr davon ausgehen kann, daß die Softwareentwicklung und die Datenmodellierung gemeinsam oder durch dieselben Personen ausgeführt werden. Hingegen kann es als Faktum angesehen werden, daß die Datenmodellierung heute zunehmend unabhängig von der Softwareentwicklung für viele verschiedene Belange in den Unternehmen eingesetzt wird. Welche personelle Zuordnung und welche organisatorische Einordnung ist für diese Aufgabe, die immer mehr an Bedeutung gewinnt, zweckmäßig, und gibt es Zusammenhänge zwischen der gewählten Organisationsform und der Ergebnisqualität?

Eine ansatzweise Diskussion wurde vor Jahren geführt, als die betriebswirtschaftliche Bedeutung von Daten und Informationen zunehmend ins Blickfeld der Informatik und der Wirtschaftsinformatik rückten. Die Diskussionen konzentrierten sich aber eher auf die Aufgaben der neuen Berufstypen (z.B. Datenadministrator, Datenbankadministrator, Datenmanager, Informationsmanager) sowie auf die methodische Weiterentwicklung der Datenmodellierung, weniger auf deren organisatorische Eingliederung und mögliche Konsequenzen alternativer Eingliederungsformen. Außerdem wurde die Datenmodellierung damals noch überwiegend als Domäne von Programmierern und Systementwicklern betrachtet. Die universelle Verwendbarkeit der Methode war noch wenig bekannt und entwickelt. Die Auseinandersetzung mit diesem Problemkreis ist jedoch von entscheidender Bedeutung, da eine der Hauptaufgaben der Datenmodellierung, nämlich die Integration von betriebswirtschaftlichen Anwendungssystemen, nur zu einem geringen Teil eine technische Herausforderung, sondern primär eine organisatorische ist.

Die organisatorische Verankerung der Datenmodellierung im Unternehmen kann unter mehreren Gesichtspunkten betrachtet werden. Besonders naheliegend sind zunächst die Eingliederung der Datenmodellierung in die Unternehmensorganisation sowie die interne Organisation der Datenmodellierung (Teamstruktur). Es wird davon ausgegangen, daß die organisatorische Gestaltung und Einordnung der Datenmodellierung einen bedeutenden Einfluß auf die Qualität der Modellierungsergebnisse ausüben. Auf die Art und Ausgestaltung dieser Einflüsse wird im empirischen Teil dieses Beitrags näher eingegangen. Unter gegebenen Modellierungszielen können dann aus den Einflußbeziehungen Aussagen zur Eignung von Organisationsalternativen für die Qualitätssicherung von Datenmodellen abgeleitet werden.

Weitere Dimensionen, welche die Organisation der Datenmodellierung betreffen, sind ablauforganisatorische Regelungen sowie eine prozeßorientierte und eine integrationsorientierte Sichtweise. Die Autoren folgen damit einer in der Organisationsliteratur häufig vorgenommenen Gliederung der zu analysierenden Phänomene [Kosi62]. Diese Gliederung besitzt allerdings nur analytischen Charakter und entspricht keiner wie immer gearteten objektiven Realität. Es handelt sich vielmehr um Hilfskonstruktionen, die der besseren Durchdringung organisatorischer Probleme dienen, welche per se einen ganzheitlichen Charakter aufweisen.

Zur strukturellen Organisation lassen sich auf der Grundlage der verfügbaren Literatur zur Zeit für die Datenmodellierung keine befriedigenden Aussagen machen. Dieses Thema wird daher erst im empirischen Teil dieses Beitrags aufgegriffen. Etwas anders ist die Situation bei der Ablauforganisation, die zumindest indirekt in Form von Vorgehensmodellen häufig thematisiert wird. Eine Bewertung der Vorgehensmodelle aus organisatorischer Sicht oder ein systematischer Vergleich ist den Autoren jedoch bislang nicht bekannt. Am ehesten findet sich heute in Verbindung mit der Prozeßmodellierung und dem Business Process Reengineering ein konkreter organisatorischer Bezug und eine Auseinandersetzung mit dem gewählten Thema. Weil gerade in diesem Bereich die Vielschichtigkeit der organisatorischen Verflechtung mit dem Thema besonders deutlich sichtbar ist (die Datenmodellierung unterliegt nicht nur der organisatorischen Gestaltung sondern ist gleichzeitig Organisationsinstrument), soll dies unter dem Blickwinkel der Integration (Datenintegration bzw. Integration durch Daten) etwas näher betrachtet werden.
Eine Datenorganisation, die nach einer existierenden Arbeitsteilung ausgerichtet wird, ist häufig der Grund für eine erschwerte oder langwierige Informationsbereitstellung. Da möglicherweise jeder Teilvorgang über eine eigenständige Datenbank verfügt, die nicht mit den anderen im Unternehmen kommunzieren kann, bleibt als einfachster Übertragungsweg der "Schriftverkehr" bzw. eine sonstige Form der manuellen Übertragung. Daneben können natürlich auch Schnittstellen zur Datenübergabe definiert werden, die allerdings laufend gepflegt werden müssen. D.h. es ist sicherzustellen, daß die Schnittstellen genutzt und die Daten tatsächlich aktualisiert werden. Abgesehen vom Zeit- und Arbeitsaufwand, den beide Möglichkeiten nach sich ziehen, liegt in ihnen die Ursache für Datenübertragungsfehler. Ein weiterer Nachteil ist, daß Datenänderungen nicht allen Stellen gleichzeitig zur Verfügung stehen können. Die Integrität und Konsistenz der Daten ist somit immer wieder gefährdet.

Wenn man eine gemeinsame Datenbank für alle Unternehmensbereiche einrichtet, sind alle Informationen zum gleichen Zeitpunkt für alle Mitarbeiter in gleicher Weise verfügbar. Man spricht in einem solchen Falle von Datenintegration. Allgemein ist Datenintegration die logische Zusammenführung von Daten. Sie kann aber noch näher differenziert werden in eine automatische Übergabe der Daten von mindestens zwei Programmen, in die Nutzung einer gemeinsamen Datenbank und in ein übergeordnetes Unternehmensdatenmodell. Letzteres stellt die inhaltliche Beziehung der Daten untereinander sowie der Daten zu Funktionen dar. Die datenbezogene Integration legt fest, welche Daten gemeinsam genutzt werden, wie sie redundanzarm und zugriffsfreundlich strukturiert sowie gespeichert werden können. Die logische Zusammenführung von Daten ist in ihrer Wirkung auf Unternehmensabläufe unabhängig davon, ob die gemeinsamen Datenbestände auf einem Rechner oder als sogenannte verteilte Datenbank auf mehreren Computern abgelegt sind [Mert91, 54].

Festzuhalten ist, daß die Datenintegration das gesamte Unternehmen besser und schneller mit

Informationen versorgen kann, wodurch Arbeitsabläufe rationalisiert und Datenredundanzen vermindert werden können. Die Daten sind konsistenter und der Erfassungsaufwand sowie die Speicherkosten fallen geringer aus. Allerdings sollte man sich der Gefahr einer Fehlinterpretation bewußt sein, die entstehen kann, wenn jeder Mitarbeiter direkt und ohne Erklärungshilfe auf die Daten von anderen Abteilungen und Fachgebieten zurückgreifen kann. Die "Interpretationshilfen" der jeweils zuständigen Fachabteilungen für bestimmte Informationen fallen in der Datenintegration meist weg oder sind deutlich reduziert.

Neben der Datenintegration spielt auch noch die Datenstrukturintegration eine gewisse Rolle. Innerhalb der Datenstrukturintegration, wie sie Becker [Beck91, 169ff] sieht, werden wiederum zwei Ausrichtungen unterschieden. Zum einen handelt es sich um die Nutzung genau eines Datensatzaufbaus (=Datenstruktur) für unterschiedliche Inhalte. Dort, wo sich die Stammdaten nur gering voneinander unterscheiden, kann man die Struktur des Stammsatzes auf die verschiedenen Inhalte anwenden. Zum Beispiel kann die Struktur, in der ein Auftrag abgebildet wird, einheitlich definiert werden, unabhängig davon, ob es sich um einen Fertigungsauftrag der Produktionsplanung oder einen Wartungsauftrag der Instandhaltung handelt [Beck91, 169]. Zum anderen bezieht sich die Datenstrukturintegration auf das Zusammenwirken mehrerer Datensätze (Relationen). Hier können einzelne Elemente zu übergeordneten Gruppen zusammengefaßt werden, die durch die gleichen Merkmale beschrieben werden. Die Datenstruktur ist dann nur einmalig für die Gruppe anzulegen. Generell können einmalig definierte Datenstrukturen mehrfach genutzt werden. Dies gewinnt insbesondere im Umfeld der objektorientierten Programmierung immer mehr an Bedeutung. Der Vorteil ist, daß der Aufwand der Anwendungssystementwicklung gesenkt werden kann.

Eine übergeordnete Verbindung und ein Hilfsmittel für die Integration bildet die Datenarchitektur. Sie stellt die Verbindung zwischen Unternehmensplänen und Informationssystemen dar. Die enge Verbindung von Abläufen über gemeinsame Daten erfordert eine Gesamtkoordination der beteiligten Unternehmensbereiche beim Entwurf der Datenstrukturen sowie der eingesetzten Speichertechnologien und zwingt zu einer integrierten Betrachtung der beteiligten Funktionen sowie zur bewußten organisatorischen Verankerung dieser wichtigen Aufgabe. Damit schließt sich der Kreis wieder mit der Frage nach einer geeigneten organisatorischen Einordnung oder Zuordnung dieser vielfältigen Aufgaben. Aber auch der mehrdimensionale Bezug zur Qualitätssicherung wird deutlich. Allgemein und die empirischen Ergebnisse vorwegnehmend wird festgestellt, daß sich die konkrete Organisationsform nach den jeweiligen Zwecken und Zielen der Datenmodellierung richten muß. Vielleicht ist das Thema bisher gerade deswegen so stiefmütterlich behandelt worden, weil eine Differenzierung der Einsatzformen der Datenmodellierung nur sehr unzureichend vorgenommen wurde.

4 Organisatorische Einordnung der Datenmodellierung - Ergebnisse einer empirischen Untersuchung

4.1 Konzeption der Untersuchung

In den in der Literatur verfügbaren empirischen Studien zum Thema "Datenmanagement" oder auch zur "Datenadministration" wurde die Datenmodellierung, wenn überhaupt, nur am Rande untersucht (z.B. die zur Datenmodellierung eingesetzten Methoden/Werkzeuge). Eine Ausnahme bildet die Studie der [R&O92]. In [Maie95] findet sich ein Überblick über die relevanten Studien in diesem Bereich. Ziel der hier vorzustellenden Studie war die Erhebung und Auswertung von Daten über

- die Art der organisatorischen Verankerung der Datenmodellierung,
- der von den Auskunftspersonen für wichtig erachteten (Soll-) und der in den betrachteten Organisationen tatsächlich genutzten (Ist-) Anwendungsbereiche für Datenmodelle,
- der für die Durchführung der Datenmodellierung eingesetzten Methoden und Werkzeuge,
- die Größenordnung der in den Unternehmen erstellten Datenmodelle,
- der in den Unternehmen durchgeführten Aktivitäten zur Qualitätssicherung im Bereich der Datenmodellierung.

Die Studie stützt sich auf Literaturanalysen, im wesentlichen in den Bereichen Datenmodellierung bzw. umfassender dem Datenmanagement oder auch der Daten- bzw. Datenbank-Administration, sowie auf organisationstheoretische Arbeiten. Abbildung 1 gibt einen Überblick über die in dieser Untersuchung eingesetzte Forschungsmethodik.

Im Rahmen dieses Beitrags erfolgt eine Beschränkung auf die Darstellung der Ergebnisse zur 1. Phase: die Situation der Datenmodellierung. Die 2. Phase umfaßt die Entwicklung eines Konzepts zur Beurteilung der Datenmodellierung. In dieses fließen Ergebnisse der 1. Phase, erweiterte Literaturstudien sowie klärende und vertiefende Interviews ein. Das Konzept soll im Laufe des Jahres 1995 in praktischen Anwendungsfällen überprüft werden (für detaillierte Ergebnisse zu beiden Phasen vgl. [Maie95]).

Die Untersuchung zur Situation der Datenmodellierung wurde in der zweiten Hälfte des Jahres 1994 durchgeführt. Als Untersuchungsmethode wurde zunächst der Fragebogen ausgewählt, um einen breiten Überblick über die Anwendung der Datenmodellierung in den Unternehmen, ihre organisatorische Verankerung und die zur Sicherung der Qualität von Datenmodellen eingesetzten Methoden, Verfahren und Hilfsmittel zu erhalten. Aufgrund von einigen Gesprächen mit erfahrenen Datenmodellierern im Vorfeld wurde deutlich, daß das Thema "Qualität von Datenmodellen" auch in der Unternehmenspraxis zur Zeit noch wenig angesprochen wird. Aus diesem Grund wurde von dem ursprünglichen Vorhaben, die Studie

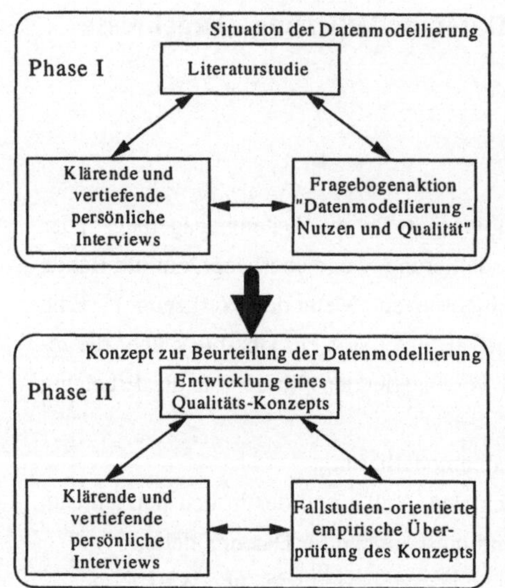

ausschließlich auf der Basis eines Fragebogens durchzuführen, abgegangen und Experteninterviews als Methode zur Vertiefung des Kenntnisstands im Bereich Qualität von Datenmodellen herangezogen. Im folgenden werden einige ausgewählte Ergebnisse der Studie wiedergegeben.

4.2 Organisatorische Eingliederung

Abbildung 2 zeigt die in den Unternehmen vorgenommene aufbauorganisatorische Einordnung der Datenmodellierung. In den meisten Fällen wird die Datenmodellierung innerhalb der Anwendungsentwicklung bzw. in einer eigenen, für die Daten zuständigen organisatorischen Einheit (z.B. Daten-Administration, Daten-Management) eingesetzt.

Bemerkenswert erscheint, daß die für die Daten zuständigen eigenen Organisationseinheiten trotz des oft betonten DV-übergreifenden Charakters in fast allen Unternehmen innerhalb des DV-Bereichs angesiedelt sind. Nur drei Unternehmen ordnen sie dem Organisationsbereich bzw. einem gemeinsamen Bereich Organisation und Datenverarbeitung zu.

Abb. 2: Aufbauorganisatorische Einordnung der Datenmodellierung (Mehrfach-Einordnungen möglich)

Der häufigste Fall in größeren Unternehmen scheint zu sein, daß die Datenmodellierung auf folgende zwei Bereiche aufgeteilt ist:

- Projektunabhängige Fragen der Datenmodellierung (z.B. die Wahl der einzusetzenden Methoden und Werkzeuge, die Schulung der Mitarbeiter) sind einer eigenen Organisationseinheit zugeordnet;
- Die Erstellung von Datenmodellen geschieht in Projekten zur Anwendungsentwicklung. Den Datenadministratoren kommt dabei oft die Rolle eines Moderators und Integrators zu.

In der Literatur wird die Frage nach der Eigenständigkeit der Aufgabe Datenmodellierung im Vergleich zu anderen Aufgaben im DV-Bereich diskutiert [z.B. Ortn91]. Daher wurde die Frage gestellt, ob die Datenmodellierung in den Unternehmen derzeit in eigenen Datenmodellierungs-Projekten, fortlaufend bzw. evolutionär als eigenständige Aufgabe oder im Rahmen von anderen Aufgaben (z.B. in Projekten zur Anwendungsentwicklung) erledigt wird.

In über 90 Prozent der Unternehmen wird die Datenmodellierung als Teil anderer Projekte (zumeist zur Anwendungs-Entwicklung) angewendet. In jeweils knapp einem Viertel der Unternehmen werden eigenständige Datenmodellierungs-Projekte abgewickelt oder die Datenmodellierung als fortlaufende bzw. evolutionäre Aufgabe gesehen. Folgende Begründungen für eigenständige Datenmodellierungs-Vorhaben wurden von den Auskunftspersonen angegeben:

- Entwicklung eines umfassenden Datenmodells in kurzer Zeit;
- (Projekt-) Übergreifende Standardisierung und Normierung;
- (Daten-) Integration/ Vermeidung von Redundanzen;
- Auswahl/ Anpassung von Standardsoftware;
- (Zu) Großer Umfang der Datenmodellierung in Projekten zur Anwendungsentwicklung.

4.3 Verantwortungsbereiche

In [R&O 1992, 40] wurde gezeigt, daß in der Mehrzahl der Unternehmen die Verantwortung für die Datenmodellierung nicht auf eine Organisationseinheit beschränkt, sondern auf mehrere Bereiche verteilt ist, wobei insbesondere die Bereiche Anwendungsentwicklung (58,4 %) und Datenadministration (53,2 %) genannt wurden.

Mögliche Erklärungen für diese Ergebnisse sind, daß verschiedene Aufgaben der Datenmodellierung (z.B. Auswahl der Methoden oder inhaltliche Integration) unterschiedlichen Organisationseinheiten zugewiesen werden oder daß mehrere Organisationseinheiten zusammen die Verantwortung für Aufgaben der Datenmodellierung übernehmen. Diese schließen sich nicht gegenseitig aus, sondern können vielmehr beide gleichermaßen zur Erklärung der Verteilung der Verantwortungen dienen. In der hier vorliegenden Studie wurden zur Beantwortung dieser Fragestellungen folgende Verantwortungsbereiche definiert, zu denen jeweils die Frage nach der Zuständigkeit gestellt wurde (in Klammern die entsprechenden Kurz-Texte aus Abbildung

3):

- *Auswahl von Methoden/Werkzeugen* (Auswahl Meth./Werkz.);
- Betreuung bei *Problemen mit Methoden/Werkzeugen* (Probleme Meth./Werkz.);
- Einhaltung *organisationsspezifischer Normen und Standards* (Org. spezif. Normen);
- Einhaltung *externer Normen und Standards* (Externe Normen);
- *Inhalt* der Datenmodelle (Inhalt);
- Lösung von *inhaltlichen Konflikten*, z.B. bei Bezeichnungen (Inhaltliche Konflikte);
- *Inhaltliche Integration* der Teil-Datenmodelle (Inhaltliche Integration);
- *Integration mit den anderen Teilentwürfen* im Rahmen des Systementwurfs (Integr. Teil-Entwürfe);
- *Schulungen* im Bereich Datenmodellierung (Schulungen);
- *(Weiter-)Verwendung* der Datenmodelle, z.B. für Datenbank-Definitionen (Verwendung).

Abbildung 3 zeigt die Verteilung der Nennungen für Datenmanagement, Anwendungsentwicklung, Fachabteilung, für keine definierte Zuständigkeit sowie der sonstigen Angaben über die Verantwortungsbereiche. Die Verantwortungsbereiche sind nach den Werten für Datenmanagement geordnet. Unmittelbar fällt der sehr geringe Anteil der Fachabteilungen auf. Selbst für den *Inhalt* der Datenmodelle ist die Anwendungsentwicklung bei weitem öfter verantwortlich als die Fachabteilungen. Domänen des Datenmanagements sind vor allem die *Verwendung*, die *inhaltliche Integration* sowie die Lösung von *inhaltlichen Konflikten* (z.B. zwischen Fachabteilungen). Die Anwendungsentwicklung ist demgegenüber vor allem für den *Inhalt* (!) und die *Integration der Teil-Entwürfe* zuständig.

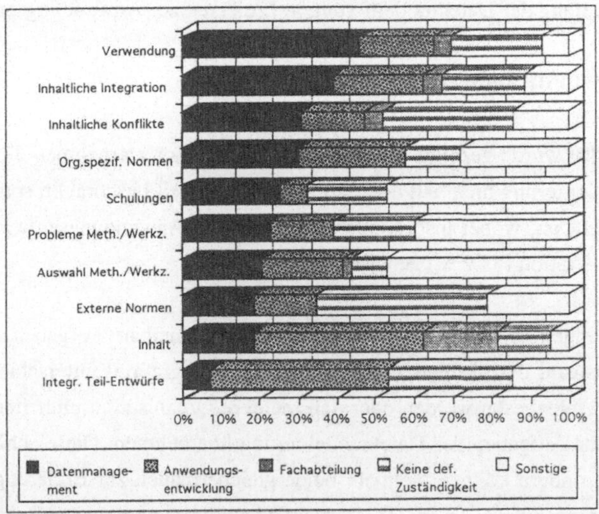

Abb. 3: Zuständigkeit von ausgewählten Organisationseinheiten nach Verantwortungsbereichen

Interessant ist auch die Verteilung der Verantwortungsbereiche, für die keine Zuständigkeit definiert wurde. Hier sind vor allem die Bereiche *externe Normen*, *Integration von Teil-Entwürfen* und die Lösung von *inhaltlichen Konflikten* zu nennen. Bemerkenswert erscheint, daß in einigen Unternehmen selbst für so zentrale Bereiche wie den *Inhalt* der Datenmodelle oder die *Auswahl von Methoden oder Werkzeugen* keine Zuständigkeit definiert ist.

Insgesamt sind Anwendungsentwicklung (kumuliert 101 Nennungen) und Daten-Administration (95 Nennungen) mit Abstand am meisten für Aufgaben der Datenmodellierung verantwortlich. Auffallend ist jedoch, daß genauso oft keine Zuständigkeit für Aufgaben der Datenmodellierung festgelegt wurde (99 Nennungen). Bei den sonstigen Organisationseinheiten sind insbesondere die Personalabteilung, die in vielen Fällen für Schulungen zuständig ist, sowie die Abteilung Methoden/Werkzeuge hervorzuheben, die für die *Auswahl von Methoden und Werkzeugen* und für die Betreuung bei *Problemen mit Methoden und Werkzeugen* zuständig ist.
Wenn Zuständigkeiten festgelegt sind, zeichnen insgesamt im Durchschnitt in 20,4 % der Fälle mehrere Organisationseinheiten gemeinsam für die Aufgaben der Datenmodellierung verantwortlich. In den Bereichen *Verwendung* (30,3 %), *Inhalt* (27 %) sowie *Auswahl von Methoden/Werkzeugen* (25,6 %) und Betreuung bei *Problemen mit Methoden/Werkzeugen* (23,5 %) ist die Verantwortung überdurchschnittlich oft auf mehrere Organisationseinheiten verteilt, in den Bereichen *Integration der Teil-Entwürfe* (14,3 %), Lösung von *inhaltlichen Konflikten* (14,3 %) sowie *Schulungen* (5,9 %) treten unterdurchschnittliche Werte auf.

4.4 Positionen der "Datenmodellierer"

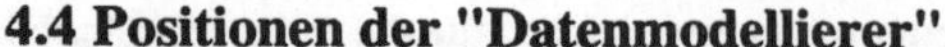

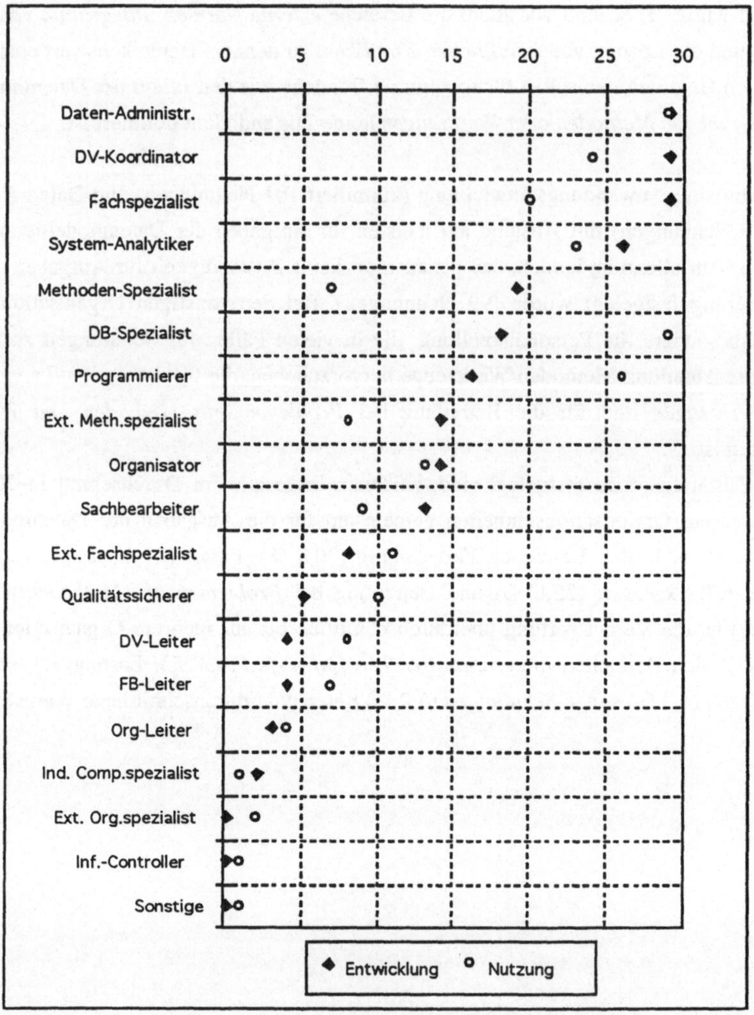

Abb. 4: Positionen der an der Entwicklung bzw. Nutzung von Datenmodellen beteiligten Personen
(Absolutwerte)

Die Frage nach den in einer Organisation für die Datenmodellierung zuständigen Mitarbeitern wurde getrennt nach den Bereichen Erstellung sowie Nutzung bzw. Verwendung von Datenmodellen gestellt. Es wurden 18 Positionen vorgegeben, deren Bezeichnungen an die von der schweizerischen Vereinigung für Datenverarbeitung (SVD) et al. festgelegten Berufsbezeichnungen der Wirtschaftsinformatik angelehnt sind [SVD93].

Abbildung 4 veranschaulicht die Ergebnisse. Die Werte repräsentieren die absolute Anzahl an Nennungen getrennt nach Entwicklung und Nutzung von Datenmodellen. Die Positionen sind nach den Werten für die Entwicklung geordnet. Es fällt unmittelbar auf, daß Nutzer und Ersteller in einigen Fällen stark differieren. Bedeutsam ist insbesondere, daß den Fachbereichen bei der Erstellung eine regere Beteiligung zufällt als bei der Nutzung von Datenmodellen. Interessant ist auch, daß die Leiter der Fachbereiche sowie des DV-Bereichs an der Nutzung in beinahe doppelt so vielen Fällen beteiligt sind als bei der Erstellung. Auch Datenbank-Spezialisten und Programmierer sind in wesentlich mehr Fällen an der Nutzung beteiligt als an der Erstellung.

4.5 Organisation und Anwendungsbereiche der Datenmodellierung

Wie bereits angedeutet, wurde ein Katalog an Nutzenkategorien erarbeitet, der die Basis für die Analyse des Zusammenhangs zwischen der Organisation und der Qualität von Datenmodellen bildet [Maie94]. Grundlage für die Entwicklung des Katalogs an Nutzenkategorien bildeten Aussagen zu Anwendungszwecken der Datenmodellierung, die in der einschlägigen Literatur aufgrund der persönlichen Erfahrungen der jeweiligen Autoren [z.B. Sche91, 178, Garb74, 131ff] oder aufgrund von empirischen Studien [z.B. R&O92, 72] gewonnen wurden. Darüber hinaus wurden auch die Zwecksetzungen berücksichtigt, die die jeweiligen Autoren mit der Einführung einzelner Datenmodellierungs-Methoden anstrebten [Maie94, 42ff]. Diese wurden gesammelt und um eigene, aus strukturierten Interviews mit erfahrenen Datenmodellierern gewonnene Nutzenkategorien erweitert. Die Nutzenkategorien wurden in zwölf Anwendungsbereiche gegliedert. Diese werden im folgenden wiedergegeben [der ausführliche Katalog an Nutzenkategorien findet sich in Maie94]:

Datenmodelle als:

- Basis für die Anwendungssystem-Entwicklung;
- Basis für den Datenbank-Entwurf bzw. die physische Datenorganisation;
- Basis für den Einsatz von Standardsoftware;
- Basis für die Integration im DV-Bereich;
- Basis für Management-Informationssysteme;
- Organisationsinstrument im DV-Bereich;
- Organisationsinstrument außerhalb des DV-Bereichs;
- Verbesserung der Kommunikation;
- Erhöhung der Motivation/ Akzeptanz;
- Instrument zur Standardisierung;
- Verringerung des Wartungsaufwands;
- Grundlage für die Nutzung der Anwendungssysteme in den Fachabteilungen.

Im folgenden werden Zusammenhänge zwischen der Organisation der Datenmodellierung und dem von den Auskunftspersonen eingeschätzten realisierten Nutzen untersucht. Zunächst wird die aufbauorganisatorische Einordnung der Datenmodellierung betrachtet. Dazu werden die Unternehmen folgendermaßen eingeteilt:

Gruppe 1: In der betreffenden Unternehmung existiert eine eigene Organisationseinheit, die sich um Aufgaben der Datenmodellierung kümmert (z.B. Daten-Administration, Daten-Management);

Gruppe 2: In der betreffenden Unternehmung existiert keine solche Organisationseinheit.

Daraufhin wurde mit Hilfe von Chi^2-Tests überprüft, bezüglich welcher der 64 Nutzenkategorien sich Unternehmen mit einer eigenen Organisationseinheit Datenmodellierung von den anderen Unternehmen unterscheiden. Hinsichtlich der Zuverlässigkeit der Entscheidung über die Annahme oder Ablehnung einer Hypothese über einen Zusammenhang wird auf folgende drei Signifikanzniveaus zurückgegriffen:

- Schwach signifikant: Irrtumswahrscheinlichkeit a _ 0,10, Symbol: +;
- Signifikant: Irrtumswahrscheinlichkeit a _ 0,05, Symbol: *;
- Sehr signifikant: Irrtumswahrscheinlichkeit a _ 0,01, Symbol: **.

Die folgende Tabelle gibt jene Nutzenkategorien wieder, bei denen ein mindestens schwach signifikanter Zusammenhang zur aufbauorganisatorischen Einordnung festgestellt wurde:

Variable	**Beschreibung**	**Signifikanz**	**Mittelwert-Differenz**
A_DBEN1A	Beherr. fachl. Komplexität	,03072 *	0,54
A_ENTW3A	Übereinst. Anw.syst.-Anforderung	,04828 *	0,41
A_ENTW5A	Basis für Weiterentwicklungen	,05990 +	0,78
A_DBEN3A	Erhöhung Stabilität DB-Entwurf	,08602 +	0,66

Darüber hinaus zeigt die Tabelle die Differenzen der Mittelwerte aus den Antworten der beiden Gruppen. Diese Werte werden als Indikatoren für die Höhe der Unterschiede in den Einschätzungen der beiden Gruppen verwendet. Je größer eine einzelne Mittelwert-Differenz, desto deutlicher schätzen Unternehmen der 1. Gruppe die Realisierung des entsprechenden Nutzens höher ein als Unternehmen der 2. Gruppe.

Bemerkenswert erscheint insbesondere, daß sich von 64 Nutzenkategorien nur bei zwei ein schwach signifikanter sowie bei zwei ein signifikanter Zusammenhang zur aufbauorganisatorischen Einordnung findet. Wie die Mittelwert-Differenzen zeigen, sind bei allen vier Nutzenkategorien die Einschätzungen bezüglich des Realisierungsgrads bei den Unternehmen mit eigener Organisationseinheit höher als bei jenen ohne einer solchen Einheit.

Zu Zusammenhängen zwischen den weiteren 60 Nutzenkategorien und der aufbauorganisatorischen Einordnung können mit dem hier vorliegenden Datenmaterial keine Aussagen gemacht werden. Insgesamt betrachtet kann jedoch vermutet werden, daß die aufbauorganisatorische Einordnung der Datenmodellierung im Sinne der hier getesteten Fragestellung keinen besonderen Einfluß auf die Einschätzung des Realisierungsgrads für die hier betrachteten Nutzenkategorien hat.

Im Unterschied dazu lassen sich bedeutend mehr und stärkere Zusammenhänge zwischen der Form der Projektorganisation und den Nutzenkategorien nachweisen. Die Variable Organisationsform kann dabei folgende Werte annehmen:

Gruppe 1: In der betreffenden Unternehmung wird die Datenmodellierung fortlaufend bzw. evolutionär betrachtet und als eigenständige Aufgabe durchgeführt (z.B. die ständige Betreuung/ Weiterentwicklung eines unternehmensweiten Datensystems).

Gruppe 2: In der betreffenden Unternehmung wird die Datenmodellierung nicht als eigenständige Aufgabe angesehen. Sie wird beispielsweise als Methode zur Unterstützung der Anwendungsentwicklung begriffen.

Die folgende Tabelle gibt jene Nutzenkategorien wieder, bei denen ein signifikanter Zusammenhang zur Organisationsform festgestellt wurde:

Variable	Beschreibung	Signifikanz	Mittelwert-Differenz
A_ENTW5A	Basis für Weiterentwicklungen	,00780 **	1,49
A_DBEN2A	Beherrsch. DV-techn. Komplexität	,00799 **	1,02
A_STAN5A	Standardis. Benutzerschnittstelle	,00803 **	1,63
A_ORDV1A	Instrument Projektplanung	,01180 *	0,22
A_WART5A	Vermeidung Seiteneffekte	,01417 *	1,26
A_ORDV2A	Instrument Projektsteuerung	,01678 *	0,73
A_DBEN3A	Erhöhung Stabilität DB-Entwurf	,01718 *	0,73
A_WART3A	Verring. Einarbeitungsaufwand	,02622 *	0,89
A_MOTI4A	Akzept. Vorgehen bei DV-Experten	,03481 *	0,25
A_DBEN6A	Verringerung Zeitaufwand DB-Def.	,03668 *	0,96
A_ENTW4A	Verbesserung Dokumentation	,04983 *	0,88
A_WART7A	Unterstützung Reengineering	,05475 +	1,16
A_INTE3A	Integration MIS	,06104 +	-0,19
A_STSW4A	Grundlage Integration	,06262 +	0,69
A_STAN4A	Stand. zwischenbetr. D.austausch	,06288 +	1,28
A_ENTW6A	Verbess. Kommunikation Anw.fkt.	,07176 +	0,55
A_STAN1A	Vereinheitlichung Anw.entw.	,07351 +	1,11
A_DBEN1A	Beherrschung fachl. Komplexität	,08020 +	0,59
A_NUTZ2A	Förder. Verständnis für D.strukt.	,09468 +	0,09
A_ENTW7A	Autom. Generierung Systemteile	,09768 +	0,96

Dabei sind die Zusammenhänge zwischen der Organisationsform und 3 Nutzenkategorien sehr signifikant; 8 Zusammenhänge sind signifikant und 9 Zusammenhänge sind schwach signifikant. Wie die Ergebnisse zu den Mittelwert-Differenzen zeigen, sind die Anwendungsbereiche Basis für die Anwendungssystem-Entwicklung (A_ENTW), Basis für den Datenbank-Entwurf bzw. die physische Datenorganisation (A_DBEN), Instrument zur Standardisierung (A_STAN) und die Verringerung des Wartungsaufwandes (A_WART) von Unternehmen der 1. Gruppe durchweg höher bewertet als von Unternehmen der 2. Gruppe. In den übrigen Anwendungsbereichen lassen sich keine deutlichen Höher-Bewertungen bzw. in einem Fall (Integration MIS) sogar eine niedrigere Bewertung feststellen.

5 Ausblick

In der historischen Entwicklung der Datenmodellierung standen zunächst technische Probleme im Vordergrund (z.B. die Entwicklung und Integration von Werkzeugen zur Datenmodellierung). Heute handelt es sich technisch betrachtet bei der Datenmodellierung um eine ausgereifte Methodik, die von zahlreichen Werkzeugen zufriedenstellend unterstützt wird [Maie95]. Daher tritt heute verstärkt der organisatorische Rahmen der Datenmodellierung in den Mittelpunkt der Betrachtung.

Zusammenfassend läßt sich festhalten, daß folgende organisatorische Dimensionen für besonders wichtig erachtet werden:

- Aufbauorganisatorische Eingliederung (institutionelle Sichtweise);
- Projektorientierte Organisationsformen: Team-Zusammensetzung und Team-Bildung;
- Ablauforganisation (Vorgehen und Verfahren der Datenmodellierung sowie methodeninhärent als Objekt und Instrument der betrieblichen Ablauforganisation, d.h. instrumentelle Sichtweise);
- Prozeßorientierte Betrachtung im Rahmen der Unternehmensmodellierung (gesamtheitlicher Ansatz);
- Datengesteuerte Integration (Organisation als "System of Flows" im Sinne Mintzbergs [Mint79]).

Die Dimension aufbauorganisatorische Eingliederung befaßt sich dabei mit der Verankerung der mit der Datenmodellierung (als Ersteller und als Nutzer) befaßten Personen. Die Dimension projektorientierte Organisationsformen spielt insbesondere bei eigenständigen Datenmodellierungs-Vorhaben eine Rolle. Zwischen den einzelnen Dimensionen bzw. Perspektiven bestehen dabei Zusammenhänge, deren Untersuchung erforderlich ist.

Im folgenden werden einige Thesen aufgestellt, die zur Diskussion über Fragen der (wechselseitigen) Wirkung organisatorischer Dimensionen auf die Qualität von Datenmodellen anregen sollen:

1. Die derzeit in den Unternehmen vorliegenden Varianten der aufbauorganisatorischen Einordnung der für die Datenmodellierung zuständigen Mitarbeiter richten sich nicht nach den Erfordernissen der Anwendungszwecke. Die Einordnung erfolgt vielmehr meist "automatisch" innerhalb der Datenverarbeitung.
2. Die Team-Bildung für die Entwicklung von Projekt-Datenmodellen folgt keiner einheitlichen Vorgabe, sondern sie unterscheidet sich von Projekt zu Projekt. Sie hängt im wesentlichen vom Kenntnisstand und der Einsatzbereitschaft der beteiligten Mitarbeiter bzw. ihrer Vorgesetzten ab. Dies trifft insbesondere auf die Intensität der Beteiligung der Fachabteilungen zu. Wünschenswert wäre aber eine an den organisationsspezifischen Anwendungszwecken ausgerichtete Regelung der Team-Bildung und die Koordination der projekt-übergreifenden Sachverhalte.
3. Die derzeit verfügbaren Methoden und Werkzeuge helfen den Unternehmen kaum bei der zweckbezogenen Regelung des Vorgehens oder, allgemeiner, bei der Organisation der Datenmodellierung. Beispielsweise werden kaum Hilfestellungen für die Regelung der Zuständigkeiten für Teil-Bereiche der Datenmodellierung gegeben.
4. In vielen Unternehmen ist die Regelung der Verantwortung für die Datenmodellierung unklar. Klare Abgrenzungen der Zuständigkeitsbereiche würden vielfach unnötige "organisatorische Redundanzen" (z.B. Doppel-Arbeiten, endlose Diskussionen um Begriffe) vermeiden helfen.
5. Alle an der Datenmodellierung beteiligten Personen sollten die Zwecke der Modellierung kennen. Dadurch könnte die Konsensbildung und die Bereitschaft zur Mitarbeit gefördert werden ("aktive Informationspolitik"). Dies gilt insbesondere für die Unternehmens-Datenmodellierung, deren Zwecke in vielen Unternehmen (noch) unklar sind.

Literatur

[Beck91] Becker, J.: CIM-Integrationsmodell. Die EDV-gestützte Verbindung betrieblicher Bereiche, Berlin et al. 1991

[Garb74] Garbe, H.: Verwendungsmöglichkeiten unternehmungsindividueller Gesamtmodelle zur Ableitung organisatorischer Gestaltungsalternativen, in: Grochla, E. (Hrsg.): Integrierte Gesamtmodelle der Datenverarbeitung - Entwicklung und Anwendung des Kölner Integrationsmodells (KIM), München, Wien 1974, 129-151

[Jura88] Juran, J. M., Gryna, F. M. (Hrsg.): Juran´s Quality Control Handbook, 4. Aufl., New York et al. 1988

[Kosi62] Kosiol, E.: Organisation der Unternehmung, Wiesbaden 1962

[Lehn94] Lehner, F.: Modelle und Modellierung in Angewandter Informatik und Wirtschaftsinformatik, Forschungsbericht Nr. 10 der Schriftenreihe des Lehrstuhls für Wirtschaftsinformatik und Informationsmanagement an der WHU Koblenz, 1994

[Maie94] Maier, R.: Qualität von Datenmodellen, Forschungsbericht Nr. 15 der Schriftenreihe des Lehrstuhls für Wirtschaftsinformatik und Informationsmanagement an der WHU Koblenz, 1994

[Maie95] Maier, R.: Qualität von Datenmodellen, Vallendar 1995 *(in Vorbereitung)*

[Mert91] Mertens, P.: Integrierte Informationsverarbeitung. Administrations- und Dispositionssysteme in der Industrie, 8. Aufl., Wiesbaden 1991

[Mint79] Mintzberg, H.: The structuring of organizations, Englewood Cliffs 1979

[Ortn91] Ortner, E.: Unternehmensweite Datenmodellierung als Basis für integrierte Informationsverarbeitung in Wirtschaft und Verwaltung, in: Wirtschaftsinformatik, Vol. 33, No. 4, 1991, 269-280

[R&O92] R & O Software-Technik GmbH: Datenmodellierung in der Praxis - Eine Marktanalyse über die Anwendung einer Methodik, Germering 1992

[SVD93] SVD - Schweizerische Vereinigung für Datenverarbeitung, VDF - Verband der Wirtschaftsinformatik-Fachleute (Hrsg.): Berufe der Wirtschaftsinformatik in der Schweiz, Zürich 1993

Schritte zum unternehmensübergreifenden Datenmodell: Vergleichende Organisationsanalyse

Michael Unterstein

Zusammenfassung

Dieser Aufsatz berichtet von einem Praxisprojekt, dessen Ziel ein vereinheitlichtes Datenmodell für eine Gruppe von selbständigen Unternehmen ist. Es wird die Zweckmäßigkeit einer vergleichenden Organisationsanalyse als Schritt zu diesem Ziel begründet und eine systematische Vorgehensweise dafür vorgeschlagen. Dabei ist zu ermitteln, inwieweit die Geschäftstätigkeiten verschiedener Unternehmen sich ähneln und welche Formen der Arbeitsteilung etabliert sind, so daß eine Gemeinsamkeit an Datenstrukturen und -inhalten zu erwarten ist. Im Zentrum der Analyse stehen die betrieblichen Aufgaben, wobei der vorgestellte Aufgabenbegriff sich streng an den Attributen Verrichtung und Aufgabenobjekt orientiert. Es werden Regeln für eine konsistente Aufgabenbeschreibung aufgestellt. Kriterien für die Erfassung der Zuständigkeit von Firmen für Aufgaben werden entwickelt. Der für diese Analyse relevante Teil einer Organisationsdatenbank wird beschrieben.

1 Organisationsanalyse und unternehmensweites Datenmodell

Die unternehmensweiten Modellierung von Datenstrukturen ist ein Schritt zur Vereinheitlichung der betrieblichen Informationssysteme[1] und Voraussetzung für Entwicklung und Betrieb integrierter Softwarelösungen. Es liegt nahe, diesen Gesichtspunkt auch an die Informationssysteme eines Verbundes von Unternehmen anzulegen, wenn deren Aufgaben und Zwecke sich überschneiden. Teile der Datenstrukturen (Entitätstypen, Beziehungstypen, Attribute, Integritätsbedingungen) werden sich dann in vielen Fällen weitgehend gleichen. Stehen die betrachteten Firmen darüberhinaus in einer Kooperationsbeziehung, so sind außer den Datenstrukturen auch die Dateninhalte teilweise identisch.

Allerdings liegen bei verschiedenen Unternehmungen Unterschiede hinsichtlich der der Sachziele und der Art der Zielverfolgung vor, die sich in unterschiedlichen Organisationsstrukturen widerspiegeln. Wenn gilt, daß sich die Aufgaben von Teilbereichen eines Unternehmens aus der "Verpflichtung, eine bestimmte Leistung, die aus dem Sachziel der Unternehmung abgeleitet ist, zu erbringen" [Groc82 S. 184] ergeben, so können ähnliche, beispielsweise gleich benannte Teilbereiche verschiedener Unternehmen ('Vertrieb', 'Lager', 'Produktion' etc.) nicht ohne weiteres gleichgesetzt werden. Hinzu kommt die Tatsache, daß die Aufgabenzerlegung in einer Unternehmung meist historisch gewachsen ist, wodurch sich weitere Unterschiede ergeben [FeSi93 S. 52].

Ein gängiges Verfahren zur Konstruktion eines UDM ist die Konstruktion von Bereichdatenmodellen anhand der Informationsbedürfnisse der einzelnen Fachbereiche, die man in ein Gesamtmodell integriert [Sche88]. Aus den oben genannten Gründen werden bereits die Bereichs-Datenmodelle für zwei verschiedene Unternehmen aber voneinander abweichen. Daher kann für die Untersuchung fachspezifischer Informationsbedarfe zwecks Bildung eines unternehmensübergreifenden Datenmodells nicht von der in Bereichen, Abteilungen, Stellen etc. manifestierten Organisationsstruktur ausgegangen werden. Es wird eine feinere Sichtweise benötigt, die den Gesichtspunkt der Vergleichbarkeit in den Vordergrund stellt.

Als ein 'wesentlicher Bestimmungsfaktor der Organisation' gilt die *Aufgabe* [Groc82 S. 184]. Sie kann daher als Konstruktionselement jeder konkreten Ausprägung betrieblicher Organisation angesehen werden. Stellen enstehen beispielsweise durch die Zusammenfassung verschiedener Aufgaben und ihre Übertragung auf einen Aufgabenträger; Abteilungen durch Zusammenfassung von Stellen [Weid87 S. 41, 50]. Wenn also in zwei Unternehmen Stellen und Abteilungen nach unterschiedlichen Gesichtspunkten gebildet sind, so lassen sich dennoch die zugrundeliegenden Aufgaben zwischen verschiedenen Unternehmen vergleichen. Dafür muß allerdings der Aufgabenbegriff hinreichend präzise gefaßt werden.

Von einer so vorgenommenen Aufgabenanalyse kann nicht erwartet werden, daß sie eine hinreichende Grundlage für die Konstruktion eines konzeptionellen Datenmodells liefert. Sie unterstützt das Vorhaben aber in einigen wichtigen Punkten:

- Bei der Analyse bereits realisierter Anwendungen kann festgestellt werden, welche Aufgaben von diesen unterstützt werden.
- Entsprechend lassen sich die Aufgaben herausfinden, die einen nicht gedeckten Informationsbedarf enthalten.
- Im Hinblick auf die unternehmensübergreifende Vereinheitlichung der Datenstrukturen ist den Aufgaben besonderes Augenmerk zu widmen, die mehreren Unternehmen zuzuordnen sind.
- Im Hinblick auf die Einrichtung einer verteilten Datenbank, auf die alle Firmen Zugriff haben sollen, können aus der Zuordnung von Aufgaben zu Firmen Anhaltspunkte für eine Datenverteilung auf die verschiedenen Standorte entnommen werden.
- Darüberhinaus ist eine Aufgabenanalyse für die Entwicklung einer Organisationsdatenbank als Hilfsmittel für organisatorische Gestaltungsaufgaben von Interesse [Heil89, 315; Kort93, 32]. Das weiter unten vorgeschlagene Datenschema müßte dann um weitere Entitäts- und Beziehungstypen wie Stellen, Rollen, Abteilungen etc. erweitert werden.

Wegen der beiden erstgenannten Punkte ist eine Aufgabenanalyse auch sinnvoll, wenn für nur ein Unternehmen ein UDM konstruiert werden soll.

Die vorliegende Analyse wird an einer Unternehmensgruppe vorgenommen. Sie besteht aus einer Holding ('HOL') und den drei Tochterfirmen 'MCP', 'MDS' und 'CIM'. Die Tochterfirmen sind Handels- und Dienstleistungshäuser mit unterschiedlichen Schwerpunkten im Bereich EDV.

2 Vorgehen bei der Aufgabenanalyse

In der Literatur wird der Begriff der Aufgabe als Element der Organisation wie folgt definiert:

> *"Die Aufgabe selbst kann eigentlich durch die Merkmale 'Objekt' und 'Verrichtung' beschrieben werden. (...) Für die Gestaltung der Aufbauorganisation stehen die Merkmale Verrichtung, Objekt und Aufgabenträger im Vordergrund, während die Merkmale Sachmittel, Raum und Zeit erst im Rahmen der Ablauforganisation bedeutungsvoll werden." [Weid87 28]*

Damit ist ausgesagt daß eine Aufgabe wesentlich bereits durch die Art der Tätigkeit (Verrichtung) und ihre Objekte[2] festgelegt ist, auch wenn man die Gesichtspunkte der Ablaufgestaltung in Raum und Zeit zunächst ausklammert. Im Fall der vorliegenden Untersuchung ist die Beschränkung auf diese statischen, ablauf-unabhängigen Elemente der Organisation anderseits sogar zwingend. Eine gemeinsame Menge betrieblicher Aufgaben innerhalb einer Unternehmensgruppe läßt sich überhaupt nur in Absehung von den jeweiligen Spezialitäten der Durchführung bestimmen, da sonst jedes unterschiedliche Detail im Bereich der Vorgangsbearbeitung die Vergleichbarkeit von Aufgaben infragestellen würde.

Um das Aufgabensystem einer Unternehmensgruppe vollständig zu erfassen, ist es ratsam, die beiden entscheidenden Gliederungsgesichtspunkte Objekttyp und Verrichtungstyp zunächst getrennt zu betrachten [Weid87, 37]. In einem späteren Schritt der Aufgabensynthese können beide Gesichtspunkte zu Aufgaben zusammengeführt werden. Genauer handelt es sich bei dieser Sicht um eine Projektion der Aufgaben auf die Merkmale Verrichtung und Objekt. Die Bezeichnung Objekt und Verrichtung ist insofern ungenau, als sie üblicherweise einzelne Exemplare eines Typs bezeichnet. Will man die Aufgabe allgemein charakterisieren, geht man aber von Verrichtungstypen und Objekttypen aus. Wir verwenden im folgenden die Begriffe ohne den Zusatz 'Typ' als Kurzbezeichnung, sofern keine Mißverständnisse möglich sind.

Der Aufgabenbegriff wird im Abschnitt 3 weiter präzisiert. Die Verrichtungs- und Objekttypen einer Unternehmung sind jeweils hierarchisch untergliederbar. Beispielsweise enthält die Gesamtaufgabe eines Maschinenbauunternehmens die Verrichtungen: 'Konstruieren', 'Beschaffen', 'Produzieren', 'Vertreiben', 'Verwalten'. Diese Verrichtungstypen können selbst weiter untergliedert sein [Weid87, 35,37]. Das gleiche gilt sinngemäß für Aufgabenobjekte. Beispielsweise gliedert das Aufgabenobjekt 'Geschäftspartner' sich auf in 'Kunden', 'Lieferanten' etc. Kunden könnten selbst wieder unterteilt werden in 'Industriekunden' und 'Behörden' und so weiter.

Die in der Analyse zu ermittelnde Gliederung der Verrichtungstypen und Objekttypen

erfordert mancherlei Diskussion mit Geschäfts- und Organisationsleitungen und darüberhinaus Orientierungshilfen aus der betriebswirtschaftlichen Speziailliteratur. Interpretationsspielräume bei der Einordnung von Verrichtungs- und Objekttypen in ihre jeweilige Hierarchie müssen ggf. durch Entscheidung aufgelöst werden.
Liste 1 zeigt die als Ergebnisse der Analyse einer Gruppe von Handels- und Dienstleistungshäusern im EDV gefundenen Verrichtungstypen der obersten Ebene.

```
VERRICHTUNG                                          VERR_NR KOMMENTAR
--------------------------------------------------- ------- ------------------------------------
----
Vertrieb                                                 100 Alle Arten von Verkaufsaktivitäten
Services                                                 102 Alle Arten von Dienstleistungen
Einkauf                                                  137 Beschaffung von Produkten
Verwaltung                                               163 Allgemeine verwaltende Tätigkeiten
Organisation                                             459 Alle Tätigkeiten, die irgendetwas
organisieren
Produktion                                               478 Hardware-Montage und Herstellung von
Software
Aus- und Weiterbildung                                   483 Qualifikationsentwicklung des
eigenen Personals
Marketing                                                350 Alle Sorten absatzfördernder
Maßnahmen
Geschäftsführung                                         388 Globale Bestimmung von Zielen und
Strategien
Rechnungswesen                                           399 Buchhaltung und Kostenrechnung
Logistik                                                 421 Transport von Gütern aller Art
```

Liste 1: Verrichtungstypen der obersten Ebene

In dieser groben Sicht auf die Organisationsstruktur - lediglich die Verrichtungstypen der obersten Ebene werden dargestellt - dürften sich alle Handels- und Dienstleistungshäuser mehr oder weniger ähneln. Anderseits geben sie naturgemäß noch wenig Einblick in die spezifische Organisation eines Unternehmens. Erst bei der im Fortgang der Analyse zu leistenden Verfeinerung der Verrichtungstypen offenbaren sich deren Besonderheiten. In der folgenden Liste 2 sind die Subverrichtungstypen zu 'Vertrieb' aufgelistet. Hier wird beispielsweise deutlich, daß die betrachteten Unternehmen für ihre Verkaufsaktivitäten potentielle Interessenten und Kunden auf verschiedene Weise, nämlich mit Mailings, Veranstaltungen und Vorführungen über ihre Produkte informieren. Bei Versandhäusern oder Discountern würden solche Verrichtungen sicherlich nicht erscheinen.

```
VERRICHTUNG                                         VERR_NR   LEVEL
--------------------------------------------------- -------  -------
Vertrieb                                                100       1
      Akquisition                                       198       2
            Veranstaltungen                             202       3
            Vorführungen                                212       3
            Mailings                                    215       3
      Datenpflege                                       199       2
      Angebotsverwaltung                                204       2
            Angebote ausarbeiten                        205       3
            Angebote schreiben                          206       3
            Angebote verfolgen                          207       3
      Recherchen                                        216       2
      Auftragsbearbeitung                               229       2
```

Liste 2: Subverrichtungen zum Verrichtungstyp 'Vertrieb'

Es stellt sich die Frage, wie 'genau' die Verrichtungsanalyse und die davon getrennte Objektanalyse durchzuführen ist. Sicherlich ließen sich die aufgezählten Subverrichtungen weiter verfeinern. Hierzu ist hervorzuheben, daß die hier beschriebene Analyse sich mit Aufgaben aus Sicht des Vergleichs von *Unternehmen* beschäftigt. Die Verfeinerung in diesem Sinne kann abgebrochen werden, wenn sicher ist, daß erstens die in der nächsten Stufe erscheinden Teilverrichtungen *nicht unabhängig voneinander* und im Zusammenhang mit *unterschiedlichen* Aufgaben auftreten, sondern stets einen zusammengehörigen Block von Teiltätigkeiten bilden. Zweitens muß diese Einschätzung für alle betrachteten Unternehmen zutreffen. Sind beide Voraussetzungen gegeben, wäre eine weitere Aufgliederung irrelevant, kann also unterbleiben.
Bei der Analyse der Aufgabenobjekte ergibt sich eine analoge Situation. Als Beispiel sei ein Ausschnitt aus der Objekthierarchie zitiert, der die Untergliederung des Objekttyps 'Produkte' bis in die fünfte Ebene beschreibt (Liste 3).

```
Produkte                                                713
      Software                                          110
...
            Betriebssysteme                             218
                  MTOS                                  267
                  UNIX                                  272
                        SCO-UNIX                        323
                        OSF-UNIX                        718
                  MS-DOS                                273
```

Liste 3: Gliederung des Aufgabenobjekts 'Betriebssysteme'

Die Genauigkeit der Gliederung ergibt sich hier daraus, daß eine der betrachteten Firmen Software unter OSF-UNIX entwickelt, während die andere mit SCO-UNIX, aber nicht mit

OSF-UNIX handelt. Die unterschiedlichen Varianten eines Produkts sind also Gegenstand unterschiedlicher Aufgaben, für die unterschiedliche Firmen zuständig sind. Die weitere Differenzierung eines Aufgabenobjekttyps kann unterbleiben, wenn die durch Verfeinerung hervortretenden Spezifika nicht zu unterschiedlichen Aufgaben führen. Dies kann beispielsweise bei Hardwarekomponenten wie Bildschirmkarten der Fall sein, wenn deren Leistungsdaten keinen Einfluß auf ihre Behandlung (verkaufen und einbauen) haben. Bei einem Unternehmen, das verschiedene Karten *herstellt*, ergeben sich andere Aspekte, die mit Sicherheit eine weitere Aufgliederung dieses Objekttyps erzwingen.

3 Präzisierung des Begriffs 'Aufgabe'

Resultat der Analyse nach Verrichtungs- und Aufgabenobjekttypen sind zwei getrennte Hierarchien. Sie stellen die Projektion aller betrieblichen Aufgaben auf jeweils eine der beiden Dimensionen Verrichtung und Objekt dar. Aufgaben sind aber - läßt man wie oben begründet, alle anderen Merkmale beiseite - gekennzeichnet durch Verrichtungen an Objekten. Der nächste Schritt hat also die Bestimmung der in den untersuchten Unternehmen vorfindlichen Kombinationen von Verrichtungs- und Objekttypen zu leisten. Der sich dabei ergebende - sehr abstrakte - Aufgabenbegriff bedarf der Erläuterung.

In der Literatur zum Themenkomplex Organisation finden sich Stellen, in denen davon ausgegangen wird, daß eine Aufgabe unter Absehung von anderen Merkmalen durch die Angabe einer Verrichtung und eines Objekts bestimmt ist [FeSi93, 165; Weid87, 38]. Andere Autoren lassen die Frage offen, wieviele Verrichtungstypen und Objekttypen eine Aufgabe ausmachen [Groc82, 185]. Dieser Punkt muß hier präzisiert werden.

Ein Beispiel aus dem Untersuchungszusammenhang möge dies verdeutlichen. Eine der untersuchten Firmen untergliedert die Abteilung 'Vertrieb' (Verrichtungszentralisation) objektbezogen wie folgt:

- *'Vertrieb Betriebswirtschaftliche Anwendungen'*
- *'Vertrieb Hardware, Software, Netze'*
- *'Vertrieb Großkunden'*

Hier werden als Gliederungskriterium mehrere Arten von Objekten nebeneinander angewandt - die ersten beiden Objekttypen sind Subtypen von 'Produkte', der letzte Objekttyp ist ein Subtyp von 'Geschäftspartner' bzw. dessen Subtyp 'Kunden'. Dieses praktische Beispiel belegt, daß der Verrichtungstyp 'Vertrieb' sich immer auf mehrere Objekttypen bezieht - mindestens auf Kunden und Produkte. Nur daher ist es möglich, einmal den einen Objekttyp, einmal den anderen als Merkmal zur Zusammenfassung von Aufgaben im Sinne der Stellenbildung heranzuziehen.

Für den Begriff der Aufgabe ergibt sich daher folgende (vorläufige) Definition:

Eine Aufgabe wird im Bezug auf die Merkmale Verrichtung und Objekt beschrieben durch

eine Menge von Verrichtungstypen und eine Menge von Aufgabenobjekttypen. Beide Mengen enthalten im Regelfall mehr als ein Element.

Betrachten wir nach dieser Definition ein Beispiel. Ein EDV-Handelshaus hat die Aufgabe 'Vertrieb Produkte an Kunden'. Dabei erhalten wir die Objekttypen *'Produkte', 'Kunden'* und den Verrichtungstyp *'Vertrieb'*.

Betrachtet man zunächst den Verrichtungstyp 'Vertrieb' näher, so findet man ihn untergliedert in die Verrichtungstypen 'Akquisition', 'Datenpflege', 'Angebotsverwaltung', 'Recherchen', 'Auftragsbearbeitung', die ihrerseits zum Teil weiter untergliedert sind (vgl. Liste 2). Das bedeutet, daß die Kennzeichnung einer Aufgabe durch den Verrichtungstyp 'Vertrieb' eine *Menge* von Verrichtungstypen beinhaltet. Der Objekttyp 'Kunden' ist nicht weiter untergliedert. Hingegen hat das Aufgabenobjekt 'Produkte' eine tiefe Gliederungsstruktur mit insgesamt ca. 80 Subobjekten. Wenn die Aufgabe 'Vertrieb Produkte an Kunden' so definiert wird, steht sie in Wirklichkeit für eine *Menge von Aufgaben*, bei denen die Verrichtung der Teilmenge der Subverrichtungen von 'Vertrieb' entstammt und die Objekte jeweils einem Subtyp von 'Kunden' und 'Produkte' angehören.

Diese Aufgabensicht ist für unsere Zwecke zu ungenau. 'Vertrieb Produkte an Kunden' gilt nämlich für jedes Handelshaus, gleichgültig, welche Produkte es vertreibt und auf welche Weise bzw. mit welchen Methoden der Vertrieb erfolgt.

Die größtmögliche Detaillierung ist gegeben, wenn bei der Definition eines Aufgabentyps Verrichtungen der tiefsten Hierarchieebene mit Objekten der tiefsten Hierarchieebene kombiniert werden. Zur Erläuterung ein weiteres Beispiel. Objekte bei der gebrauchsfertigen Installation eines Personal-Computers sind beispielsweise ein Betriebssystem (DOS/Windows oder SCO-UNIX) und außerdem Monitor und Bildschirmkarte, Festplatten, evtl. zusätzliche Schnittstellen, evtl. zusätzlicher Math-Coprozessor etc. Fast jeder Objekttyp im Bereich Hardware kann Gegenstand dieser Aufgabe sein.

Es stellen sich nun mehrere Fragen:

1. Handelt es sich beispielsweise beim Zusammenbau eines PCs mit Math-Coprozessor und beim Zusammenbau eines PCs ohne Math-Coprozessor um zwei verschiedene Aufgaben?
2. Ist eine derartig genaue Aufgabendefinition erforderlich und angebracht?
3. Welche Objekttypen werden in der Definition eines Aufgabentyps aufgeführt?

Die erste Frage ist mit 'ja' zu beantworten, wenn es darum geht, eine konkrete Ausprägung des Aufgabentyps 'Installation PCs' zu beschreiben. Für den Ausführenden dieser Aufgabe macht es selbstverständlich einen Unterschied, ob er einen zusätzlichen Prozessor einbauen muß oder nicht. Ob die Aufgabe richtig ausgeführt wurde, wird im einen Fall daran gemessen, daß der Chip an seinem Platz ist, im anderen Fall darf er nicht da sein.

Die zweite Frage ist hier mit 'nein' zu beantworten. Eine derartig genaue Aufgabenbeschreibung ist nicht erforderlich, um festzustellen, welche Geschäftsbereiche von einer Firma wahrgenommen werden. Wenn ein Unternehmen PCs vor dem Verkauf installiert und gebrauchsfertig macht, richtet sich der Einbau bestimmter Bauteile in der Regel nach dem Kundenwunsch. Der in der Organisationsstruktur enthaltete Aufgabentyp 'Installation PCs' muß *alle möglichen Varianten* einschließen. Auch die Stellenbeschreibung eines für die Ausführung der Aufgabe zuständigen Technikers würde sich auf die Angabe eines Aufgabentyps beschränken statt alle denkbaren Unterfälle einzeln aufzuführen.

Eine möglichst feine Unterscheidung der Objekte ist fallweise weder notwendig noch sinnvoll, da sie einen Unterschied vorgibt, der gar nicht relevant ist. Am Beispiel der Aufgabe: 'Angebote ausarbeiten' ist der Objekttyp 'Produkte' die richtige Konkretion. Denn hier ist jedes Produkt im Wortsinne gleich gültig, es kommt hier lediglich darauf an, daß Produkte etwas Verkaufbares sind, einen Preis haben, beschaffbar sind etc.

Es wird ein Kriterium dafür benötigt, welche Hierarchiestufe von Objekttypen für die hinreichend genaue Definition eines Aufgabentyps zu wählen ist.

Regel 1

> *Ein Aufgabenobjekt AO ist Bestandteil der Typdefinition einer Aufgabe A, wenn gilt: Alle Subobjekte von AO können (alternativ oder nebeneinander) Objekte des Aufgabentyps A sein. Die Umkehrung lautet: es gibt kein Subobjekt von AO, das prinzipiell nicht als Aufgabenobjekt von A in Frage kommt.*

Erläuterndes Beispiel:

Liste 4 zeigt einen Ausschnitt der Objekthierarchie Produkte / Hardware / ... :

```
Komponenten                        255
     Bildschirm-Boards             541
     Prozessoren                   542
     Schnittstellen                544
     Spezialboards                 545
     Controller                    546
     Netzteile                     547
     Systemboards                  548
     RAM-Bausteine                 540
```

Liste 4: Subobjekte des Aufgabenobjekts 'Hardware'

Alle in der Liste aufgeführten Komponenten können in einen PC eingebaut werden. Es reicht daher, in der Beschreibung der Aufgabe 'Installation PCs' den Objekttyp 'Komponenten' anzugeben. Der nächst höhere Objekttyp 'Hardware' hingeben ist für die Beschreibung der Aufgabe nicht geeignet, da er Subtypen enthält, die in PCs nicht eingebaut werden, wie zum Beispiel 'Bargeldautomaten'.

Indirekt hat sich damit bereits die dritte Frage beantwortet:

Regel 2

> *Bei der Definition eines Aufgabentyps sind alle Aufgabenobjekttypen anzugeben, die Objekte der Aufgabe sein können, unabhängig davon, ob sie es in jedem Einzelfall sind.*

Die Angabe aller potentiellen Objekte einer Aufgabe kann unter Berücksichtigung von Regel 1 erfolgen, indem ein übergeordnetes Objekt genannt wird. Wenn die verschiedenen Objekte nicht einem gemeinsamen Superobjekt zuzurechnen sind, müssen sie einzeln angegeben werden.

Nach diesen Setzungen wird die Aufgabe 'Installation PCs' wie folgt beschrieben:

```
AUFG_NAME                      VERR_NAME                 AOBJ_NAME
------------------------------ ------------------------- -------------------------
Installation PCs               Installation              Komponenten
                                                         Kunden
                                                         LAN-Manager
                                                         Lieferaufträge
                                                         MS-DOS
                                                         MS-Windows
                                                         Netzwerk-Hardware
                                                         Novell Netware
                                                         OS/2
                                                         Permanent-Speichermedien
                                                         Personal-Computer
                                                         SCO-UNIX
                                                         Telekommunikationshardware
```

Liste 5: Aufgabenbeschreibung 'Installation PCs'

Gemäß Definition können in einer Aufgabenbeschreibung sowohl mehrere Verrichtungstypen als auch mehrere Objekttypen vertreten sein. Dennoch gibt es bezüglich ihrer Rolle in der Aufgabendefinition einen Unterschied zwischen Verrichtungen und Objekten. Eine Verrichtung (Tätigkeit) bezieht sich faktisch in der Regel auf mehrere Objekte, die nicht in hierarchischer Beziehung untereinander stehen. Eine weitere Aufgliederung, so daß eine Verrichtung bezüglich einer Aufgabe nur in Beziehung zu einem Objekt steht, ist dann nicht möglich. Beispielsweise ist kein Verkauf denkbar, in dem es entweder nur ein Produkt, aber keinen Kunden gibt. Ergibt sich aber in einer Aufgabendefinition eine Vielfalt von Verrichtungen, so kann diese dadurch beseitigt werden, daß man bei der Definition lediglich Verrichtungen der untersten Ebene zuläßt und die Kombination unterschiedlicher Verrichtungstypen in einer Aufgabe verbietet. Es gilt dann, daß eine Aufgabe nur einen Verrichtungstyp enthält. Sollten in einer Tätigkeitsbeschreibung mehrere Verrichtungstypen erscheinen, so handelt es sich bereits um eine Aggregation mehrerer Aufgaben. Wir präzisieren daher die vorläufige Definition der Aufgabe:

Definition 1

> *Eine Aufgabe wird im Bezug auf die Merkmale Verrichtung und Objekt beschrieben durch einen Verrichtungstyp und eine Menge von Aufgabenobjekttypen. Die Menge der Objekttypen enthält im Regelfall mehr als ein Element.*

Damit müssen sich Aufgabendefinitionen stets auf Verrichtungstypen der untersten

Hierarchiestufe beziehen. Andernfalls, bei Zuweisung eines in der Hierarchie weiter oben stehenden Verrichtungstyps, wären einer Aufgabe indirekt mehrere Verrichtungen zugeordnet. Die Beziehungen zwischen Verrichtung und Objekten bei einer Aufgabendefinition sind in Bild 1 grafisch dargestellt. Die schraffierten Kästen auf der rechten Seite geben die bei der Definition angesprochenen Objekte an. Die verbindenden Linien weisen auf die Objekte, die tatsächlich damit impliziert sind.

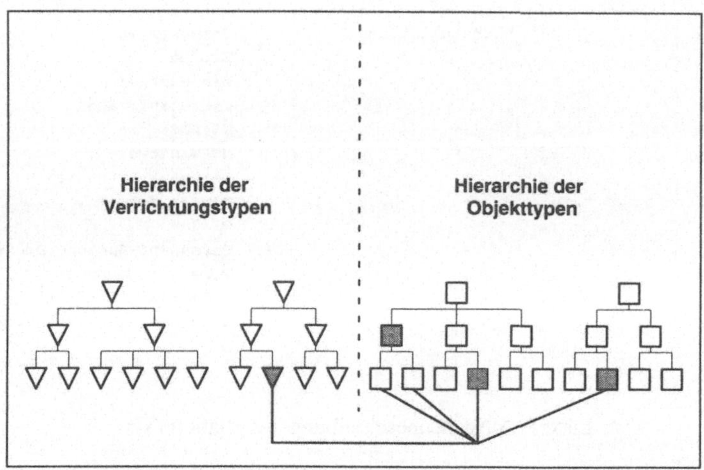

Bild 1: Aufgabe = Verrichtung an mehreren Objekten

Aufgaben im Sinne der Definition 1 sollen im folgenden als 'Grundaufgaben' bezeichnet werden. Sofern keine Mißverständnisse möglich sind, wird der Begriff 'Aufgaben' gebraucht. Der Begriff 'Elementaraufgabe' [wie z.B. in Weid87, 34; Kort93, 34]) wird hier nicht verwendet. Er legt nahe, daß eine weitere Aufgliederung solcher Aufgaben nicht möglich ist. Dies kann aber nicht behauptet werden, hängt doch die Feinheit der Aufgabendefinition von der Entscheidung ab, wie weit die Verrichtungs- und Objekthierarchie heruntergebrochen werden soll. Eine weitere Verfeinerung wäre jederzeit möglich, für eine auflauforientierte Aufgabenbeschreibung unter Umständen auch notwendig.

Eine vergröberte Sicht auf das Aufgabensystem der Unternehmen kann nun über die Generalisierung von Grundaufgaben zu Aufgaben höherer Art erfolgen. Beispielsweise ist nach wie vor die sehr allgemeine Aufgabe 'Vertrieb Produkte an Kunden' rekonstruierbar. Sie ergibt sich daraus, daß es (mindestens) eine Grundaufgabe gibt, in der eine Subverrichtung von 'Vertrieb' mit einem oder mehreren Subtypen von 'Produkte' und 'Kunden' verbunden ist. Eine solche Aufgabensicht faßt also in Wirklichkeit eine Mehrzahl von Grundaufgaben zusammen.

4 Datenmodell Aufgaben

Die Zusammenhänge zwischen Verrichtungen, Objekten und Aufgaben werden nun als Entity-Relationsship-Diagramm dargestellt (Bild 2).

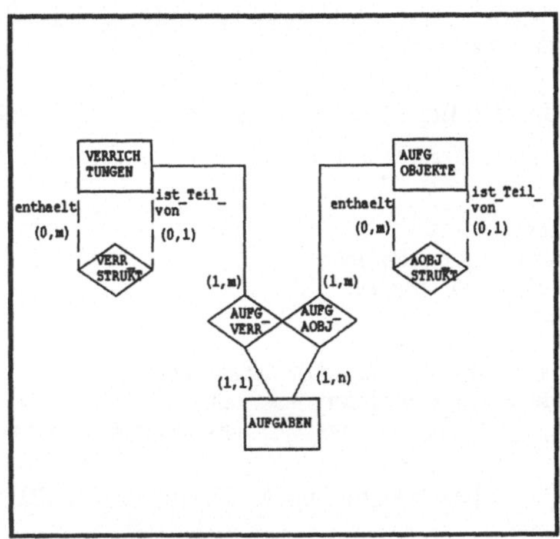

Bild 2: Entity-Relationship-Diagramm für Verrichtungen, Objekte und Aufgaben

Die Verrichtungs- und Aufgabenobjekttypen und ihre jeweiligen hierarchischen Beziehungen können in einer relationalen Datenbank in den Tabellen AUFGOBJEKTE und VERRICHTUNGEN dargestellt werden. Die hierarchische Struktur wird durch Angabe der jeweils übergeordneten Entität über Fremdschlüssel abgebildet. Bei Objekten der obersten Hierarchiestufe ist weist das Attribut OBER_AOBJ keinen Wert auf (NULL). Entspechendes gilt für Verrichtungen. Eine Aufgabe steht zu mindestens einem, in der Regel aber zu mehreren Objekten in Beziehung. Umgekehrt kommt ein Objekt meist in mehreren Aufgaben vor. Es ist daher notwendig, diese Beziehung in einer eigenen Tabelle darzustellen (AUFG_INHALT). Die zu erstellenden Datenbanktabellen werden im folgenden in der Syntax des CREATE- TABLE-Befehls unter SQL dargestellt.

```
CREATE TABLE VERRICHTUNGEN
        (VERR_NR NUMBER (4,0) NOT NULL,
         VERR_NAME CHAR (30) NOT NULL,
         OBER_VERR NUMBER (4,0),
         VERR_KOMMENTAR LONG,
         PRIMARY KEY (VERR_NR) CONSTRAINT VERR_PKEY,
         UNIQUE (VERR_NAME) CONSTRAINT VERR_UNIQ,
         FOREIGN KEY (OBER_VERR) REFERENCES VERRICHTUNGEN(VERR_NR)
                CONSTRAINT VERR_FKEY)
```

Liste 6: Erzeugung einer Tabelle für Verrichtungen

```
CREATE TABLE AUFGOBJEKTE
          (AOBJ_NR NUMBER(4,0) NOT NULL,
           AOBJ_NAME CHAR(30) NOT NULL,
           OBER_AOBJ NUMBER(4,0),
           AOBJ_KOMMENTAR LONG,
           PRIMARY KEY (AOBJ_NR) CONSTRAINT AOBJ_PKEY,
           UNIQUE (AOBJ_NAME) CONSTRAINT AOBJ_UNIQ,
           FOREIGN KEY (OBER_AOBJ) REFERENCES AUFGOBJEKTE (AOBJ_NR)
                  CONSTRAINT AOBJ_FKEY)
```

Liste 7: Erzeugung einer Tabelle für Aufgabenobjekte

```
CREATE TABLE AUFGABEN
          (AUFG_NR NUMBER (4,0) NOT NULL,
           AUFG_NAME CHAR (30) NOT NULL,
           AUFG_KOMMENTAR LONG,
           VERR_NR NUMBER (4,0) NOT NULL,
           PRIMARY KEY (AUFG_NR) CONSTRAINT AUFG_PKEY,
           UNIQUE (AUFG_NAME) CONSTRAINT AUFG_UNIQ,
           FOREIGN KEY (VERR_NR) REFERENCES VERRICHTUNGEN CONSTRAINT AUFG_FKEY)
```

Liste 8: Definition der Tabelle AUFGABEN

```
CREATE TABLE AUFG_INHALT
          (AINH_NR NUMBER (5,0) NOT NULL,
           AOBJ_NR NUMBER (4,0) NOT NULL,
           AUFG_NR NUMBER (4,0) NOT NULL,
           PRIMARY KEY (AINH_NR) CONSTRAINT AINH_PKEY,
           UNIQUE (AUFG_NR, AOBJ_NR) CONSTRAINT AINH_UNIQ,
           FOREIGN KEY (AOBJ_NR) REFERENCES AUFG_OBJEKTE CONSTRAINT AINH_FKEY_AOBJ,
           FOREIGN KEY (VERR_NR) REFERENCES VERRICHTUNGEN CONSTRAINT AINH_FKEY_VERR,
           FOREIGN KEY (AUFG_NR) REFERENCES AUFGABEN CONSTRAINT AINH_FKEY_AUFG)
```

Liste 9: Definition der Tabelle AUFG_INHALT

5 Anwendung und Beispiele

Mit diesen Tabellen lassen sich Aufgaben vollständig erfassen. Einen Auszug aus der Aufgaben der untersuchten Unternehmensgruppe zeigt Liste 10.

```
AUFG_NR AUFG_NAME                     VERR_NAME                AOBJ_NAME
------- ----------------------------- ------------------------ ---------------------
---
    434 Produktrecherchen             Recherchen               Hersteller
                                                               Lieferanten
                                                               Produkte
    436 Kundenrecherchen              Recherchen               Aufträge
                                                               Debitoren
                                                               Kunden
    444 Wartung Postbearb.systeme     Wartung                  Kunden

Postbearbeitungssysteme
                                                               Wartungsaufträge
                                                               Wartungsverträge
    445 Wartung Kopiertechnik         Wartung                  Kopiertechnik
                                                               Kunden
                                                               Wartungsaufträge
                                                               Wartungsverträge
    446 Reparatur PCs                 Reparatur                Kunden
                                                               Personal-Computer
                                                               Reklamationen
                                                               Reparaturaufträge
    448 Reparatur MDT                 Reparatur                Kunden
                                                               Mittlere Datentechnik
                                                               Reklamationen
                                                               Reparaturaufträge
```

Liste 10: Auszug aus den Aufgaben der Unternehmensgruppe

Der Vorteil dieser Sichtweise ist die unmittelbare Vergleichbarkeit verschiedener Aufgaben, wie beispielsweise Aufgaben 434 und 436. Produktrecherchen und Kundenrecherchen haben denselben Verrichtungstyp, nämlich 'Recherchen'. Der konkrete Inhalt der Aufgabe richtet sich nach den Objekten der Recherchen, anhand derer sofort der Unterschied zwischen beiden Aufgabentypen deutlich wird. Die Aufgaben 446 und 448 unterscheiden sich nur relativ geringfügig. Drei der insgesamt vier Objekttypen sind bei beiden Aufgaben identisch. Der einzige unterschiedliche Objekttyp macht also das Spezifikum der Aufgabe aus.

Eine große Anzahl von Objekten in einer Aufgabendefinition kann schließlich ein Anhaltspunkt - kein eindeutiges Kriterium - für die weitere Untergliederung der Aufgabe sein. Die Entscheidung darüber ist anhand der Überlegung zu treffen, ob einer oder mehrere der angeführten Objekttypen für die Art der Aufgabendurchführung, für Ort und Zeitpunkt, an dem sie durchgeführt wird, für den Mitarbeiter, der sie ausführen kann, relevant sind. Ergeben sich hier wesentliche Unterschiede, so muß eine Aufgabe eventuell in mehrere Aufgaben aufgespalten werden. Dies soll am Beispiel der Aufgaben 446 und 448 verdeutlicht werden. Angenommen, in einer ersten Untersuchung sei eine Aufgabe 'Reparatur Computer' wie folgt definiert worden:

Reparatur Computer	Reparatur	Kunden
		Personal-Computer
		Mittlere Datentechnik
		Reklamationen
		Reparaturaufträge

Liste 11: Zu verfeinernde Aufgabe

Man stellt anschließend fest, daß PCs und MDT-Anlagen nicht von denselben Personen, ja nicht einmal von derselben Firma repariert werden. Zweifellos muß diese Aufgabe daher aufgespalten werden, da ansonsten ein spezifischer Unterschied in der Organisationsstruktur der Firmen nicht dargestellt werden kann.

6 Zuständigkeiten und Kooperationsbeziehungen

Die Ermittlung der Aufgabentypen und ihrer Inhaltsbeschreibung durch Verrichtungs- und Objekttypen geschah bis zu diesem Punkt ohne Bezug auf organisatorische Strukturen wie Firmen, Abteilungen und Stellen. Damit war es möglich, die Menge aller Aufgaben der Firmengruppe einheitlich zu beschreiben. Im nächsten Schritt ist zu untersuchen, welche Unternehmen für welche Aufgaben zuständig sind.

Definition 3

in Unternehmen ist zuständig für eine Aufgabe, wenn es diese Aufgabe innerhalb seiner Geschäftstätigkeit regelmäßig oder gelegentlich ausführt.

Wenn die Menge aller Aufgaben Grundlage für die Konstruktion eines unternehmensübergreifenden Datenstrukturmodells ist, so kann aus der Zuständigkeit eines Unternehmens für eine Teilmenge dieser Aufgaben der für dieses Unternehmen relevante Teil des Modells erschlossen werden. Dies gilt jedoch nur in einem abstrakten Sinn, nämlich für die Datenstrukturen. Die Vision einer unternehmensübergreifenden Informationslandschaft wäre aber sinnlos, wenn sie nicht auch die gemeinsame Nutzung der Dateninhalte vorsehen würde, soweit dies für die Erfüllung der Aufgaben sinnvoll ist.

Es ist daher notwendig, die Zuständigkeit von Firmen für Aufgaben (im folgenden kurz: 'Zuständigkeitsbeziehung') näher zu beschreiben. Zu unterscheiden sind drei Fälle (dabei stehen F, G, und H für Unternehmen, A steht für eine Aufgabe):

Definition 4 (Zuständigkeitstyp X):

F ist exklusiv zuständig für A, wenn prinzipiell ausgeschlossen werden kann, daß eine Firma G der Unternehmensgruppe ebenfalls für A zuständig sein kann.

Einige Aufgaben obliegen im Untersuchungsfall exklusiv der gemeinsamen Mutterfirma, der

Holding. Es handelt sich hier unter anderem um übergeordnete Verwaltungstätigkeiten und Dienstleistungen, die die Holding für die Tochterfirmen erbringt (zentrale Buchführung etc.).

Definition 5 (Zuständigkeitstyp S):

> ***F ist separat zuständig für A, wenn es eine Firma G gibt, die ebenfalls für A zuständig ist und die Durchführung der Aufgaben prinzipiell ohne jegliche Koordination zwischen F und G erfolgt.***

Diese Form der Zuständigkeit bedeutet, daß die Unternehmen der Gruppe die betreffende Aufgabe jeweils und *in jedem Fall* unabhängig voneinander wahrnehmen. Zahlreiche Beispiele finden sich bei der betrachteten Unternehmensgruppe unter anderem im Bereich des Vertriebs von Personal-Computern, bei der Personalakquisition und bei der Gestaltung der betrieblichen Organisation. Eine konsequent auf Vergleichbarkeit der Aufgaben ausgerichtete Organisationsanalyse deckt solche unkoordinierten Aktivitäten möglicherweise erst auf und macht Rationalisierungspotential deutlich.

Definition 6 (Zuständigkeitstyp K):

> ***F ist kooperativ zuständig für A, wenn es eine Firma G gibt, die für A zuständig ist und F und G bei der Durchführung von A zumindest gelegentlich kooperieren.***

Die kooperative Zuständigkeit schließt die Zusammenarbeit von mehr als zwei Firmen ebenso ein wie die paarweise Kooperation von F mit G, F mit H, G mit H und so weiter. Daß die Kooperation gelegentlich erfolgt, ist hinreichend für diese Kennzeichnung. Dies ergibt sich in bezug auf das Datenmodell daraus, daß im Falle der Kooperation Dateninhalte gemeinsam genutzt werden müssen. Diese Möglichkeit muß daher vorgesehen werden, auch wenn sie nicht in jedem Einzelfall genutzt wird. Die Begriffe 'exklusiv', 'separat' und 'kooperativ' sind damit vollkommen trennscharf. Beispiele für die kooperative Zuständigkeit für Aufgaben finden sich im untersuchten Fall unter anderem im Bereich Marketing mit seinen verschiedenen Ausprägungen (beispielsweise gemeinsame Verhandlungen mit Lieferanten um generelle Konditionen).

Liegt eine kooperative Zuständigkeit mehrerer Unternehmen für eine Aufgabe vor, so ist näher zu untersuchen, welche Firmen an einer Kooperation jeweils beteiligt sind. Diese Frage ist nur dann trivial zu beantworten, wenn für eine Aufgabe genau zwei Firmen mit dem Zuständigkeitsattribut 'kooperativ' belegt sind. Bei mindestens drei Zuständigkeitsbeziehungen vom Typ K bezüglich einer Aufgabe sind mehrere Fälle möglich. Faßt man alle Firmen, die bezüglich einer Aufgabe A in einer Zuständigkeitsbeziehung vom Typ K stehen in der Menge $F_k(A)$ zusammen, so sind die möglichen Kooperationsbeziehungen durch alle Teilmengen von $F_k(A)$ mit mindestens zwei Elementen gegeben. Zur Erläuterung:

$F_k(A)$ sei gegeben durch die Menge der Firmen {F,G,H}.

Damit sind folgende Kooperationsbeziehungen möglich:

1. {F,G,H}
2. {F,G}

3. {F,H}
4. {H,G}

Bei drei beteiligten Firmen ergeben sich also vier mögliche Kooperationsbeziehungen. In der Realität werden aber im allgemeinen nicht alle Möglichkeiten zutreffen, so daß eine genaue Spezifikation der tatsächlich relevanten Kooperationen notwendig ist. Insbesondere schließt der erste Fall die anderen ein - bei einer Kooperation von drei Firmen ist die Kooperation von je zwei davon impliziert.

7 Datenmodell Zuständigkeit und Kooperation

Die Beziehungen zwischen Unternehmen und Aufgaben ist komplex. Es gilt, daß jede Firma für mehrere Aufgaben zuständig ist (theoretische Untergrenze 1) und für jede Aufgabe mindestens eine, maximal aber alle (hier 4) Firmen zuständig sind. Daraus ergibt sich die Beziehungsentität ZUSTAENDIGKEIT mit dem oben erwähnten Zuständigkeitstyp als Attribut, die problemlos im logischen Datenbankschema als eigene Tabelle abzubilden wäre.
Die Kooperationen bilden selbst eine Menge komplexer Beziehungen innerhalb der Beziehung ZUSTAENDIGKEIT, denn es ist nicht festzuhalten, daß Firma F mit Firma G kooperiert, sondern diese Kooperation gilt jeweils in bezug auf eine bestimmte Aufgabe, setzt also die Beziehung ZUSTAENDIGKEIT voraus. Zugleich kann aber auch F mit H kooperieren, das heißt, für eine Zuständigkeit gibt es unter Umständen mehrere Kooperationsbeziehungen. Bild 3 zeigt das entsprechende Entiy-Relationship-Diagramm mit Kardinalitäten für eine aus vier Unternehmen bestehende Gruppe.

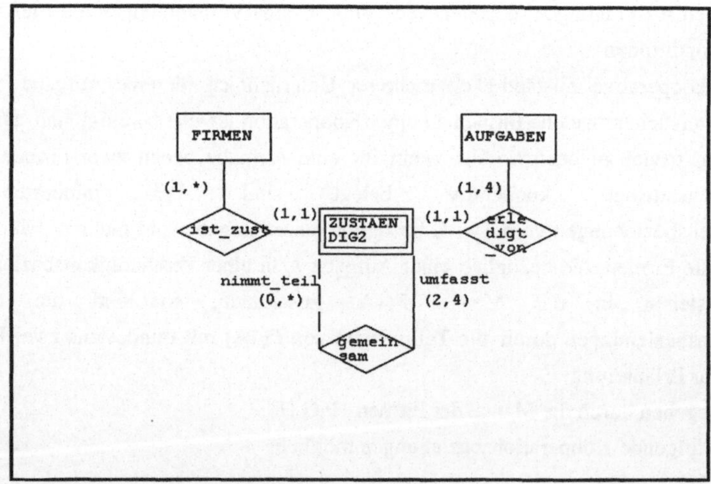

Bild 3: Entity-Relationship-Diagramm für Firmen, Aufgaben, Zuständigkeit, Kooperation

Bei der Übersetzung der in Bild 3 dargestellten Struktur in eine relationalen Datenbank ergeben sich erhebliche Probleme, die entweder durch Mißachtung von Normalisierungsregeln zu bewältigen sind oder zu einer semantisch armen Lösung führen, die erheblichen prozeduralen Aufwand zur Integritätskontrolle impliziert. Eine nach Ansicht des Autors akzeptable Lösung wird in [Unte94] beschrieben.

Anmerkungen

1. Der Begriff 'Informationssystem' wird hier in Anlehnung an SCHEER als Oberbegriff für Administrations- Dispositions-, Management-Informations- und Planungssysteme verwendet (vgl. [Sche88 Seite: 2]). Verfahren und Vorgehensmodelle für die Entwicklung von Unternehmens-Datenmodellen (UDM) werden unter anderem in [FeSi93, Ortn91, Vett88, Sche91] beschrieben.
2. In der Wirtschaftsinformatik sind verschiedene Bedeutungen des Begriffs 'Objekt' gebräuchlich, so daß eine Klärung des hier gebrauchten Begriffs notwendig erscheint. Der in der Organisationstheorie verwendete Objektbegriff im Sinne von Aufgabenobjekten ist am ehesten mit dem grammatischen Objekt eines Hauptsatzes gleichzusetzen. Während das Prädikat eines Satzes eine Tätigkeit umschreibt (hier 'Verrichtung'), bezeichnen die Objekte die Gegenstände, Personen oder Abstrakta, auf die die Tätigkeit einwirkt oder die die Umstände und Voraussetzungen ihrer Ausführung bestimmen. Ein 'Objekt' in diesem Sinne hat also nichts mit einem Objekt im Sinne der Objektorientierung von Programmiersprachen oder Datenbanksystemen zu tun.

Literatur

[FeSi93] Ferstl, O.; Sinz, E.: Grundlagen der Wirtschaftsinformatik. R. Oldenbourg Verlag, München Wien 93.

[Groc82] Grochla, E.: Grundlagen der organisatorischen Gestaltung. C.E. Poeschel Verlag, Stuttgart 82.

[HaZiS93] Hars, A.; Zimmermann, V.; Scheer, A.-W.: Entwicklungslinien für die computergestützte Modellierung von Aufbau- und Ablauforganisation. Institut für Wirtschaftsinformatik, Universität Saarbrücken 93

[Heil89] Heilmann, H.: Entwurfsentscheidungen bei der Gestaltung eines Organisationsinformationssystems. In: Kurbel, K.; Mertens, P.; Scheer, A.-W. (Hrsg.): Interaktive betriebswirtschaftliche Informations- und Steuerungssysteme. Verlag de Gruyter, Berlin, New York 1989.

[HuMä86] Hummel, S; Männel, W.: Kostenrechnung 1 - Grundlagen, Aufbau und Anwendung. Gabler Verlag, Wiesbaden 86.

[Kort93] Kortzfleisch, H.: Rechnergestützte Organisationsmodellierung zur Unterstützung der Tätigkeiten von Organisatoren. In: IM Information Management, IDG-Verlag München, 93 (3), S. 30-39.

[Ortn91] Ortner, E.: Unternehmensweite Datenmodellierung als Basis für integrierte Informationsverarbeitung in Wirtschaft und Verwaltung. In: Wirtschaftsinformatik 33 (91) 4 , S. 269-280.

[Sche88] Scheer, A.-W.: Wirtschaftsinformatik; Springer-Verlag: Berlin, Heidelberg, New York, London, Paris, Tokyo, Hong Kong, Barcelona; 2. Auflage 88.

[Sche91] Scheer, A.-W.: Architektur integrierter Informationssysteme. Grundlagen der Unternehmensmodellierung; Springer-Verlag: Berlin, Heidelberg, New York, London, Paris, Tokyo, Hong Kong, Barcelona 91.

[Unte94] Unterstein, M.: Datenbankunterstützte Organisationsanalyse. In Kracke (Hrsg): Datenbank-Management, Teil 6/8. Weka-Verlag, Augsburg März 94.

[Vett88] Vetter, M.: Strategie der Anwendungssoftware-Entwicklung. Teubner Verlag, Stuttgart 88.

[Weid87] Weidner, W.: Organisation in der Unternehmung: Aufbau und Ablauforganisation; Methoden und Techniken praktischer Organisationsarbeit. Carl Hanser Verlag, München, Wien 87.

ANSCHRIFTEN DER AUTOREN

Dipl.-Ing. Margita **Altus**
Brandenburgische Technische Universität Cottbus
Institut für Informatik
Lehrstuhl für Datenbanken und Informationssysteme
Postfach 10 13 44
D-03013 Cottbus
Tel.: +49 (355) 692711
Fax: +49 (355) 692766
e-mail: altus@informatik.tu-cottbus.de

Mag. Martina **Botschen**
Institut für Handel, Absatz und Marketing
Universität Innsbruck
Innrain 52
A-6020 Innsbruck
Tel: +43 (512) 507 7214
e-mail: martina.botschen@uibk.ac.at

Dr. Peter **Buxmann**
Universität Frankfurt
Lehrstuhl für Betriebswirtschaftslehre, insbesondere Wirtschaftsinformatik und Informationsmanagement
Postfach 11 19 32
D-60054 Frankfurt/M.
Tel.: +49 (69) 798-28593
e-mail: buxmann@wiwi.uni-frankfurt.de

Dr. Wolfgang **Deiters**
Fraunhofer-Institut für Software- und Systemtechnik
Postfach 52 01 30
D-44207 Dortmund
Tel.: +49 (231) 9700-740
Fax: +49 (231) 9700-798

Thomas **Engler**
Brandenburgische Technische Universität Cottbus
Fakultät Maschinenbau, Elektrotechnik und Wirtschaftsingenieurwesen
Lehrstuhl Industrielle Informationstechnik
Postfach 10 13 44
D-03013 Cottbus
Tel.: +49 (355) 693112
Fax: +49 (355) 693135
e-mail: engler@iit.tu-cottbus.de

Thomas **F i s c h e r**
Mitglied des Vorstands Landesgirokasse Stuttgart
öffentliche Bank und Landessparkasse
Königstr. 3
D-70144 Stuttgart
Tel.: +49 (711) 124-3646
Fax: +49 (711) 124-2371

Mag. Irene **H ä n t s c h e l**
Institut für Wirtschaftsinformatik der Universität Linz
A-4040 Linz-Auhof
Tel.: +43 (732) 2468-9454
Fax: +43 (732) 2468-9452
e-mail: haentschel@winie.uni-linz.ac.at

Prof. Dr. Ulrich **H a s e n k a m p**
Philipps-Universität Marburg
Institut für Wirtschaftsinformatik
D-35032 Marburg
Tel.: +49 (6421) 28-38 94
Fax: +49 (6421) 28-65 54
e-mail: hasenkamp@wiwi.uni-marburg.de

o. Univ.-Professor Dipl.-Ing. Dr. Lutz J. **H e i n r i c h**
Institut für Wirtschaftsinformatik der Universität Linz
A-4040 Linz-Auhof
Tel.: +43 (732) 2468-9456
Fax: +43 (732) 2468-9452
e-mail: heinrich@winie.uni-linz.ac.at

Peter **J a e s c h k e**
PROMATIS INFORMATIK
Descostraße 10
D-76307 Karlsruhe
Tel.: +49 (7248) 9145-0
Fax: +49 (7248) 9145-19
e-mail: jaeschke@promatis.de

Dr. Gerhard A. **K a i n z**
Institut für Wirtschaftinformatik,
Universität Innsbruck
Herzog Otto Str. 8
A-6020 Innsbruck
Tel: +43 (512) 58 66 57 - 15
e-mail: gerhard.kainz@uibk.ac.at

Dipl.-Ing. Irene **K r e b s**
Brandenburgische Technische Universität Cottbus
Fakultät Maschinenbau, Elektrotechnik und Wirtschaftsingenieurwesen
Lehrstuhl Industrielle Informationstechnik
Postfach 10 13 44
D-03013 Cottbus
Tel.: +49 (355) 693112
Fax: +49 (355) 693135
e-mail: krebs@iit.tu-cottbus.de

Dr. Peter **K u e n g**
Universität Linz
Institut für Wirtschaftsinformatik
Data & Knowledge Engineering
Altenbergerstraße 69
A-4040 Linz
Tel.: +43 (732) 2468 9477
Fax: +43 (732) 2468 9471
e-mail: kueng@dke.uni-linz.ac.at

Prof. Dr. Franz **L e h n e r**
Universität Regensburg
Universitätsstr. 31
D-93053 Regensburg
Tel.: +49 (941) 943-2734
e-mail: f.lehner@magnet.at

Dipl.-Inf. Heinz **L i n ß**
Institut für Wirtschaftsinformatik
Abteilung Wirtschaftsinformatik II
Platz der Göttinger Sieben 5
D-37073 Göttingen
Tel.: +49 (551) 39-7884
Fax: +49 (551) 39-9735
e-mail: hlinss@gwdg.de

Ronald **M a i e r**
WHU Koblenz - Otto Beisheim-Hochschule
Burgplatz 2
D-56179 Vallendar
Tel: +49 (261) 6509-172
e-mail: maier@wi.whu-koblenz.de

o. Univ.-Professor Dipl.-Ing. Dr. Gustav **P o m b e r g e r**
Institut für Wirtschaftsinformatik der Universität Linz
A-4040 Linz-Auhof
Tel.: +43 (732) 2468-9432
Fax: +43 (732) 2468-9430
e-mail: pomberger@swe.uni-linz.ac.at

Prof. Dr. Matthias **S c h u m a n n**
Institut für Wirtschaftsinformatik
Abteilung Wirtschaftsinformatik II
Platz der Göttinger Sieben 5
D-37073 Göttingen
Tel.: +49 (551) 39-4433 /-4442
Fax: +49 (551) 39-9735
e-mail: mschuma1@gwdg.de

Rüdiger **S t r i e m e r**
Fraunhofer-Institut für Software- und Systemtechnik
Postfach 52 01 30
D-44207 Dortmund
Tel.: +49 (231) 9700-740
Fax: +49 (231) 9700-798

Prof. Dr. Bernhard **T h a l h e i m**
Brandenburgische Technische Universität Cottbus
Institut für Informatik
Lehrstuhl für Datenbanken und Informationssysteme
Postfach 10 13 44
D-03013 Cottbus
Tel.: +49 (355) 692711
Fax: +49 (355) 692766
e-mail: thalheim@informatik.tu-cottbus.de

Dipl.-Math. Michael **U n t e r s t e i n**
Wachmannstr. 155
D-28209 Bremen
Tel.: +49 (421) 3499483
Fax: +49 (421) 3478242

Prof. Dr. Rudolf **V e t s c h e r a**
Universität Konstanz
Fakultät für Wirtschaftswissenschaften und Statistik
Postfach 5560 D 130
D-78434 Konstanz
Tel.: +49 (7531) 88-2599
e-mail: wsvetsch@nyx.uni-konstanz.de

Dr. Ernest **W a l l m ü l l e r**
UNISYS (Schweiz) AG
Zürcherstr. 59-61
CH-8800 Thalwil
Tel.: +41 (1) 723 33 33
e-mail: wallmüller@dial.eunet.ch

Dr. Gerhard **W a l p o t h**
Institut für Wirtschaftinformatik
Universität Innsbruck
Herzog Otto Str. 8
A-6020 Innsbruck
Tel.: +43 (512) 58 66 57 - 20
e-mail: walpoth@iwi1.uibk.ac.at

Dipl.-Volkswirt Heinz **W a l t e r s c h e i d**
Universität Konstanz
Fakultät für Wirtschaftswissenschaften und Statistik
Postfach 5560 D 130
D-78434 Konstanz
Tel.: +49 (7531) 88-3053
e-mail: wswalter@nyx.uni-konstanz.de

Programmkommitee

Horst Dehner, Manager, Ernst & Young Consulting GmbH, Stuttgart

Thomas Fischer, Mitglied des Vorstandes der Landesgirokasse Stuttgart

Hubert Kempter, Daimler Benz Forschungszentrum Ulm

Prof. Dr. Hermann Krallmann, Technische Universität Berlin

Prof. Dr. Otto Rauh, Fachhochschule Heilbronn/Künzelsau

Prof. Dr. Hans Röck, Universität Rostock

Helmut Schneider, Geschäftsführer Software - Ley GmbH, Frankfurt (O)

Prof. Dr. Franz Schober, Universität Freiburg

Prof. Dr. Franz Schweiggert,Universität Ulm

Prof. Dr. Eberhard Stickel, Europa-Universität Viadrina Frankfurt (O)

Prof. Dr. Rudolf Vetschera,Universität Konstanz

Herausgeber

Prof. Dr. Franz Schweiggert
Universität Ulm
Sektion Angewandte Informationsverarbeitung
Helmholtzstraße 18

89081 Ulm

Prof. Dr. Eberhard Stickel
Europa-Universität Viadrina Frankfurt (Oder)
Lehrstuhl für Allgemeine Betriebswirtschaftslehre
insbesondere Wirtschaftsinformatik,
Finanz- und Bankwirtschaft
Postfach 776

15207 Frankfurt (Oder)

Berichte des German Chapter of the ACM

Band 32: **Maaß/Oberquelle, Software-Ergonomie '89**
Fachtagung vom 29. bis 31 . 3. 1989 in Hamburg. 509 Seiten, DM 88,- /ÖS 687,- /SFr. 88,-

Band 33: **Ackermann/Ulich, Software-Ergonomie '91**
Fachtagung vom 18. bis 20. 3. 1991 in Zürich. 383 Seiten, DM 84,- /ÖS 655,- /SFr. 84,-

Band 34: **Friedrich/Rödiger, Computergestützte Gruppenarbeit (CSCW)**
Fachtagung vom 30. 9. bis 2. 10. 1991 in Bremen. 314 Seiten, DM 69,- /ÖS 538,- /SFr. 69,-

Band 35: **Hoffmann, Eiffel**
Fachtagung am 25./26. 5. 1992 in Darmstadt. 112 Seiten, DM 42,- /ÖS 328,- /SFr. 42,-

Band 36: **Schweiggert, Wirtschaftlichkeit von Software-Entwicklung und -Einsatz**
Fachtagung am 21./22. 9. 1992 in Ulm. 272 Seiten, DM 62,- /ÖS 484,- /SFr. 62,-

Band 37: **Ludewig/Schneider, Software Engineering im Unterricht der Hochschulen SEUH '92**
Workshop am 27./28. 2. 1992 in Stuttgart. 132 Seiten, DM 46,- /ÖS 359,- /SFr. 46,-

Band 38: **Raasch/Bassler, Software Engineering im Unterricht der Hochschulen SEUH '93**
Workshop am 25./26. 2. 1993 in Hamburg. 190 Seiten, DM 49,- /ÖS 382,- /SFr. 49,-

Band 39: **Rödiger, Software-Ergonomie '93**
Fachtagung vom 15. bis 17. 3. 1993 in Bremen. 330 Seite, DM 78,- /ÖS 609,- /SFr. 78,-

Band 40: **Coy/Gorny/Kopp/Skarpelis, Menschengerechte Software als Wettbewerbe faktor**
Arbeitstagung am 27./28. 1. 1993 in Bonn. 647 Seiten, DM 88,- /ÖS 1076,- /SFr. 138,-

Band 41 : **Züllighovenl Altmann/Doberkat, Requirements Engineering '93: Prototyping**
Fachtagung vom 25. bis 27. 4.1993 in Bonn. 383 Seiten,

Band 42: **Hartmann/Herrmann/Rohde/Wulf, Menschengerechte Software als Groupware - Software-ergonomische Gestaltung und partizipative umsetzung**
Workshop am 20./21 . 9. 1993 in Bonn. 356 Seiten, DM 90,- /ÖS 702,- /SFr. 90,-

Band 43: **Hußmann/Paech, Software Engineering im Unterricht der Hochschulen SEUH '94**
Workshop am 24./25. 2. 1994 in München. 178 Seiten, DM 54,- /ÖS 421,- /SFr. 48,-

Band 44: **Spiliner/Breymann, Software Engineering im Unterricht der Hochschulen SEUH '95**
Workshop am 23./24. 2. 1995 in Bremen. 141 Seiten, DM 48,- /ÖS 375,- /SFr. 48,-

Band 45: **Böcker, Software-Ergonomie '95**
Fachtagung vom 20. bis 23. 2. 1995 in Darmstadt. 424 Seiten, DM 98,- /ÖS 765,- /SFr. 98,-

Band 46: **Daldrup, Menschengerechte Softwaregestaltung**
252 Seiten, DM 54,- /ÖS 421,-/SFr. 54,-

Band 47: **Schweiggert/Stickel, Informationstechnik und Organisation**
Fachtagung am 28./29. 9.1995 in Ulm. 276 Seiten, DM 64,-/ÖS 474,- /SFr. 64,-

Preisänderungen vorbehalten

 B. G. Teubner Stuttgart